Holzbau – Beispiele

François Colling

Holzbau – Beispiele

Musterlösungen und Bemessungstabellen
nach EC 5

7., korrigierte Auflage

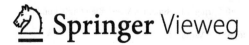

François Colling
Mering, Deutschland

ISBN 978-3-658-34448-1

Die Deutsche Nationalbibliothek verzeichnet diese Publikation in der Deutschen Nationalbibliografie; detaillierte bibliografische Daten sind im Internet über http://dnb.d-nb.de abrufbar.

Lektorat: Dipl.-Ing. Ralf Harms
Springer Vieweg ist ein Imprint der eingetragenen Gesellschaft Springer Fachmedien Wiesbaden GmbH und ist ein Teil von Springer Nature.
Die Anschrift der Gesellschaft ist: Abraham-Lincoln-Str. 46, 65189 Wiesbaden, Germany

Vorwort zur 7. Auflage

Im Buch „Holzbau – Grundlagen und Bemessung nach EC 5" wird eine Vielzahl von Beispielen angeboten, mit denen das vermittelte theoretische Wissen praxisgerecht angewandt und gefestigt werden kann.

Im vorliegenden Buch „Holzbau – Beispiele" sind die Lösungen zu diesen Beispielen angegeben.

Für die praktische Bemessung wurden Bemessungstabellen erstellt, die die Bemessung „per Hand" erleichtern sollen. Diese Tabellen sind im Hinblick auf die praktische Handhabung in einem Anhang zusammengefasst.

In den Auflagen 1 und 2 basierte das Buch auf den Regelungen der DIN 1052:2004/2008.

In der 3. Auflage erfolgte die Umstellung auf den Eurocode 5 (DIN EN 1995-1-1:2010-12) und den zugehörigen Nationalen Anhang, wobei bereits die Änderungen A1 berücksichtigt wurden. Die Bemessung von Bauteilen und Verbindungen aus Brettschichtholz basierte noch auf den Rechenwerten der DIN 1052:2004/2008.

Ab der 4. Auflage erfolgte die Umstellung auf Brettschichtholz nach DIN EN 14080:2013. Weiterhin wurden die Änderungen A2 berücksichtigt.

Die Änderungen für die 5. Auflage konnten sich auf die Überprüfung der Inhalte auf ihre Aktualität hin beschränken. So wurden beispielsweise die Vorzugsklassen für Brettschichtholz an die Empfehlungen der Brettschichtholzhersteller angepasst. Weiterhin wurden Fehler der 4. Auflage korrigiert.

In der 6. Auflage erfolgte vornehmlich eine Aktualisierung hinsichtlich baurechtlicher Änderungen und der Ausziehtragfähigkeit von profilierten Nägeln. Weiterhin wurden Fehler der 5. Auflage korrigiert. Im Beispiel-Buch wurde eine Formelsammlung aufgenommen.

In dieser 7. Auflage wurden in den Abschnitten zu Verbindungen mit Bolzen/Passbolzen missverständliche Ausführungen hinsichtlich Mindestholzdicken umformuliert/geändert. Weiterhin wurden Fehler der 6. Auflage korrigiert und die Beispiele angepasst.

Mering, im April 2021   *François Colling*

Inhaltsverzeichnis

Beispielsammlung

1 Allgemeines

In diesem Kapitel werden keine Beispiele behandelt.

2 Baustoffeigenschaften

Beispiel 2-1

Gegeben: Vollholz b/h = 80/160 mm mit einer mittleren Holzfeuchte von ω = 80 % und einem (Feucht-)Gewicht von m_ω = 49,5 kg.

Gesucht: a) Masse des im Holz enthaltenen Wassers.

b) Masse des Wassers, das durch Trocknen des Holzes auf ω = 10 % freigesetzt wird.

Lösung:

a) $\omega = \dfrac{m_\omega - m_0}{m_0} \cdot 100$ *Gl. (2.2)*

Umformen zur Berechnung von m_0:

$$\omega = \left(\frac{m_\omega}{m_0} - 1\right) \cdot 100 \quad \rightarrow \quad \frac{m_\omega}{m_0} = \frac{\omega}{100} + 1 \quad \rightarrow \quad m_0 = \frac{m_\omega}{\dfrac{\omega}{100} + 1} = \frac{49,5}{\dfrac{80}{100} + 1} = 27,5\,\text{kg}$$

Masse Wasser: $m_w = m_\omega - m_0 = 49,5 - 27,5 = 22,0$ kg

Alternativ: $\Delta\omega = \dfrac{\Delta m_w}{m_0} \cdot 100 \quad \rightarrow \quad \Delta m_w = \dfrac{\Delta\omega}{100} \cdot m_0$

mit $\Delta\omega$ = 80 % : $\Delta m_w = \dfrac{80}{100} \cdot 27,5 = 22,0$ kg

b) $\omega = \dfrac{m_\omega - m_0}{m_0} \cdot 100 \quad \rightarrow \quad m_\omega = m_0 \cdot \left(\dfrac{\omega}{100} + 1\right)$ *Gl. (2.2)*

$\rightarrow m_\omega = 27,5 \cdot \left(\dfrac{10}{100} + 1\right) = 30,25$ kg

$\rightarrow \Delta m_w = m_{80\,\%} - m_{10\,\%} = 49,5 - 30,25 = 19,25$ kg

Alternativ: $\Delta m_w = \dfrac{\Delta\omega}{100} \cdot m_0 = \dfrac{(80-10)}{100} \cdot 27,5 = 19,25$ kg

Beispiel 2-2

Gegeben: Im Zuge eines Ortstermins wird ein Vollholzbalken b/h = 96/228 mm vorgefunden. Die Holzfeuchte wird zu ω = 9 % gemessen.

Gesucht: Holzfeuchte ω_E zum Zeitpunkt des Einbaus, unter der Annahme, dass der Balken maßhaltig mit b/h = 100/240 mm eingebaut wurde.

Lösung:

Querschnittsänderungen ΔH bzw. ΔB nach *Gl. (2.4)*: $\qquad$ α nach *Tab. 2.1 (Buch)*

- Einbaufeuchte auf Grundlage von ΔH:

$$\Delta H = \alpha \cdot \frac{\Delta \omega}{100} \cdot H \rightarrow \Delta \omega = \frac{\Delta H \cdot 100}{\alpha \cdot H} = \frac{12 \cdot 100}{0,25 \cdot 240} = 20\,\% \qquad \rightarrow \omega_E = 9 + 20 = 29\,\%,$$

- Einbaufeuchte auf Grundlage von ΔB:

$$\Delta B = \alpha \cdot \frac{\Delta \omega}{100} \cdot B \rightarrow \Delta \omega = \frac{\Delta B \cdot 100}{\alpha \cdot B} = \frac{4 \cdot 100}{0,25 \cdot 100} = 16\,\% \qquad \rightarrow \omega_E = 9 + 16 = 25\,\%$$

Beispiel 2-3

Gegeben: Auf einem Weg im Freien werden Holzdielen aus Fichtenholz mit einer Holzfeuchte von ω_0 = 9 % passgenau, d. h. ohne seitliche Bewegungsfuge eingebaut. Es wird mit einer Gleichgewichtsfeuchte von $\omega_{g\ell} \approx 20\,\%$ gerechnet.

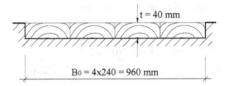

Gesucht: Spannung, die sich infolge der verhinderten Quellverformung aufbaut.

Lösung:

Jahrringlage hauptsächlich tangential $\Rightarrow \alpha_t$ = 0,32 $\qquad\qquad$ *Tab. 2.1 (Buch)*

$$\Delta B = \frac{\alpha_t}{2} \cdot \frac{\Delta \omega}{100} \cdot B_0 \qquad \text{mit } \alpha_t/2 \text{ wegen behindertem Quellen} \qquad\qquad Gl. (2.4)$$

$$\rightarrow \Delta B = \frac{0,32}{2} \cdot \frac{(20-9)}{100} \cdot 960 = 16,9 \text{ mm}$$

$$\sigma = \varepsilon \cdot E_{90} = \frac{\Delta B}{B_0} \cdot E_{90} = \frac{16,9}{960} \cdot 370 = 6,51 \text{ N/mm}^2 \qquad\qquad E_{90} \text{ nach } Tab. A\text{-}3.5$$

Bei einer Brettdicke von 40 mm entspricht dies einer Kraft von:

F = 6,51 · 40 · 1000 = 260 kN $\quad$ pro laufendem Meter!

Beispiel 2-4

Gegeben: Anschluss einer Konstruktion eines Fachwerkhauses an einen Treppenhauskern aus Stahlbeton über eine vertikal verschiebliche Verbindung. Eingebaut werden Eichenholz-Querschnitte mit einer Holzfeuchte von ω = 63 %. Die erwartete Ausgleichsfeuchte beträgt ω_{gl} = 12 %.

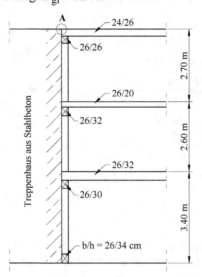

Gesucht: Setzung der Konstruktion im Pkt A ohne und mit Berücksichtigung der Schwindverformungen in Längsrichtung der Fasern.

Lösung:

Schwind- und Quellverformungen nur bei $\omega \leq 30$ % !

a) ohne Längsverformung der Stützen (nur Schwinden $\perp$ Faser):

$$\Delta H_\perp = \alpha \cdot \frac{\Delta\omega}{100} \cdot H_{ges,\perp} = 0,25 \cdot \frac{(30-12)}{100} \cdot 2000 = 90 \text{ mm} \qquad Gl. (2.4) \text{ u. Tab. } 2.1$$

mit $H_{ges,\perp}$ = 260 + 260 + 200 + 320 + 320 + 300 + 340 = 2000 mm

b) mit Längsverformung in den Stützen:

$$\Delta H_\| = \alpha_\ell \cdot \frac{\Delta\omega}{100} \cdot H_{ges,\|} = 0,01 \cdot \frac{(30-12)}{100} \cdot 6700 = 12,1 \text{ mm} \qquad Gl. (2.4) \text{ u. Tab. } 2.1$$

mit $H_{ges,\|}$ = (2700 – 260 – 260) + (2600 – 200 – 320) + (3400 – 320 – 300 – 340) = 6700 mm

→ $\Delta H_{ges} = 90 + 12,1 = 102,1$ mm

3 Grundlagen der Bemessung

Beispiel 3-1

Gegeben: Sichtbarer Deckenbalken aus Konstruktionsvollholz (KVH, C 24) in einem Wohnzimmer.

Gesucht: a) Anzusetzende Nutzungsklasse (NKL).

b) Bemessungswert der Biegefestigkeit $f_{m,d}$ unter Annahme einer kurzfristigen Belastung.

c) Prozentuale Erhöhung der elastischen Durchbiegungsanteile infolge ständiger Last durch Kriechen.

Lösung:

a) NKL = 1   *Tab. A-3.1*

b) $f_{m,d}$ = 0,692 · 24,0 = 16,61 N/mm²   *Tab. A-3.5*

c) ständige Last: NKL 1   KLED = ständig

                        Erhöhung um k_{def} = 0,6 → + 60 %   *Tab. A-3.3*

Beispiel 3-2

Gegeben: Dachschalung einer offenen Lagerhalle bestehend aus OSB/3-Platten mit einer Dicke von d = 22 mm. Die OSB/3-Platten tragen den aufliegenden Wetterschutz (Dacheindeckung).

Gesucht: a) Anzusetzende Nutzungsklasse (NKL) für die OSB/3-Platten.

b) Klasse der Lasteinwirkungsdauer (KLED) für eine Schneelast bei einem Gebäude mit H = 500 m über NN.

c) Bemessungswert der Biegefestigkeit $f_{m,d}$ für die LK g+s.

d) Prozentuale Erhöhung der elastischen Durchbiegungsanteile infolge Kriechen getrennt für den Anteil der ständigen Last und der veränderlichen Last.

Lösung:

a) NKL = 2   *Tab. A-3.1*

b) KLED = kurz   *Tab. A-3.11*

c) $f_{m,d}$ = 0,538 · 14,8 = 7,96 N/mm²   *Tab. A-3.7d*

d) ständige Last: k_{def} = 2,25→ Erhöhung um 225 %   *Tab. A-3.3*

   veränderliche Last: ψ_2 · k_{def} = 0,0 · 2,25 = 0,0 ψ_2 : *Tab. A-3.9*

                    → keine Kriechverformung inf. Schnee

Beispiel 3-3

Gegeben: Dachsparren mit folgenden Belastungen:

$g_{\perp,k} = 0,8$ kN/m, $s_{\perp,k} = 0,6$ kN/m; H über NN > 1000 m, $w_{\perp,k} = 0,25$ kN/m.

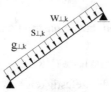

Gesucht: Belastungen in Abhängigkeit von den unterschiedlichen Lastkombinationen (LK) und die jeweils zugehörigen Klassen der Lasteinwirkungsdauer (KLED).

    a) Für die Nachweise der Tragfähigkeit.

    b) Für die Nachweise der Gebrauchstauglichkeit (Durchbiegungen) in der charakteristischen Kombination und der quasi-ständigen Kombination.

Lösung: *γ_G, γ_Q: Tab. A-3.8; ψ_0, ψ_2: Tab. A-3.9; KLED: Tab. A-3.11*

a) Nachweise der Tragfähigkeit: *Gl. (3.8)*

Belastung	Bemessungswert in [kN/m]		ψ_0	KLED
g	$1,35 \cdot 0,8$	$= 1,08$	1,0	ständig
s	$1,5 \cdot 0,6$	$= 0,90$	0,7	mittel
w	$1,5 \cdot 0,25$	$= 0,375$	0,6	kurz/ sehr kurz
LK				
g+s	$1,08 + 0,9$	$= 1,98$		mittel
g+w	$1,08 + 0,375$	$= 1,455$		kurz/sehr kurz
g+ s+ $\psi_0 \cdot$ w[1]	$1,08 + 0,9 + 0,6 \cdot 0,375$	$= 2,205$		kurz/sehr kurz
g+w+ $\psi_0 \cdot$ s[1]	$1,08 + 0,375 + 0,7 \cdot 0,9$	$= 2,085$		kurz/sehr kurz

[1] künftig nur noch mit g+s+w und g+w+s bezeichnet

b) Nachweise der Gebrauchstauglichkeit: *Gl. (3.9a) u. (3.9b)*

Belastung	Bemessungswert q_d [kN/m]		quasi-ständiger Lastanteil $\psi_2 \cdot q_d$ [kN/m]		Kombinations- beiwert ψ_0	quasi-ständi- ger Beiwert ψ_2
g	$1,0 \cdot 0,8$	$= 0,8$	$1,0 \cdot 0,8$	$= 0,8$	1,0	1,0
s	$1,0 \cdot 0,6$	$= 0,6$	$0,2 \cdot 0,6$	$= 0,12$	0,7	0,2
w	$1,0 \cdot 0,25$	$= 0,25$	$0 \cdot 0,25$	$= 0$	0,6	0
In der charakteristischen Kombination:						
g+s+w	$0,8 + 0,6 + 0,6 \cdot 0,25$	$= 1,55$	–			
g+w+s	$0,8 + 0,25 + 0,7 \cdot 0,6$	$= 1,47$	–			
In der quasi-ständigen Kombination:						
g*			$0,8 + 0,12 + 0 = 0,92$			

Beispiel 3-4

Gegeben: Randbalken mit folgender Belastung:

$g_k = 0,8$ kN/m, $p_k = 1,2$ kN/m (veränderliche Last, KLED = mittel), $w_k = 0,6$ kN/m

Gesucht: Bemessungswerte für die maximalen Biegemomente $M_{y,d}$ und $M_{z,d}$ in Abhängigkeit von den verschiedenen Lastkombinationen (LK).

   a) Für die Nachweise der Tragfähigkeit.

   b) Für die Nachweise der Gebrauchstauglichkeit (Durchbiegungen)in der charakteristischen Kombination und der quasi-ständigen Kombination.

Lösung: γ_G, γ_Q: *Tab. A-3.8;* ψ_0, ψ_2: *Tab. A-3.9; KLED: Tab. A-3.11*

$$M_{g,y,k} = g_k \cdot \ell^2 / 8 = 0,8 \cdot 4,5^2 / 8 = 2,025 \text{ kNm}$$

$$M_{p,y,k} = p_k \cdot \ell^2 / 8 = 1,2 \cdot 4,5^2 / 8 = 3,038 \text{ kNm}$$

$$M_{w,z,k} = w_k \cdot \ell^2 / 8 = 0,6 \cdot 4,5^2 / 8 = 1,519 \text{ kNm}$$

a) Nachweise der Tragfähigkeit: *Gl. (3.8)*

LK	$M_{y,d}$ in [kNm]		$M_{z,d}$ in [kNm]		ψ_0	KLED
g	$1,35 \cdot 2,025$	$= 2,734$	—		1,0	ständig
p	$1,5 \cdot 3,038$	$= 4,557$	—		0,7	mittel
w	—		$1,5 \cdot 1,519$	$= 2,279$	0,6	kurz/s. kurz
g+p	$1,35 \cdot 2,025 + 1,5 \cdot 3,038$	$= 7,291$	—			mittel
g+w	$1,35 \cdot 2,025$	$= 2,734$	$1,5 \cdot 1,519$	$= 2,279$		kurz / sehr kurz
g+p+w	$1,35 \cdot 2,025 + 1,5 \cdot 3,038$	$= 7,291$	$0,6 \cdot 1,5 \cdot 1,519 = 1,367$			
g+w+p	$1,35 \cdot 2,025 + 0,7 \cdot 1,5 \cdot 3,038 = 5,924$		$1,5 \cdot 1,519$	$= 2,279$		

b) Nachweise der Gebrauchstauglichkeit: *Gl. (3.9a) u. (3.9b)*

Belas-tung	$M_{y,d}$ [kNm] (vertikale Durchbiegung)		$M_{z,d}$ [kNm] (horizintale Durchbiegung)	quasi-ständ. Anteile $M_{y,d}^*$	$M_{z,d}^*$	ψ_0	ψ_2
g	$0,8 \cdot 4,5^2 / 8$	$= 2,025$	—	2,025	—	1,0	1,0
p	$1,2 \cdot 4,5^2 / 8$	$= 3,038$	—	0,911	—	0,7	0,3
w	—		$0,6 \cdot 4,5^2 / 8 =$ 1,519		0	0,6	0
Charakteristische Kombination:							
g+p+w	$2,025 + 3,038$	$= 5,063$	$0,6 \cdot 1,519 = 0,911$	–	–		
g+w+p	$2,025 + 0,7 \cdot 3,038 = 4,15$		$= 1,519$	–	–	$k_{def} = 0,6$	
Quasi-ständige Kombination:							
g*				2,936	0		

Beispiel 3-5

Gegeben: Angaben und Eingangswerte aus *Beispiel 3-3*.
Dachsparren in einem nicht gedämmten (d. h. nicht ausgebauten) Dachgeschoss.

Gesucht: a) Nutzungsklasse.
             b) Maßgebende Lastkombination für die Nachweise der Tragfähigkeit.

Lösung:

a) NKL = 2 (überdachte, offene Tragwerke)   *Tab. A-3.1*

b) Lastkombinationen: ψ_0: *Tab. A-3.9; KLED: Tab. A-3.11;* k_{mod}: *Tab. A-3.2*

LK	Belastung q_d in [kN/m]	KLED	ψ_0	k_{mod}	$\dfrac{q_d}{k_{mod}}$
g	1,08	ständig	1,0	0,6	1,800
s	0,90	mittel	0,7	0,8	1,125
w	0,375	kurz/sehr kurz	0,6	1,0	0,375
g+s	1,08+0,90 = **1,98**	mittel		0,8	**2,475**
g+w	1,08+0,375 = 1,455	kurz/sehr kurz		1,0	1,455
g+s+w	1,08+0,9+0,6·0,375 = 2,205	kurz/sehr kurz		1,0	2,205
g+w+s	1,08+0,375+0,7·0,90 = 2,085	kurz/sehr kurz		1,0	2,085

$$\max \frac{q_d}{k_{mod}} = 2,475 \;\rightarrow\; \text{maßgebend: LK g+s mit } q_d = 1,98 \text{ kN/m (KLED = mittel)}$$

4 Tragfähigkeitsnachweise für Querschnitte

Beispiel 4-1

Gegeben: Unterzug eines Wohnhauses. Material: GL 24 h, NKL 1
$g_k = 2{,}0$ kN/m, $p_k = 4{,}0$ kN/m

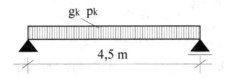

Gesucht: a) Erforderliche Querschnittsfläche über den Nachweis der Schubspannung.
b) Schubspannungsnachweis für einen Querschnitt $b/h = 14/24$ cm.

Lösung:

Bemessungswerte der Belastung:

LK	q_d in [kN/m]	KLED	k_{mod}	q_d / k_{mod}
g	$1{,}35 \cdot 2{,}0 = 2{,}70$	ständig	0,60	4,50
p	$1{,}5 \cdot 4{,}0 = 6{,}00$	mittel	0,80	7,50
g+p	$2{,}70 + 6{,}0 = \mathbf{8{,}70}$	mittel	0,80	**10,88**

$\max \dfrac{q_d}{k_{mod}} = 10{,}88 \rightarrow$ maßgebend: LK g+p mit $q_d = 8{,}70$ kN/m (KLED = mittel)

a) erf A

$$\max V_d = \frac{q_d \cdot \ell}{2} = \frac{8{,}70 \cdot 4{,}5}{2} = 19{,}58 \text{ kN}$$

$f_{v,d} = 0{,}615 \cdot 3{,}50 = 2{,}15$ N/mm^2 (NKL 1, KLED = mittel)   *Tab. A-3.6*

$k_{cr} = 0{,}714$ *Tab. A-3.6*

$$erf\ A = 15 \cdot \frac{V_d}{k_{cr} \cdot f_{v,d}} = 15 \cdot \frac{19{,}58}{0{,}714 \cdot 2{,}15} = 191 \text{ cm}^2 \qquad Gl.\ (4.11)$$

b) Schubspannungsnachweis

$b/h = 14/24$ cm $\Rightarrow A = 336$ cm^2

$$\tau_d = 15 \cdot \frac{V_d}{k_{cr} \cdot A} = 15 \cdot \frac{19{,}58}{0{,}714 \cdot 336} = 1{,}22 \text{ N/mm}^2 \qquad Gl.\ (4.10)$$

$$\eta = \frac{\tau_d}{f_{v,d}} = \frac{1{,}22}{2{,}15} = 0{,}57 \leq 1$$

Beispiel 4-2

Gegeben: Unterzug von *Beispiel 4-1*

Gesucht: a) Erforderliches Widerstandsmoment über den Nachweis der Biegespannung.
b) Biegespannungsnachweis für einen Querschnitt $b/h = 14/24$ cm.

Lösung:

a) erf W

$$\max M_{y,d} = \frac{q_d \cdot \ell^2}{8} = \frac{8,70 \cdot 4,5^2}{8} = 22,02 \text{ kNm}$$

Unter Annahme einer Trägerhöhe $h > 600$ mm: → $k_h = 1,0$ *Tab. A-3.6*

$f_{m,y,d} = 0,615 \cdot 24,0 = 14,76 \text{ N/mm}^2$ (NKL 1, KLED = mittel)   *Tab. A-3.6*

$$erf \; W_y = 1000 \cdot \frac{M_{y,d}}{k_h \cdot f_{m,y,d}} = 1000 \cdot \frac{22,02}{1,0 \cdot 14,76} = 1492 \text{ cm}^3$$ *Gl. (4.19)*

Unter Annahme einer Trägerhöhe $h \le 240$ mm: → $k_h = 1,1$ *Tab. A-3.6*

$$erf \; W_y = 1000 \cdot \frac{M_{y,d}}{k_h \cdot f_{m,y,d}} = 1000 \cdot \frac{22,02}{1,1 \cdot 14,76} = 1356 \text{ cm}^3$$

b) Biegespannungsnachweis

$b/h = 14/24$ cm $\Rightarrow W_y = 1344 \text{ cm}^3$ *Tab. A-2.1b*

$$\sigma_{m,y,d} = 1000 \cdot \frac{M_{y,d}}{W_y} = 1000 \cdot \frac{22,02}{1344} = 16,38 \text{ N/mm}^2$$ *Gl. (4.18)*

$h = 240$ mm → $k_h = 1,1$ *Tab. A-3.6*

$f_{m,y,d} = 14,76 \text{ N/mm}^2$

$$\eta = \frac{\sigma_{m,y,d}}{k_h \cdot f_{m,y,d}} = \frac{16,38}{1,1 \cdot 14,76} = 1,01 \approx 1,0 \quad \text{(3 \% Überschreitung wird i. A. geduldet).}$$

Beispiel 4-3

Gegeben: Randbalken, Material: GL 28 c, NKL 1
           $g_k = 2,6$ kN/m, $s_k = 4,9$ kN/m (Höhe über NN > 1000 m), $w_k = 1,2$ kN/m

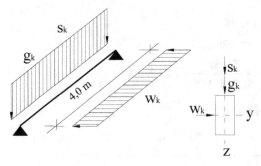

Gesucht: a) Zusammenstellung der Schnittgrößen.

b) Dimensionierung des Querschnittes über den Nachweis der Schubspannungen (*erf A*) für die LK g+s, g+s+w und g+w+s.

c) Dimensionierung des Querschnittes über die Nachweise der Biegespannungen (*erf* W_y) für die LK g+s, g+s+w und g+w+s.

d) Führen Sie die Spannungsnachweise für einen Querschnitt b/h = 12/24 cm für die LK g+s, g+s+w und g+w+s.

Lösung:

a) Zusammenstellung der Schnittgrößen

$$\max V_d = \gamma_{G,Q} \cdot q_k \cdot \ell/2$$

$$\max M_d = \gamma_{G,Q} \cdot q_k \cdot \ell^2/8$$

LK	$V_{z,d}$	$V_{y,d}$	$M_{y,d}$	$M_{z,d}$	KLED	k_{mod}	ψ_0
g	7,02	–	7,02	–	ständig	0,6	1,0
s	14,70	–	14,70	–	mittel	0,8	0,7
w	–	3,60	–	3,60	kurz/sehr kurz	1,0	0,6
g+s	21,72	–	21,72	–	mittel	0,8	
g+s+w	21,72	2,16	21,72	2,16	kurz/sehr kurz	1,0	
g+w+s	17,31	3,60	17,31	3,60	kurz/sehr kurz	1,0	

b) erf *A*

LK g+s: $V_{res,d} = V_{z,d} = 21,72$ kN

$f_{v,d} = 3,50 \cdot 0,615 = 2,15$ N/mm² (NKL = 1, KLED = mittel) *Tab. A-3.6*

$k_{cr} = 0,714$ *Tab. A-3.6*

$$\Rightarrow erf\ A = 15 \cdot \frac{21,72}{0,714 \cdot 2,15} = 212\ cm^2 \qquad \textit{Gl. (4.13)}$$

LK g+s+w: $V_{res,d} = \sqrt{21,72^2 + 2,16^2} = 21,83$ kN

$f_{v,d} = 0,769 \cdot 3,50 = 2,69$ N/mm² (NKL = 1, KLED = kurz/ sehr kurz) *Tab. A-3.6*

$k_{cr} = 0,714$ *Tab. A-3.6*

$$\Rightarrow erf\ A = 15 \cdot \frac{21,83}{0,714 \cdot 2,69} = 170\ cm^2 \qquad \textit{Gl. (4.13)}$$

LK g+w+s: $V_{res,d} = \sqrt{17,31^2 + 3,6^2} = 17,68$ kN

$$\Rightarrow erf\ A = 15 \cdot \frac{17,68}{0,714 \cdot 2,69} = 138\ cm^2 \qquad \textit{Gl. (4.13)}$$

11

c) erf W_y

<u>LK g+s:</u> $M_{y,d} = 21{,}72$ kNm (einachsige Biegung)

$h > 600$ mm $\rightarrow$ $k_h = 1{,}0$ *Tab. A-3.6*

$f_{m,y,d} = 0{,}615 \cdot 28{,}0 = 17{,}22$ N/mm²   (NKL 1, KLED = mittel)   *Tab. A-3.6*

$$\Rightarrow erf\, W_y = 1000 \cdot \frac{21{,}72}{17{,}22} = 1261\, cm^3$$ *Gl. (4.23)*

$h \leq 240$ mm $\rightarrow$ $k_h = 1{,}1$ *Tab. A-3.6*

$f_{m,y,d} = 17{,}22$ N/mm²   *Tab. A-3.6*

$$\Rightarrow erf\, W_y = 1000 \cdot \frac{21{,}72}{1{,}1 \cdot 17{,}22} = 1147\, cm^3$$ *Gl. (4.17)*

<u>LK g+s+w:</u> $M_{y,d} = 21{,}72$ kNm $M_{z,d} = 2{,}16$ kNm

$$f_{m,y,d} = 0{,}769 \cdot 28{,}0 = 21{,}53 \text{ N/mm}^2$$ *Tab. A-3.6*

Annahme: $h \leq 240$ mm: $k_h = 1{,}1$

$$\Rightarrow erf\, W_y = 1000 \cdot \frac{21{,}72 + 2{,}16}{1{,}1 \cdot 21{,}53} = 1008\, cm^3$$ *Gl. (4.23)*

<u>LK g+w+s:</u> $M_{y,d} = 17{,}31$ kNm $M_{z,d} = 3{,}60$ kNm

$$\Rightarrow erf\, W_y = 1000 \cdot \frac{17{,}31 + 3{,}60}{1{,}1 \cdot 21{,}53} = 883\, cm^3$$ *Gl. (4.23)*

d) Spannungsnachweise

$b/h = 12/24$ cm $\Rightarrow A = 288$ cm²; $W_y = 1152$ cm³; $W_z = 576$ cm³;   *Tab. A-2.1a*

Schubspannungsnachweise sind eigentlich nicht erforderlich, da
vorh $A = 288$ cm² > max erf $A = 212$ cm²
Zu Übungszwecken werden sie hier trotzdem geführt.

<u>LK g+s:</u> KLED = mittel

$k_{cr} = 0{,}714$ *Tab. A-3.6*

$f_{v,d} = 0{,}615 \cdot 3{,}5 = 2{,}15$ N/mm²   *Tab. A-3.6*

$$15 \cdot \frac{V_d / (k_{cr} \cdot A)}{f_{v,d}} = 15 \cdot \frac{21{,}72 / (0{,}714 \cdot 288)}{2{,}15} = 0{,}74 < 1$$ *Gl. (4.10)*

<u>LK g+s+w:</u> KLED = kurz/sehr kurz

$f_{v,d} = 0{,}769 \cdot 3{,}5 = 2{,}69$ N/mm²   *Tab. A-3.6*

$k_{cr} = 0{,}714$ *Tab. A-3.6*

$$15 \cdot \frac{V_{res,d} / (k_{cr} \cdot A)}{f_{v,d}} = 15 \cdot \frac{21{,}83 / (0{,}714 \cdot 288)}{2{,}69} = 0{,}60 < 1$$ *Gl. (4.12b)*

<u>LK g+w+s:</u> KLED = kurz/sehr kurz

$$15 \cdot \frac{V_{\text{res,d}}/(k_{\text{cr}} \cdot A)}{f_{\text{v,d}}} = 15 \cdot \frac{17,68/(0,714 \cdot 288)}{2,69} = 0,48 < 1 \qquad \text{Gl. (4.12b)}$$

Biegespannungsnachweise sind erforderlich, da die berechneten W_y-Werte nur Schätzungen darstellen!

<u>LK g+s:</u> KLED = mittel

$$\sigma_{\text{m,y,d}} = 1000 \cdot \frac{21,72}{1152} = 18,85 \text{ N/mm}^2 \qquad \text{Gl. (4.18)}$$

$$h = 240 \rightarrow k_{\text{h}} = 1,1 \qquad \text{Tab. A-3.6}$$

$$f_{\text{m,y,d}} = 0,615 \cdot 28 = 17,22 \text{ N/mm}^2 \qquad \text{(siehe oben)}$$

$$\Rightarrow \eta = \frac{\sigma_{\text{m,y,d}}}{k_{\text{h}} \cdot f_{\text{m,y,d}}} = \frac{18,85}{1,1 \cdot 17,22} = 0,995 < 1$$

<u>LK g+s+w:</u>

$$\sigma_{\text{m,y,d}} = 1000 \cdot \frac{21,72}{1152} = 18,85 \text{ N/mm}^2 \quad \sigma_{\text{m,z,d}} = 1000 \cdot \frac{2,16}{576} = 3,75 \text{ N/mm}^2 \qquad \text{Gl. (4.18)}$$

$$f_{\text{m,y,d}} = 0,769 \cdot 28 = 21,53 \text{ N/mm}^2 \quad f_{\text{m,z,d}} = 0,769 \cdot 28 = 21,53 \text{ N/mm}^2$$

$$\frac{\sigma_{\text{m,y,d}}}{k_{\text{h}} \cdot f_{\text{m,y,d}}} + k_{\text{m}} \cdot \frac{\sigma_{\text{m,z,d}}}{f_{\text{m,z,d}}} \leq 1$$

$$\qquad \qquad \qquad \qquad \qquad \qquad \qquad \qquad \qquad \text{Gl. (4.21a)}$$

$$\Rightarrow \frac{18,85}{1,1 \cdot 21,53} + 0,7 \cdot \frac{3,75}{21,53} = 0,796 + 0,122 = 0,92 < 1$$

$$k_{\text{m}} \cdot \frac{\sigma_{\text{m,y,d}}}{k_{\text{h}} \cdot f_{\text{m,y,d}}} + \frac{\sigma_{\text{m,z,d}}}{f_{\text{m,z,d}}} \leq 1$$

$$\qquad \qquad \qquad \qquad \qquad \qquad \qquad \qquad \qquad \text{Gl. (4.21b)}$$

$$\Rightarrow 0,7 \cdot \frac{18,85}{1,1 \cdot 21,53} + \frac{3,75}{21,53} = 0,557 + 0,174 = 0,73 < 1$$

<u>LK g+w+s:</u> KLED = kurz/sehr kurz

$$\sigma_{\text{m,y,d}} = 1000 \cdot \frac{17,31}{1152} = 15,03 \text{ N/mm}^2 \quad \sigma_{\text{m,z,d}} = 1000 \cdot \frac{3,60}{576} = 6,25 \text{ N/mm}^2$$

$$\frac{\sigma_{\text{m,y,d}}}{k_{\text{h}} \cdot f_{\text{m,y,d}}} + k_{\text{m}} \cdot \frac{\sigma_{\text{m,z,d}}}{f_{\text{m,z,d}}} \leq 1 \quad \Rightarrow \frac{15,03}{1,1 \cdot 21,53} + 0,7 \cdot \frac{6,25}{21,53} = 0,634 + 0,203 = 0,84 < 1$$

$$k_{\text{m}} \cdot \frac{\sigma_{\text{m,y,d}}}{k_{\text{h}} \cdot f_{\text{m,y,d}}} + \frac{\sigma_{\text{m,z,d}}}{f_{\text{m,z,d}}} \leq 1 \quad \Rightarrow 0,7 \cdot \frac{15,03}{1,1 \cdot 21,53} + \frac{6,25}{21,53} = 0,444 + 0,290 = 0,73 < 1$$

Beispiel 4-4

Gegeben: 3-Feld-Deckenträger, Material: C 24, NKL 1.
$g_k = 0,4$ kN/m, $p_k = 1,3$ kN/m (veränderliche Nutzlast)

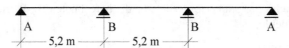

Gesucht: Dimensionierung des Querschnittes über die Nachweise der Schubspannungen und Biegespannungen für die LK g+p.

Lösung:

Lastkombinationen: *Tab. A-4.1*

![gd Balken]	$V_{Bli,g,k} = -0,6 \cdot 0,4 \cdot 5,2 \quad = -1,248$ kN
	$V_{A,g,k} = 0,4 \cdot 0,4 \cdot 5,2 \quad = 0,832$ kN
	$M_{1,g,k} = 0,08 \cdot 0,4 \cdot 5,2^2 \quad = 0,865$ kNm
	$M_{B,g,k} = -0,100 \cdot 0,4 \cdot 5,2^2 = -1,082$ kNm
![pd Balken]	$V_{A,p,k} = 0,450 \cdot 1,3 \cdot 5,2 \quad = 3,042$ kN
	$M_{1,p,k} = 0,101 \cdot 1,3 \cdot 5,2^2 = 3,550$ kNm
![pd Balken]	$V_{Bli,p,k} = -0,617 \cdot 1,3 \cdot 5,2 = -4,171$ kN
	$M_{B,p,k} = -0,117 \cdot 1,3 \cdot 5,2^2 = -4,113$ kNm

- Maßgebende Schnittgrößen:
  - Querkräfte: $V_{Bli,d} = 1,35 \cdot V_{B,g,k} + 1,5 \cdot V_{Bli,p,k}$

    $= 1,35 \cdot (-1,248) + 1,5 \cdot (-4,171) = \underline{\mathbf{-7,94\ kN}}$

    $V_{A,d} = 1,35 \cdot V_{A,g,k} + 1,5 \cdot V_{A,p,k}$

    $= 1,35 \cdot 0,832 + 1,5 \cdot 3,042 = \underline{\mathbf{5,69\ kN}}$

  - Biegemomente: $M_{B,d} = 1,35 \cdot M_{B,g,k} + 1,5 \cdot M_{B,p,k}$

    $= 1,35 \cdot (-1,082) + 1,5 \cdot (-4,113) = \underline{\mathbf{-7,63\ kNm}}$

    $M_{1,d} = 1,35 \cdot M_{1,g,k} + 1,5 \cdot M_{1,p,k}$

    $= 1,35 \cdot 0,865 + 1,5 \cdot 3,550 = 6,49$ kNm

- Schubspannung bei Punkt B_{li}:

  $V_d = V_{Bli,d} = 7,94$ kN   KLED = mittel

  $f_{v,d} = 0,615 \cdot 4,0 = 2,46$ N/mm²   *Tab. A-3.5*

  k_{cr} darf um 30 % erhöht werden, da Stelle $B > 1,50$ m vom Hirnholzende entfernt liegt:

  $k_{cr} = 1,3 \cdot 0,50 = 0,65$ *Tab. A-3.5*

  $erf \ A = 15 \cdot \dfrac{V_d}{k_{cr} \cdot f_{v,d}} = 15 \cdot \dfrac{7,94}{0,65 \cdot 2,46} = 74$ cm²   (maßgebend)   *Gl. (4.11)*

- Schubspannungen bei Punkt A:

  $V_d = V_{A,d} = 5,69$ kN KLED = mittel

  $f_{v,d} = 0,615 \cdot 4,0 = 2,46$ N/mm²   *Tab. A-3.5*

  $erf \ A = 15 \cdot \dfrac{5,69}{0,50 \cdot 2,46} = 69$ cm²   *Gl. (4.11)*

- Biegespannung:

  $M_d = M_{B,d} = -7,63$ kNm (KLED = mittel)

  $f_{m,d} = 0,615 \cdot 24,0 = 14,76$ N/mm²   *Tab. A-3.5*

  VH: Annahme $h \geq 150$ mm $\rightarrow$ $k_h = 1,0$

  $erf \ W_n \geq 1000 \cdot \dfrac{M_d}{k_h \cdot f_{m,d}} = 1000 \cdot \dfrac{7,63}{1,0 \cdot 14,76} = 517$ cm³   *Gl. (4.19)*

- Gewählter Querschnitt: *Tab. A-2.1*

  $b/h = 8/20$ cm   ($h > 150$ mm ✓)

  $A = 160$ cm² $> 74,4$ cm²

  $W_y = 533$ cm³ > 517 cm³

5 Gebrauchstauglichkeit

Beispiel 5-1

Gegeben: Belastungen $g_k = 1,5$ kN/m (Eigengewicht), Schneelast $s_k = 4,5$ kN/m (Höhe über NN > 1000 m) und $w_k = 0,75$ kN/m (Wind) eines Sparrens in einem ausgebauten Dachgeschoss.

Gesucht:
a) Nutzungsklasse NKL und k_{def}-Wert.
b) Belastungen zur Berechnung der elastischen Durchbiegungen.
c) Elastische Durchbiegungen $w_{inst,i}$ unter Verwendung der folgenden Gleichung: w [mm] = 0,667 · q [kN/m].
d) Elastische Durchbiegungen w_{qs} infolge der quasi-ständigen Lasten.
e) Kriechverformungen $w_{creep,i}$.
f) Endverformungen Σw_{fin}.
Hinweis: Der Einfachheit halber darf auf eine Berücksichtigung von Kombinationsbeiwerten ψ_0 verzichtet werden.

Lösung:

a) NKL = 1 (ausgebautes DG → beheizter Innenraum)   *Tab. A-3.1*

$k_{def} = 0,6$ *Tab. A-3.3*

b) $g_d = \gamma_G \cdot g_k$ = 1,0 · 1,5   = 1,5 KN/m $\gamma_{G/Q}$: *Tab. A-3.8*
$s_d = \gamma_Q \cdot s_k$ = 1,0 · 4,5   = 4,5 KN/m
$w_d = \gamma_G \cdot w_k$ = 1,0 · 0,75 = <u>0,75 KN/m</u>
Σq_d = 6,75 kN/m

c) $w_{inst,i}$ = 0,667 · q_d

$w_{inst,g}$ = 0,667 · 1,5   = 1,0 mm
$w_{inst,s}$ = 0,667 · 4,5   = 3,0 mm
$w_{inst,w}$ = 0,667 · 0,75   = <u>0,5 mm</u>
Σw_{inst} = 4,5 mm

d) w_{qs} = $\psi_2 \cdot w_{inst}$

$w_{qs,g}$ = 1,0 · 1,0   = 1,0 mm ψ_2: *Tab. A-3.9*
$w_{qs,s}$ = 0,2 · 3,0   = 0,6 mm
$w_{qs,w}$ = 0 · 0,5   = <u>0,0 mm</u>
Σw_{qs} = 1,6 mm

e) w_{creep} = $k_{def} \cdot w_{qs}$ *Gl. (5.4)*

$w_{creep,g}$ = 0,6 · 1,0   = 0,6 mm k_{def}: *Tab. A-3.3*
$w_{creep,s}$ = 0,6 · 0,6   = 0,36 mm
$w_{creep,w}$ = 0,6 · 0   = <u>0,0 mm</u>
Σw_{creep} = 0,96 mm

Tabellarische Zusammenstellung der Pkte b)–e)

q	q_k	q_d $= \gamma_{G/Q} \cdot q_k$	w_{inst} $= 0{,}667 \cdot q_d$	w_{qs} $= \psi_2 \cdot w_{inst}$	w_{creep} $= k_{def} \cdot w_{qs}$	ψ_2
g	1,5	1,5	1,0	1,0	0,6	1,0
s	4,5	4,5	3,0	0,6	0,36	0,2
w	0,75	0,75	0,5	0	0	0
Σ		6,75	4,5	1,6	0,96	—

f) $\quad \sum w_{fin} = \sum w_{inst,i} + \sum w_{creep,i} = 4{,}5 + 0{,}96 = 5{,}5 \text{ mm}$

oder: $\quad \sum w_{fin} = \sum w_{inst,i} + k_{def} \cdot \sum w_{qs,i} = 4{,}5 + 0{,}6 \cdot 1{,}6 = 5{,}5 \text{ mm}$

Beispiel 5-2

Gegeben: Deckenträger über einem Wohnraum eines Einfamilienhauses,
Deckenaufbau: Trockenestrich mit schwerer Schüttung,
Balkenabstand $e = 0{,}625$ m. Material: C 24, NKL 1,
$g'_k = 1{,}1$ kN/m², $p'_k = 2{,}8$ kN/m². Mit dem Bauherrn wurde für den Nachweis
der Steifigkeit ein Wert von $w_{grenz} = 1{,}5$ mm vereinbart.

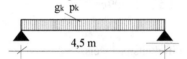

Gesucht: a) Dimensionierung des Trägers über die Durchbiegungs- und
Schwingungsnachweise (Wahl eines Querschnittes).
b) Nachweise der Gebrauchstauglichkeit für den gewählten Querschnitt.

Lösung:

$g_d = \gamma_G \cdot g_k = \gamma_G \cdot g'_k \cdot e = 1{,}0 \cdot 1{,}10 \cdot 0{,}625 = 0{,}69$ kN/m (KLED = ständig) γ_G: *Tab. A-3.8*

$p_d = \gamma_Q \cdot p_k = \gamma_Q \cdot p'_k \cdot e = 1{,}0 \cdot 2{,}8 \cdot 0{,}625 = 1{,}75$ kN/m (KLED = mittel) γ_Q: *Tab. A-3.8*

Zusammenstellung für Dimensionierung: *Tab. 5.3*

Belastung	q_d	q_{qs} $= \psi_2 \cdot q_d$	ψ_0	ψ_2
g	**0,69**	$1{,}0 \cdot 0{,}69 = 0{,}69$	1,0	1,0
p	1,75	$0{,}3 \cdot 1{,}75 = 0{,}53$	0,7	0,3
g+p	**2,44**	**1,22**	NKL $= 1$ $k_{def} = 0{,}6$	

Vollholzträger → keine Überhöhung w_c

17

a) Dimensionierung:

Über die Durchbiegungen:

NW 1a: Elastische Durchbiegung: $w \le \ell / 300$ *Gl. (5.27)*

$$erf \; I \ge k_{dim} \cdot \sum_{\psi_0} q_d \cdot \ell^3 = 35,51 \cdot 2,44 \cdot 4,5^3 = 7895 \, cm^4 \qquad k_{dim} : \textit{Tab. A-5.4}$$

NW 1b: Enddurchbiegung: $w \le \ell / 200$ *Gl. (5.28)*

$$erf \; I \ge k_{dim} \cdot \left(\sum_{\psi_0} q_d + k_{def} \cdot \sum q_{qs} \right) \cdot \ell^3 = 23,67 \cdot (2,44 + 0,6 \cdot 1,22) \cdot 4,5^3 = 6842 \, cm^4$$

NW 2: Optik: $w \le \ell / 300$ *Gl. (5.29)*

$$erf \; I \ge k_{dim} \cdot \sum q_{qs} \cdot (1 + k_{def}) \cdot \ell^3 = 35,51 \cdot 1,22 \cdot (1 + 0,6) \cdot 4,5^3 = 6316 \, cm^4$$

Über die Schwingungen:

Trockenestrich mit schwerer Schüttung → Bedingung nach Tabelle 5.2 erfüllt.

NW 3a: Frequenzanforderung (Schwingungen): $f_1 \ge 6 \, Hz$ *Gl. (5.30)*

$$erf \; I \ge k_{dim,f} \cdot g_k \cdot \ell^4 = 13,26 \cdot 0,69 \cdot 4,5^4 = 3752 \, cm^4 \qquad k_{dim,f} : \textit{Tab. A-5.4}$$

NW 3b: Steifigkeitsanforderung : $a \le 1,5 \, mm$ (vereinbarter Wert)   *Gl. (5.31)*

$$erf \; I \ge k_{dim,1kN} \cdot \ell^3 = 126,3 \cdot 4,5^3 = 11509 \, cm^4 \qquad k_{dim,1kN} : \textit{Tab. A-5.4}$$

Deutlich maßgebend wird Steifigkeitsnachweis.

Gewählt: VH $b/h = 10/24$ cm   mit $I = 11520$ cm^4 ≈ 11509 cm^4 *Tab. A-2.1a*

b) Durchbiegungsnachweise (Nach Wahl eines geeigneten Querschnittes normalerweise nicht erforderlich. Die nachfolgenden Berechnungen dienen der Übung).

$$k_w = \frac{5}{384} \cdot \frac{\ell^4}{E_{0,mean} \cdot I} = \frac{5}{384} \cdot \frac{4500^4}{11000 \cdot 11520 \cdot 10^4} = 4,214 \qquad \textit{Gl. (5.18)}$$

Zusammenstellung der Lasten siehe obige Tabelle

$$\sum_{\psi_0} w_{inst} = k_w \cdot \sum_{\psi_0} q_d = 4,214 \cdot 2,44 = 10,3 \, mm \qquad \textit{Gl. (5.19)}$$

$$\sum w_{qs} = k_w \cdot \sum q_{qs} = 4,214 \cdot 1,22 = 5,1 \, mm \qquad \textit{Gl. (5.20)}$$

NW 1a: Elastische Durchbiegung: $w \le \ell / 300$ *Gl. (5.21)*

$$\sum_{\psi_0} w_{inst} \le \frac{\ell}{300} \rightarrow 10,3 \, mm < 15 \, mm \; \checkmark$$

NW 1b: Enddurchbiegung: $w \le \ell / 200$ *Gl. (5.22)*

$$\sum_{\psi_0} w_{\mathrm{inst}} + k_{\mathrm{def}} \cdot \sum w_{\mathrm{qs}} \le \frac{\ell}{200} \;\rightarrow\; 10{,}3 + 0{,}6 \cdot 5{,}1 = 13{,}4 \text{ mm} < 22{,}5 \text{ mm} \;\checkmark$$

NW 2: Optik: $w \le \ell / 300$ *Gl. (5.23)*

$$\sum w_{\mathrm{qs}} \cdot (1 + k_{\mathrm{def}}) - w_{\mathrm{c}} \le \frac{\ell}{300} \;\rightarrow\; 5{,}1 \cdot (1 + 0{,}6) = 8{,}2 \text{ mm} < 15 \text{ mm} \;\checkmark$$

Schwingungsnachweise:

NW 3a: Frequenzanforderung (Schwingungen): $f_1 \ge 6$ Hz *Gl. (5.24)*

$$f_1 = \frac{\pi}{200 \cdot \ell^2} \cdot \sqrt{\frac{EI}{g_k}} \ge 6 \,[\mathrm{Hz}]$$

$$\rightarrow f_1 = \frac{\pi}{200 \cdot 4{,}5^2} \cdot \sqrt{\frac{11000 \cdot 11520}{0{,}69}} = 10{,}5 \gg 6 \,[\mathrm{Hz}] \;\checkmark$$

NW 3b: Steifigkeitsanforderung: $w_{1kN} \le 1{,}5$ mm *Gl. (5.25)*

$$w_{1kN} = 2{,}083 \cdot 10^6 \cdot \frac{\ell^3}{EI} \le 1{,}5 \text{ mm}$$

$$\rightarrow w_{1kN} = 2{,}083 \cdot 10^6 \cdot \frac{4{,}5^3}{11000 \cdot 11520} = 1{,}5 \text{ mm} = 1{,}5 \text{ mm} \;\checkmark$$

Beispiel 5-3

Gegeben: Deckenträger eines Einfamilienhauses (3-Feldträger) mit großen Stützweiten.
Deckenaufbau: Zementestrich mit leichter Schüttung (Ausgleichsschüttung),
Material: C 24, NKL 1, $g_k = 1{,}4$ kN/m, $p_k = 2{,}1$ kN/m
Mit dem Bauherrn wurde für den Nachweis der Steifigkeit ein Wert von
$w_{\mathrm{grenz}} = 1{,}5$ mm vereinbart.

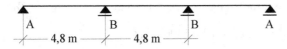

Gesucht: a) Dimensionierung des Trägerquerschnittes über die Durchbiegungs- und Schwingungsnachweise.
b) Nachweise für einen gewählten Querschnitt.
Hinweis: Die größten Durchbiegungen treten in einem Endfeld auf.

Lösung:

a) Dimensionierung: γ_G, γ_Q: *Tab. A-3.8*

$g_d = \gamma_G \cdot g_k = 1{,}0 \cdot 1{,}4 = 1{,}4$ kN/m
$p_d = \gamma_Q \cdot p_k = 1{,}0 \cdot 2{,}1 = 2{,}1$ kN/m

Zusammenstellung für Dimensionierung: *Tab. 5.4*

Belastung	*ideeller Einfeldträger*		*Durchlaufträger*			ψ_0	ψ_2
	*q*d	*qqs* $= \psi 2 \cdot qd$	*k*DLT	*q**d $= k\text{DLT} \cdot qd$	*q**qs $= k\text{DLT} \cdot qqs$		
g	**1,4**	1,4	0,52	0,73	0,73	1,0	1,0
p	2,1	0,63	0,76	1,60	0,48	0,7	0,3
g+p				**2,33**	**1,21**	NKL = 1 $k_{\text{def}} = 0,6$	

Über die Durchbiegungen:

NW 1a: Elastische Durchbiegung: $w \leq \ell / 300$ *Tab. A-5.4 u. Gl. (5.47)*

$$erf\ I \geq k_{\dim} \cdot \underset{\psi_0}{\sum q_{\text{d}}^*} \cdot \ell^3 = 35,51 \cdot 2,33 \cdot 4,8^3 = 9150\,\text{cm}^4$$

NW 1b: Enddurchbiegung: $w \leq \ell / 200$ *Tab. A-5.4 u. Gl. (5.48)*

$$erf\ I \geq k_{\dim} \cdot \left(\underset{\psi_0}{\sum q_{\text{d}}^*} + k_{\text{def}} \cdot \sum q_{\text{qs}}^* \right) \cdot \ell^3 = 23,67 \cdot (2,33 + 0,6 \cdot 1,21) \cdot 4,8^3 = 8000\,\text{cm}^4$$

NW 2: Optik: $w \leq \ell / 300$ *Tab. A-5.4 u. Gl. (5.49)*

$$erf\ I \geq k_{\dim} \cdot \sum q_{\text{qs}}^* \cdot (1 + k_{\text{def}}) \cdot \ell^3 = 35,51 \cdot 1,21 \cdot (1 + 0,6) \cdot 4,8^3 = 7603\,\text{cm}^4$$

Über die Schwingungen:

Zementestrich mit leichter Schüttung → Bedingung nach Tabelle 5.2 erfüllt.

NW 3a: Frequenzanforderung: $f_1 \geq 6$ Hz   *Tab. A-5.4 u. Gl. (5.50)*

$\ell_1/\ell = 1,0$ → $k_{\text{f}} = 1,0$

$$erf\ I \geq \frac{k_{\dim,\text{f}}}{k_{\text{f}}^2} \cdot g_{\text{k}} \cdot \ell^4 = \frac{13,26}{1,0^2} \cdot 1,4 \cdot 4,8^4 = 9855\,\text{cm}^4$$

NW 3b: Steifigkeitsanforderung : $w_{1\text{kN}} \leq 1,5$ mm   *Tab. A-5.4 u. Gl. (5.51)*

$$erf\ I \geq k_{\dim,1\text{kN}} \cdot \ell^3 = 126,3 \cdot 4,8^3 = 13968\,\text{cm}^4$$

Deutlich maßgebend: Steifigkeitsnachweis.

⇒ <u>Gewählt:</u> KVH $b/h = 12/24$ cm   mit $I_y = 13824$ cm$^4 \approx 13968$ cm^4 *Tab. A-2.1a*

Damit wird Steifigkeitsnachweis knapp nicht eingehalten sein.

b) Durchbiegungsnachweise (Nur zur Übung):

$$k_{\text{w}} = \frac{5}{384} \cdot \frac{\ell^4}{E_{0,\text{mean}} \cdot I} = \frac{5}{384} \cdot \frac{4800^4}{11000 \cdot 13824 \cdot 10^4} = 4,545\ [\text{mm}^2/\text{N}] \qquad \text{Gl. (5.18)}$$

Zusammenstellung (siehe oben): *Tab. 5.5*

$$\sum_{\psi_0} w^*_{\text{inst}} = k_{\text{w}} \cdot \sum_{\psi_0} q^*_d = 4{,}545 \cdot 2{,}33 = 10{,}6 \text{ mm}$$ *Gl. (5.40)*

$$\sum w^*_{\text{qs}} = k_{\text{w}} \cdot \sum q^*_{\text{qs}} = 4{,}545 \cdot 1{,}21 = 5{,}5 \text{ mm}$$ *Gl. (5.41)*

NW 1a: Elastische Durchbiegung *Gl. (5.42)*

$$\sum_{\psi_0} w^*_{\text{inst}} \le \frac{\ell}{300} \;\rightarrow\; 10{,}6 \text{ mm} < 16{,}0 \text{ mm} \quad\checkmark$$

NW 1b: Enddurchbiegung *Gl. (5.43)*

$$\sum_{\psi_0} w^*_{\text{inst}} + k_{\text{def}} \cdot \sum w^*_{\text{qs}} \le \frac{\ell}{200} \;\rightarrow\; 10{,}6 + 0{,}6 \cdot 5{,}5 = 13{,}9 \text{ mm} < 24 \text{ mm} \quad\checkmark$$

NW 2: Optik *Gl. (5.44)*

$$\sum w^*_{\text{qs}} \cdot (1 + k_{\text{def}}) \le \frac{\ell}{300} \;\rightarrow\; 5{,}5 \cdot (1 + 0{,}6) = 8{,}8 \text{ mm} < 16{,}0 \text{ mm} \quad\checkmark$$

Schwingungsnachweise:

NW 3a: Frequenzanforderung (Schwingungen):

$$f_1 = k_{\text{f}} \cdot \frac{\pi}{200 \cdot \ell^2} \cdot \sqrt{\frac{EI}{g_k}} > 6 \; [\text{Hz}]$$ *Gl. (5.45)*

$k_{\text{f}} = 1{,}0$ (bei gleiche Stützweiten) *Tab. A-5.3*

$$f_1 = 1{,}0 \cdot \frac{\pi}{200 \cdot 4{,}8^2} \cdot \sqrt{\frac{11000 \cdot 13824}{1{,}40}} = 7{,}1 > 6 \; [\text{Hz}] \quad\checkmark$$

NW 3b: Steifigkeitsanforderung :

$$w_{\text{1kN}} = 2{,}083 \cdot 10^6 \cdot \frac{\ell^3}{EI} \le 1{,}5 \text{ mm}$$ *Gl. (5.46)*

$$w_{\text{1kN}} = 2{,}083 \cdot 10^6 \cdot \frac{4{,}8^3}{11000 \cdot 13824} = 1{,}51 > 1{,}5 \text{ mm} \quad \text{Nachweis knapp erfüllt.}$$

Beispiel 5-4

Gegeben: Flachdach mit Sparrenabstand $e = 0{,}9$ m, Material: C 24, NKL 1.
$g'_k = 1{,}7$ kN/m², $s'_k = 1{,}0$ kN/m² (H über NN ≤ 1000 m).

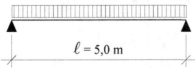

$\ell = 5{,}0$ m

Gesucht: a) Dimensionierung des Sparrenquerschnittes über Durchbiegungsnachweise.

b) Durchbiegungsnachweise mit gewähltem Querschnitt

Lösung:

$g_d = \gamma_G \cdot g'_k \cdot e = 1{,}0 \cdot 1{,}7 \cdot 0{,}9 = 1{,}53$ kN/m

$s_d = \gamma_Q \cdot s'_k \cdot e = 1{,}0 \cdot 1{,}0 \cdot 0{,}9 = 0{,}9$ kN/m
Tab. 5.1

a) Zusammenstellung für Dimensionierung:
Tab. 5.3

Belastung	q_d	q_{qs} $= \psi_2 \cdot q_d$	ψ_0	ψ_2
g	1,53	1,53	1,0	1,0
s	0,9	0	0,5	0
g+s	**2,43**	**1,53**	NKL $= 1$ $k_{def} = 0{,}6$	

Vollholzträger → keine Überhöhung w_c

a) Dimensionierung:

NW 1a: Elastische Durchbiegung: $w \le \ell / 300$
Gl. (5.27)

$erf\ I \ge k_{dim} \cdot \underset{\psi_0}{\sum} q_d \cdot \ell^3 = 35{,}51 \cdot 2{,}43 \cdot 5{,}0^3 = 10786$ cm^4

NW 1b: Enddurchbiegung: $w \le \ell / 200$
Gl. (5.28)

$erf\ I \ge k_{dim} \cdot \left(\underset{\psi_0}{\sum} q_d + k_{def} \cdot \sum q_{qs} \right) \cdot \ell^3 = 23{,}67 \cdot (2{,}43 + 0{,}6 \cdot 1{,}53) \cdot 5{,}0^3 = 9906$ cm^4

NW 2: Optik: $w \le \ell / 300$
Gl. (5.29)

$erf\ I \ge k_{dim} \cdot \sum q_{qs} \cdot (1 + k_{def}) \cdot \ell^3 = 35{,}51 \cdot 1{,}53 \cdot (1 + 0{,}6) \cdot 5{,}0^3 = 10867$ cm^4

NW 3a und 3b: Schwingungen: Hier nicht zu berücksichtigen, da kein Deckenträger.

Maßgebend wird Optik:

Gewählt: KVH $b/h = 10/24$ cm mit $I_y = 11520$ cm^4 > 10867 cm^4
Tab. A-2.1a

b) Durchbiegungsnachweise (nur zur Übung):

$$k_w = \frac{5}{384} \cdot \frac{\ell^4}{E_{0,mean} \cdot I} = \frac{5}{384} \cdot \frac{5000^4}{11000 \cdot 11520 \cdot 10^4} = 6{,}422\ [\text{mm}^2/\text{N}]$$
Gl. (5.18)

Zusammenstellung:
Tab. 5.3

$\underset{\psi_0}{\sum} w_{inst} = k_w \cdot \underset{\psi_0}{\sum} q_d = 6{,}422 \cdot 2{,}43 = 15{,}6$ mm
Gl. (5.19)

$\sum w_{qs} = k_w \cdot \sum q_{qs} = 6{,}422 \cdot 1{,}53 = 9{,}8$ mm
Gl. (5.19)

NW 1a: Elastische Durchbiegung: *Gl. (5.21)*

$$\sum_{\psi_0} w_{inst} \le \frac{\ell}{300} \quad \rightarrow \quad 15{,}6 \text{ mm} < 16{,}7 \text{ mm} \quad \checkmark$$

NW 1b: Enddurchbiegung: *Gl. (5.22)*

$$\sum_{\psi_0} w_{inst} + k_{def} \cdot \sum w_{qs} \le \frac{\ell}{200} \quad \rightarrow \quad 15{,}6 + 0{,}6 \cdot 9{,}8 = 21{,}5 \text{ mm} < 25 \text{ mm} \quad \checkmark$$

NW 2: Optik: *Gl. (5.23)*

$$\sum w_{qs} \cdot (1 + k_{def}) - w_c \le \frac{\ell}{300} \quad \rightarrow \quad 9{,}8 \cdot (1 + 0{,}6) = 15{,}6 \text{ mm} < 16{,}7 \text{ mm} \quad \checkmark$$

NW 3: Schwingungen: entfällt, da keine Wohnungsdecke

Beispiel 5-5

Gegeben: Randbalken (Einfeldträger mit $\ell = 4{,}0$ m ohne Überhöhung).

Material: GL 24 h, NKL 1.

$g_k = 2{,}6$ kN/m, $s_k = 4{,}2$ kN/m (H über NN > 1000 m), $w_k = 1{,}2$ kN/m.

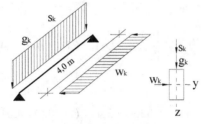

Gesucht: a) Dimensionierung des Querschnittes über die Durchbiegung (näherungsweise nur für die Vertikallasten).

b) Durchbiegungsnachweise für die LK g+s+w und g+w+s.

Hinweise: Zu beachten ist, dass zwei veränderliche Lasten auftreten (ψ_0-Werte!).

Ein Schwingungsnachweis braucht nicht geführt zu werden.

Lösung:

$g_d = 1{,}0 \cdot 2{,}6 = 2{,}6$ kN/m

$s_d = 1{,}0 \cdot 4{,}2 = 4{,}2$ kN/m

$w_d = 1{,}0 \cdot 1{,}2 = 1{,}2$ kN/m

Zusammenstellung für Dimensionierung: *Tab. 5.3*

Belastung	q_d	q_{qs} $= \psi_2 \cdot q_d$	ψ_0	ψ_2
g	$\downarrow 2,60$	2,60	1,0	1,0
s	$\downarrow$ 4,20	0,84	0,7	0,2
w	$\leftarrow 1,20$	0	0,6	0
g+s+w	$\downarrow 6,80$ $\leftarrow 0,72$	$\downarrow 3,44$	NKL $= 1$	
g+w+s	$\downarrow 5,54$ $\leftarrow 1,20$	$\leftarrow 0$	k_{def} $= 0,6$	

Brettschichtholzträger ohne Überhöhung w_c, $E_{0,mean} = 11500$ N/mm^2

a) Dimensionierung:

Näherungsweise nur über vertikale Lasten → für <u>LK g+s+w</u> da max $\downarrow q_d = 6,80$ kN/m

NW 1a: Elastische Durchbiegung: $w \leq \ell / 300$ *Gl. (5.27)*

$$erf\ I \geq k_{dim} \cdot \sum_{\psi_0} q_d \cdot \ell^3 = 33,97 \cdot 6,80 \cdot 4,0^3 = 14784\ cm^4$$

NW 1b: Enddurchbiegung: $w \leq \ell / 200$ *Gl. (5.28)*

$$erf\ I \geq k_{dim} \cdot \left(\sum_{\psi_0} q_d + k_{def} \cdot \sum q_{qs} \right) \cdot \ell^3 = 22,64 \cdot (6,80 + 0,6 \cdot 3,44) \cdot 4,0^3 = 12844\ cm^4$$

NW 2: Optik: $w \leq \ell / 300$ *Gl. (5.29)*

$$erf\ I \geq k_{dim} \cdot \sum q_{qs} \cdot (1 + k_{def}) \cdot \ell^3 = 33,97 \cdot 3,44 \cdot (1 + 0,6) \cdot 4,0^3 = 11966\ cm^4$$

NW 3: Unbehagen (Schwingungen): Hier nicht zu berücksichtigen

Maßgebend wird die elastische Durchbiegung:

Gewählt: GL 24h: $b/h = 14/24$ cm mit $I_y = 16128$ cm$^4 > 14784$ cm^4 *Tab. A-2.1a*

$$I_y = 5488\ cm^4$$

b) Durchbiegungsnachweise erforderlich, da Dimensionierung nur näherungsweise:

$$k_{w,y} = \frac{5}{384} \cdot \frac{\ell^4}{E_{0,mean} \cdot I_y} = \frac{5}{384} \cdot \frac{4000^4}{11500 \cdot 16128 \cdot 10^4} = 1,797\ [mm^2/N]$$ *Gl. (5.18)*

$$k_{w,z} = \frac{5}{384} \cdot \frac{\ell^4}{E_{0,mean} \cdot I_z} = \frac{5}{384} \cdot \frac{4000^4}{11500 \cdot 5488 \cdot 10^4} = 5,282\ [mm^2/N]$$

Lastfall g+s+w:

Zusammenstellung:

$$\downarrow \sum_{\psi_0} w_{inst} = k_w \cdot \sum_{\psi_0} q_d = 1{,}797 \cdot 6{,}80 = 12{,}2 \text{ mm} \qquad Gl.\ (5.19)$$

$$\downarrow \sum w_{qs} = k_w \cdot \sum q_{qs} = 1{,}797 \cdot 3{,}44 = 6{,}2 \text{ mm} \qquad Gl.\ (5.20)$$

$$\leftarrow \sum_{\psi_0} w_{inst} = k_w \cdot \sum_{\psi_0} q_d = 5{,}282 \cdot 0{,}72 = 3{,}8 \text{ mm} \qquad Gl.\ (5.19)$$

$$\leftarrow \sum w_{qs} = k_w \cdot \sum q_{qs} = 5{,}282 \cdot 0{,}0 = 0{,}0 \text{ mm} \qquad Gl.\ (5.20)$$

NW 1a: Elastische Durchbiegung: $\quad \sum_{\psi_0} w_{inst} \leq \dfrac{\ell}{300}$ $\qquad Gl.\ (5.21)$

$w_V = 12{,}2$ mm, $\;w_H = 3{,}8$ mm

$$w_{ges} = \sqrt{w_V^2 + w_H^2} = \sqrt{12{,}2^2 + 3{,}8^2} = 12{,}8 \text{ mm} \leq \dfrac{\ell}{300} = 13{,}3 \text{ mm} \quad \checkmark$$

NW 1b: Enddurchbiegung: $\quad \sum_{\psi_0} w_{inst} + k_{def} \cdot \sum w_{qs} \leq \dfrac{\ell}{200}$ $\qquad Gl.\ (5.22)$

$w_V = 12{,}2 + 0{,}6 \cdot 6{,}2 = 15{,}9$ mm, $\;w_H = 3{,}8 + 0{,}6 \cdot 0 = 3{,}8$ mm

$$w_{ges} = \sqrt{w_V^2 + w_H^2} = \sqrt{15{,}9^2 + 3{,}8^2} = 16{,}3 \text{ mm} \leq \dfrac{\ell}{200} = 20 \text{ mm} \quad \checkmark$$

NW 2: Optik: $\quad \sum w_{qs} \cdot (1 + k_{def}) - w_c \leq \dfrac{\ell}{300}$ $\qquad Gl.\ (5.23)$

$w_V = 6{,}2 \cdot (1 + 0{,}6) = 9{,}9$ mm, $\;w_H = 0 \cdot (1 + 0{,}6) = 0$ mm

$$w_{ges} = \sqrt{w_V^2 + w_H^2} = \sqrt{9{,}9^2 + 0^2} = 9{,}9 \text{ mm} \leq \dfrac{\ell}{300} = 13{,}3 \text{ mm} \quad \checkmark$$

Lastfall g+w+s:

Zusammenstellung:

$$\downarrow \sum_{\psi_0} w_{inst} = k_w \cdot \sum_{\psi_0} q_d = 1{,}797 \cdot 5{,}54 = 9{,}9 \text{ mm} \qquad Gl.\ (5.19)$$

$$\downarrow \sum w_{qs} = k_w \cdot \sum q_{qs} = 1{,}797 \cdot 3{,}44 = 6{,}2 \text{ mm} \qquad Gl.\ (5.20)$$

$$\leftarrow \sum_{\psi_0} w_{inst} = k_w \cdot \sum_{\psi_0} q_d = 5{,}282 \cdot 1{,}20 = 6{,}3 \text{ mm} \qquad Gl.\ (5.19)$$

$$\leftarrow \sum w_{qs} = k_w \cdot \sum q_{qs} = 5{,}282 \cdot 0{,}0 = 0{,}0 \text{ mm} \qquad Gl.\ (5.20)$$

NW 1a: Elastische Durchbiegung: $\sum_{\psi_0} w_{inst} \le \dfrac{\ell}{300}$ *Gl. (5.21)*

$$w_{ges} = \sqrt{w_V{}^2 + w_H{}^2} = \sqrt{9,9^2 + 6,3^2} = 11,7\,mm \le \frac{\ell}{300} = 13,3\ mm \quad \checkmark$$

NW 1b: Enddurchbiegung: $\sum_{\psi_0} w_{inst} + k_{def} \cdot \sum w_{qs} \le \dfrac{\ell}{200}$ *Gl. (5.22)*

$$w_V = 9,9 + 0,6 \cdot 6,2 = 13,6\ mm, \quad w_H = 6,3 + 0,6 \cdot 0,0 = 6,3\ mm$$

$$w_{ges} = \sqrt{w_V{}^2 + w_H{}^2} = \sqrt{13,6^2 + 6,3^2} = 15,0\,mm \le \frac{\ell}{200} = 20\ mm \quad \checkmark$$

NW 2: Optik: $\sum w_{qs} \cdot (1 + k_{def}) - w_0 \le \dfrac{\ell}{300}$ *Gl. (5.23)*

$$w_V = 6,2 \cdot (1 + 0,6) = 9,9\ mm, \quad w_H = 0,0 \cdot (1 + 0,6) = 0,0\ mm$$

$$w_{ges} = \sqrt{w_V{}^2 + w_H{}^2} = \sqrt{9,9^2 + 0,0^2} = 9,9\ mm \le \frac{\ell}{300} = 13,3\ mm \quad \checkmark$$

Beispiel 5-6

Gegeben: Unterzug eines Wohnhauses ohne Überhöhung. Deckenaufbau: Zementestrich mit schwerer Schüttung, Material: GL 28c, NKL 1, $g_k = 2,5$ kN/m, $p_k = 5,0$ kN/m

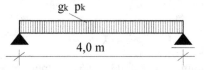

Gesucht: Dimensionierung des Trägers über die Nachweise der Schubspannung, Biegespannung, Durchbiegungen und Schwingungen.

Lösung:

LK	q_d in [kN/m]		KLED	k_{mod}	q_d/k_{mod}
g	$1,35 \cdot 2,5$	$= 3,375$	ständig	0,60	5,625
p	$1,5 \cdot 5,0$	$= 7,50$	mittel	0,80	9,375
g+p	$3,375 + 7,50$	$= \underline{10,875}$	mittel	0,80	$\underline{13,59}$

maßgebend: LK g+p   mit $q_d = 10,875$ kN

- Schubspannung:

$$\max V_d = q_d \cdot \frac{\ell}{2} = 10,875 \cdot \frac{4,0}{2} = 21,75\ kN$$

$f_{v,d} = 0,615 \cdot 3,5 = 2,15$ N/mm^2 *Tab. A-3.6*

GL 28 c: $k_{cr} = 0,714$ *Tab. A-3.6*

$$erf\ A = 15 \cdot \frac{V_d}{k_{cr} \cdot f_{v,d}} = 15 \cdot \frac{21,75}{0,714 \cdot 2,15} = 212\ \text{cm}^2 \qquad \textit{Gl. (4.11)}$$

- Biegespannung:

$$\max M_d = q_d \cdot \frac{\ell^2}{8} = 10,875 \cdot \frac{4,0^2}{8} = 21,75\ \text{kNm}$$

$f_{m,d} = 0,615 \cdot 28 = 17,22$ N/mm^2 *Tab. A-3.6*

Annahme: $h \leq 240$ mm $\rightarrow k_h = 1,1$

$$erf\ W_y \geq 1000 \cdot \frac{M_d}{k_h \cdot f_{m,d}} = 1000 \cdot \frac{21,75}{1,1 \cdot 17,22} = 1148\ \text{cm}^3 \qquad \textit{Gl. (4.19)}$$

- Durchbiegungen:

$g_d = 1,0 \cdot 2,5 = 2,5$ kN/m

$p_d = 1,0 \cdot 5,0 = 5,0$ kN/m

Zusammenstellung für Dimensionierung: *Tab. 5.3*

Belastung	q_d	q_{qs} $= \psi_2 \cdot q_d$	ψ_0	ψ_2
g	**2,5**	2,5	1,0	1,0
p	5,0	1,5	0,7	0,3
g+p	**7,5**	**4,0**	NKL $= 1$ $k_{def} = 0,6$	

Dimensionierung:

Über die Durchbiegungen:

NW 1a: Elastische Durchbiegung: $w \leq \ell / 300$ *Gl. (5.27)*

$$erf\ I \geq k_{dim} \cdot \sum_{\psi_0} q_d \cdot \ell^3 = 31,25 \cdot 7,5 \cdot 4,0^3 = 15000\ \text{cm}^4$$

NW 1b: Enddurchbiegung: $w \leq \ell / 200$ *Gl. (5.28)*

$$erf\ I \geq k_{dim} \cdot \left(\sum_{\psi_0} q_d + k_{def} \cdot \sum q_{qs} \right) \cdot \ell^3 = 20,83 \cdot (7,5 + 0,6 \cdot 4,0) \cdot 4,0^3 = 13198\ \text{cm}^4$$

NW 2: Optik: $w \leq \ell / 300$ *Gl. (5.29)*

$$erf\ I \geq k_{dim} \cdot \sum q_{qs} \cdot (1 + k_{def}) \cdot \ell^3 = 31,25 \cdot 4,0 \cdot (1 + 0,6) \cdot 4,0^3 = 12800\ \text{cm}^4$$

Über die Schwingungen:

Unterzug ist kein Deckenträger $\Rightarrow$ „Schwingungsnachweise",„passen" nicht, nachfolgend zu Übungszwecken trotzdem geführt.

Zementestrich mit schwerer Schüttung → Bedingung nach Tabelle 5.2 erfüllt.

NW 3a: Frequenzanforderung (Schwingungen): $f_1 \geq 6$ Hz $\hspace{2cm}$ *Gl. (5.30)*

$$erf\ I \geq k_{\mathrm{dim,f}} \cdot g_k \cdot \ell^4 = 11{,}67 \cdot 2{,}5 \cdot 4{,}0^4 = 7469\,\mathrm{cm}^4$$

NW 3b: Steifigkeitsanforderung : $w_{\mathrm{grenz}} \leq 1{,}0$ mm $\hspace{2cm}$ *Gl. (5.31)*

$$erf\ I \geq k_{\mathrm{dim,1kN}} \cdot \ell^3 = 166{,}7 \cdot 4{,}0^3 = 10669\,\mathrm{cm}^4$$

Maßgebend: Nachweis der elastischen Durchbiegung (nicht Schwingung!)

$\Rightarrow$ gewählt: $\hspace{1cm}$ $b/h = 14/24$ cm $\hspace{2cm}$ $A = 336\ \mathrm{cm}^2 > 212\ \mathrm{cm}^2$ $\hspace{1cm}$ *Tab. A-2.1*

$$W_y = 1344\ \mathrm{cm}^3 > 1148\ \mathrm{cm}^3$$

$$I_y = 16128\ \mathrm{cm}^4 > 15000\ \mathrm{cm}^4$$

Beispiel 5-7

Gegeben: $\hspace{0.5cm}$ Nicht überhöhter Deckenbalken ($b/h = 100/240$ mm) eines Wohnhauses. Deckenaufbau: Zementestrich mit schwerer Schüttung, Material: GL 28c, NKL 1, $g_k = 1{,}25$ kN/m, $p_k = 2{,}0$ kN/m

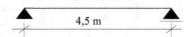

4,5 m

Der Deckenbalken weist nach dem Einbau ca. 20 mm tiefe seitliche Risse auf.

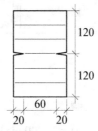

120

120

60

20 $\hspace{1cm}$ 20

Gesucht: $\hspace{0.5cm}$ Nachweise der Tragfähigkeit und der Gebrauchstauglichkeit (LK g+p) für:

a) $\hspace{0.5cm}$ Querschnitt ohne Risse,

b) $\hspace{0.5cm}$ Querschnitt mit Rissen,

c) $\hspace{0.5cm}$ Durchgerissener Querschnitt, d. h. der Träger besteht aus zwei Teilen mit jeweils $b/h = 10/12$ cm.

Lösung:

Maßgebende Belastung für Nachweis der Tragfähigkeit für LK g+p:

$q_d = 1{,}35 \cdot 1{,}25 + 1{,}5 \cdot 2{,}0 = 4{,}688$ kN/m

$\rightarrow$ $V_d = 4{,}688 \cdot \dfrac{4{,}5}{2} = 10{,}55$ kN $\hspace{1cm}$ $M_d = 4{,}688 \cdot \dfrac{4{,}5^2}{8} = 11{,}87$ kNm

a) Querschnitt ohne Risse

1. Tragfähigkeit:

- Schubspannung: $\tau_d = 15 \cdot \dfrac{V_d}{k_{cr} \cdot A} \le f_{v,d}$ *Gl. (4.10)*

$f_{v,d} = 0,615 \cdot 3,5 = 2,15$ N/mm^2 *Tab. A-3.6*

$k_{cr} = 0,714$ *Tab. A-3.6*

$\Rightarrow 15 \cdot \dfrac{10,55}{0,714 \cdot 24 \cdot 10} = 0,92$ N/mm² $\le 2,15$ N/mm² $\Rightarrow$ $\eta = 0,43 < 1$

- Biegespannung: $\sigma_{m,d} = 1000 \cdot \dfrac{M_d}{W_n} \le k_h \cdot f_{m,d}$ *Gl. (4.18)*

$f_{m,d} = 0,615 \cdot 28 = 17,22$ N/mm^2 *Tab. A-3.6*

$H = 240$ mm $\rightarrow$ $k_h = 1,1$ *Tab. A-3.6*

$W_n = 10 \cdot 24^2/6 = 960$ cm^3

$\Rightarrow 1000 \cdot \dfrac{11,87}{960} = 12,36$ N/mm² $\le 1,1 \cdot 17,22 = 18,94$ N/mm² $\Rightarrow$ $\eta = 0,65 < 1$

2. Gebrauchstauglichkeit:
Zusammenstellung für Dimensionierung: *Tab. 5.3*

Belastung	q_d	q_{qs} $= \psi_2 \cdot q_d$	ψ_0	ψ_2
g	**1,25**	1,25	1,0	1,0
p	**2,0**	0,6	0,7	0,3
g+p	**3,25**	**1,85**	NKL $= 1$ $k_{def} = 0,6$	

$$k_w = \frac{5}{384} \cdot \frac{\ell^4}{E_{0,mean} \cdot I} = \frac{5}{384} \cdot \frac{4500^4}{12500 \cdot 11520 \cdot 10^4} = 3,708 \; [\text{mm}^2/\text{N}]$$ *Gl. (5.18)*

$$\sum_{\psi_0} w_{inst} = k_w \cdot \sum_{\psi_0} q_d = 3,708 \cdot 3,25 = 12,0 \text{ mm}$$ *Gl. (5.19)*

$$\sum w_{qs} = k_w \cdot \sum q_{qs} = 3,708 \cdot 1,85 = 6,9 \text{ mm}$$ *Gl. (5.20)*

Durchbiegungen:

NW 1a: Elastische Durchbiegung: $w \le \ell / 300$ *Gl. (5.21)*

$$\sum_{\psi_0} w_{inst} \le \frac{\ell}{300} \quad \rightarrow \quad 12,0 \text{ mm} < 15 \text{ mm} \quad \checkmark$$

NW 1b: Enddurchbiegung: $w \leq \ell / 200$ *Gl. (5.22)*

$$\sum_{\psi_0} w_{inst} + k_{def} \cdot \sum w_{qs} \leq \frac{\ell}{200} \quad \rightarrow \quad 12,0 + 0,6 \cdot 6,9 = 16,1 \text{ mm} < 22,5 \text{ mm} \quad \checkmark$$

NW 2: Optik: $w \leq \ell/ 300$ *Gl. (5.23)*

$$\sum w_{qs} \cdot (1 + k_{def}) - w_0 \leq \frac{\ell}{300} \quad \rightarrow \quad 6,9 \cdot (1 + 0,6) = 11,0 \text{ mm} < 15 \text{ mm} \quad \checkmark$$

Schwingungen:

Zementestrich mit schwerer Schüttung → Bedingung nach *Tab. 5.2* erfüllt.

NW 3a: Frequenzanforderung (Schwingungen): $f_1 \geq 6$ Hz   *Gl. (5.24)*

$$f_1 = \frac{\pi}{200 \cdot \ell^2} \cdot \sqrt{\frac{EI}{g_k}} > 6 \text{ [Hz]}$$

$$\rightarrow \quad f_1 = \frac{\pi}{200 \cdot 4,5^2} \cdot \sqrt{\frac{12500 \cdot 11520}{1,25}} = 8,3 > 6 \text{ [Hz]} \quad \checkmark$$

NW 3b: Steifigkeitsanforderung : $w_{grenz} \leq 1,0$ mm   *Gl. (5.25)*

$$w_{1kN} = 2,083 \cdot 10^6 \cdot \frac{\ell^3}{EI} \leq 1,0 \text{ mm}$$

$$\rightarrow \quad w_{1kN} = 2,083 \cdot 10^6 \cdot \frac{4,5^3}{12500 \cdot 11520} = 1,3 > 1,0 \text{ mm} \quad !$$

→ Nachweis der Steifigkeit nicht eingehalten.

b) Querschnitt mit Rissen

1. Tragfähigkeit:

- Schubspannung: Berechnung mit allgemeiner Formel und reduzierter Breite:

$$\tau_d = \frac{V_d \cdot S}{I \cdot b_{red}} \leq f_{v,d} \quad\quad\quad Gl.\ (4.8)$$

$S = b \cdot h^2 / 8 = 10 \cdot 24^2 / 8 = 720$ cm³
$I = b \cdot h^3 / 12 = 10 \cdot 24^3 / 12 = 11520$ cm⁴
$b_{red} = 60$ mm $(= 100 - 2 \cdot 20)$

Auf Wert k_{cr} wird verzichtet, da mit tatsächlichen Rissen gerechnet wird.

$$f_{v,d} = 0,615 \cdot 3,5 = 2,15 \text{ N/mm}^2 \quad\quad Tab.\ A\text{-}3.6$$

$$\rightarrow \tau_d = \frac{10550 \cdot 720 \cdot 10^3}{11520 \cdot 10^4 \cdot 60} = 1,10 \text{ N/mm}^2 \leq 2,15 \text{ N/mm}^2 \quad \Rightarrow \quad \eta = 0,51 < 1$$

- Biegespannung: wie bei nicht gerissenem Querschnitt

2. Gebrauchstauglichkeit: wie bei nicht gerissenem Querschnitt

c) Durchgerissener Querschnitt

1. Tragfähigkeit:

   - Schubspannung: Zwei getrennte Querschnitte

     Für beide Teile des durchgetrennten Querschnittes wird kein k_{cr} mehr angesetzt (da bereits gerissen)

     $$\rightarrow \tau_d = 15 \cdot \frac{V_d}{2 \cdot A_1} \le f_{v,d} \quad \text{mit } A_1 = 10 \cdot 12 = 120 \text{ cm}^2$$

     $$f_{v,d} = 0,615 \cdot 3,5 = 2,15 \text{ N/mm}^2 \qquad \qquad \qquad \text{Tab. A-3.6}$$

     $$\Rightarrow 15 \cdot \frac{10,55}{2 \cdot 120} = 0,66 \text{ N/mm}^2 \le 2,15 \text{ N/mm}^2 \quad \Rightarrow \quad \eta = 0,31 < 1$$

   - Biegespannung: Zwei getrennte Querschnitte (ohne Steiner-Anteil)

     $$\sigma_{m,d} = 1000 \cdot \frac{M_d}{2 \cdot W_1} \le k_h \cdot f_{m,d} \qquad \qquad \qquad Gl. \ (4.18)$$

     $$f_{m,d} = 0,615 \cdot 28 = 17,22 \text{ N/mm}^2 \qquad \qquad \qquad \text{Tab. A-3.6}$$

     $$h_1 = 240 / 2 = 120 \text{ mm} < 240 \text{ mm} \rightarrow k_h = 1,1 \qquad \qquad \text{Tab. A-3.6}$$

     $W_1 = 10 \cdot 12^2 / 6 = 240 \text{ cm}^3$ (halber Querschnitt)

     $$\Rightarrow 1000 \cdot \frac{11,87}{2 \cdot 240} = 24,73 \text{ N/mm}^2 > 1,1 \cdot 17,22 = 18,94 \text{ N/mm}^2 \quad \Rightarrow \quad \eta = 1,31 > 1 \text{ !!!}$$

2. Gebrauchstauglichkeit: Zwei getrennte Querschnitte (ohne Steiner-Anteil)

   $$I = 2 \cdot I_1 = 2 \cdot 10 \cdot 12^3 / 12 = 2880 \text{ cm}^4$$

   $$k_w = \frac{5}{384} \cdot \frac{\ell^4}{E_{0,mean} \cdot I} = \frac{5}{384} \cdot \frac{4500^4}{12500 \cdot 2880 \cdot 10^4} = 14,83 \ [\text{mm}^2/\text{N}] \qquad Gl. \ (5.18)$$

   Zusammenstellung: (siehe obige Zusammenstellung)   *Tab. 5.3*

   (Σq_d und Σq_{qs} siehe obige Zusammenstellung)

   $$\sum_{\psi_0} w_{inst} = k_w \cdot \sum_{\psi_0} q_d = 14,83 \cdot 3,25 = 48,2 \text{ mm} \qquad \qquad Gl. \ (5.19)$$

   $$\sum_{\psi_0} w_{qs} = k_w \cdot \sum q_{qs} = 14,83 \cdot 1,85 = 27,4 \text{ mm} \qquad \qquad Gl. \ (5.20)$$

   Durchbiegungen:

   NW 1a: Elastische Durchbiegung: *Gl. (5.21)*

   $$\sum_{\psi_0} w_{inst} \le \frac{\ell}{300} \quad \rightarrow \quad 48,2 \text{ mm} \gg 15 \text{ mm !!!}$$

   NW 1b: Enddurchbiegung: *Gl. (5.22)*

   $$\sum_{\psi_0} w_{inst} + k_{def} \cdot \sum w_{qs} \le \frac{\ell}{200} \quad \rightarrow \quad 48,2 + 0,6 \cdot 27,4 = 64,6 \text{ mm} \gg 22,5 \text{ mm !!!}$$

NW 2: Optik: *Gl. (5.23)*

$$\sum w_{qs} \cdot (1 + k_{def}) - w_0 \le \frac{\ell}{300} \quad \rightarrow \quad 27,4 \cdot (1 + 0,6) = 43,8 \text{ mm} > 15 \text{ mm !!!}$$

Schwingungen:

NW 3a: Frequenzanforderung (Schwingungen): *Gl. (5.24)*

$$f_1 = \frac{\pi}{200 \cdot \ell^2} \sqrt{\frac{EI}{g_k}} > 6 \text{ [Hz]} \quad \rightarrow \quad f_1 = \frac{\pi}{200 \cdot 4,5^2} \cdot \sqrt{\frac{12500 \cdot 2880}{1,25}} = 4,2 \ll 6 \text{ [Hz] !!!}$$

NW 3b: Steifigkeitsanforderung : *Gl. (5.24)*

$$w_{1kN} = 2,083 \cdot 10^6 \cdot \frac{\ell^3}{EI} \le 1,0 \text{ mm} \quad \rightarrow \quad w_{1kN} = 2,083 \cdot 10^6 \cdot \frac{4,5^3}{12500 \cdot 2880} = 5,3 \gg 1,0 \text{ mm !!}$$

$\Rightarrow$ Alle Durchbiegungs- und Schwingungsnachweise sind <u>nicht</u> eingehalten!

Beispiel 5-8

Gegeben: Zweifeld-Deckenträger im eigenen Wohnbereich.
Spannweiten: $\ell = 4,5$ m und $\ell_1 = 1,8$ m. Breite der Decke: $b = 5,4$ m
Deckenbalken: $b/h = 10/24$ cm im Abstand von $e = 0,9$ m, C 24.
Nassestrich: $t = 50$ mm ($E = 15\,000$ N/mm^2) mit schwerer Schüttung.
Eigengewicht der Decke: $g_k = 220$ kg/m^2 = 2,2 kN/m^2

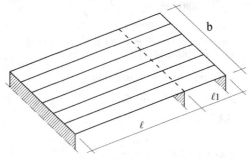

Gesucht: a) Nachweis der Eigenfrequenz.

b) Nachweis der Steifigkeit.

c) Nachweis der Schwingbeschleunigung.

Lösung:

a) Nachweis der Eigenfrequenz

Beiwert k_f : $\ell_1 / \ell = 1,8 / 4,5 = 0,4 \quad \rightarrow \quad k_f = 1,30$ *Tab. A-5.3*

Decke im eigenen Wohnbereich $\rightarrow f_{grenz} = 6$ Hz *Tab. A-5.2*

Biegesteifigkeit für einen Plattenstreifen der Breite $e = 0,9$ m:

C 24 $\rightarrow E_{0,mean} = 11000$ N/mm²   *Tab. A-3.5*

$EI_{BE} = 11000 \cdot 10 \cdot 24^3 / 12 + 15000 \cdot 90 \cdot 5^3 / 12 = 140,78 \cdot 10^6$ N/mm²·cm⁴

$g_k = 2,2 \cdot 0,9 = 1,98$ kN/m

NW 3a: $f_1 = 1,3 \cdot \dfrac{\pi}{200 \cdot 4,5^2} \cdot \sqrt{\dfrac{140,78 \cdot 10^6}{1,98}} = 8,5$ Hz $\gg 6$ Hz   *Gl. (5.45)*

> $\rightarrow$ Nachweis deutlich erfüllt.

> $\rightarrow$ Nachweis der Schwingbeschleunigung nicht erforderlich.

b) Nachweis der Steifigkeit

Steifigkeiten pro lfdm berechnet:

$EI_{\ell,Decke} = EI_{BE} / 0,9$ m $= 140,78 \cdot 10^6 / 0,9 = 156,42 \cdot 10^6$ N/mm²·cm⁴ pro m Breite

$EI_{b,Decke} = 15000 \cdot 100 \cdot 5,0^3 / 12 = 15,625 \cdot 10^6$ N/mm²·cm⁴ pro m Länge

$\rightarrow \; b_{ef} = \dfrac{4,50}{1,1} \cdot \sqrt[4]{\dfrac{15,625}{156,42}} = 2,30$ m $\leq 5,0$ m   *Gl. (5.14)*

Biegesteifigkeit des Plattenstreifens der Breite b_{ef}:

$EI_{ef} = b_{ef} \cdot EI_{\ell,Decke} = 2,30 \cdot 156,42 \cdot 10^6 = 359,8 \cdot 10^6$ N/mm²·cm⁴

NW 3b: $w_{2kN}[mm] = 4,166 \cdot 10^6 \cdot \dfrac{4,5^3}{359,8 \cdot 10^6} = 1,06$ mm $\approx 1,0$ mm

> $\rightarrow$ Nachweis knapp (nicht) eingehalten.

c) Nachweis der Schwingbeschleunigung

Dieser Nachweis ist eigentlich nicht erforderlich, weil die Frequenzanforderung eingehalten wurde (siehe auch Bild 5.2). Der Nachweis der Schwingbeschleunigung wird nachfolgend zu Übungszwecken trotzdem geführt.

Beiwert γ: $\ell_1/\ell = 1,8/4,5 = 0,4 \; \rightarrow \; \gamma = 0,951$ *Tab. A-5.3*

Holzbalkendecke mit schwimmendem Estrich: $\zeta = 0,03$

NW 3c: $a = \dfrac{56}{0,951 \cdot 220 \cdot 4,5 \cdot 5,4 \cdot 0,03} = 0,37$ m/s² $\gg 0,1$ m/s²   *Gl. (5.15b)*

d. h. der Nachweis ist deutlich nicht eingehalten (die Decke ist für diesen Nachweis immer noch zu „leicht").

6 Stabilitätsnachweise

Beispiel 6-1

Gegeben: Einteilige Stütze (b/h = 8/12 cm) einer Fachwerkwand.
Material C 24, NKL 2, $N_{g,k}$ = 5,0 kN, $N_{s,k}$ = 2,5 kN (H über NN ≤ 1000 m)
$N_{p,k}$ = 5,0 kN (aus Deckenlast)

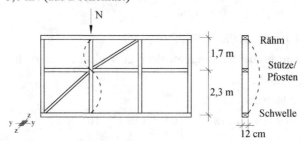

Gesucht: a) Maßgebende Lastkombination.
b) Knicknachweis für die Stütze.

Lösung:

a) Lastkombinationen

LK	N_d in [kN]		KLED	k_{mod}	ψ_0	N_d / k_{mod}
g	1,35 · 5,0	= 6,75	ständig	0,60	1,0	11,25
s	1,5 · 2,5	= 3,75	kurz	0,90	0,5	4,17
p	1,5 · 5,0	= 7,5	mittel	0,80	0,7	9,38
g+s	6,75 + 3,75	= 10,5	kurz	0,90		11,67
g+p	6,75 + 7,5	= 14,25	mittel	0,80		17,81
g+s+p	10,5 + 0,7·7,5	= 15,75	kurz	0,90		17,50
g+p+s	14,25 + 0,5·3,75 = **16,13**		kurz	0,90		**17,92**

$$\max \frac{N_d}{k_{mod}} = 17,92 \;\rightarrow\; \text{maßgebend: LK g+p+s mit} \quad N_d = 16,13 \text{ kN} \quad (\text{KLED} = \text{kurz})$$

b) Knicknachweise

- Knicken um die y-Achse (in z-Richtung) *siehe Gl. (6.2)*

$$\left. \begin{array}{l} \ell_{ef,y} = \beta \cdot s = 1,0 \cdot 4,0 = 4,0 \text{ m} \\ i_y = 0,289 \cdot h = 0,289 \cdot 120 = 34,7 \text{ mm} \end{array} \right\} \lambda_y = \frac{\ell_{ef,y}}{i_y} = \frac{4000}{34,7} = 115,3$$

- Knicken um die z-Achse (in y-Richtung)

$$\left. \begin{array}{l} \ell_{ef,z} = \beta \cdot s_{unten} = 1,0 \cdot 2,3 = 2,3 \text{ m} \\ i_z = 0,289 \cdot b = 0,289 \cdot 80 = 23,1 \text{ mm} \end{array} \right\} \lambda_z = \frac{\ell_{ef,z}}{i_z} = \frac{2300}{23,1} = 99,6$$

⇒ Maßgebend: Knicken um die y-Achse: max $\lambda = \lambda_y = 115,3$

$k_c = 0,234$ für $\lambda = 115$ *Tab. A-6.1*

bzw. $k_c = 0,233$ (interpoliert) für $\lambda = 115,3$

Knicknachweis: *Gl. (6.3) u. Tab. A-3.5*

$$\sigma_{c,0,d} = 10 \cdot \frac{N_d}{A} = 10 \cdot \frac{16,13}{8 \cdot 12} = 1,68 \, \text{N/mm}^2 \left.\begin{array}{c} \\ \\ \end{array}\right\} \quad \eta = \frac{1,68}{0,233 \cdot 14,53} = 0,50 < 1$$

$$f_{c,0,d} = 0,692 \cdot 21,0 = 14,53 \, \text{N/mm}^2$$

Beispiel 6-2

Gegeben: Einfeldträger (b/h = 18/120 cm) eines Lagerraumes mit Zwischenabstützungen in den Drittelspunkten. Material GL 28c, NKL 1, g_k = 3,8 kN/m, p_k = 5,5 kN/m

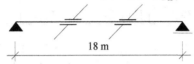

18 m

Gesucht: Kippnachweis für die LK g+p.

Lösung:

q_d = 1,35 · 3,8 + 1,5 · 5,5 = 13,38 kN/m $M_d = q_d \cdot \ell^2/8 = 13,38 \cdot 18^2/8 = 541,9$ kNm

$$\sigma_{m,d} = 1000 \cdot \frac{M_d}{W} = 1000 \cdot \frac{541,9}{18,0 \cdot 120,0^2 / 6} = 12,54 \, \text{N/mm}^2 \qquad \textit{siehe Gl. (6.10)}$$

$f_{m,d} = 0,538 \cdot 28,0 = 15,06$ N/mm² (KLED = lang!)   *Tab. A-3.6*

h = 1200 mm > 600 mm → k_h = 1,0

$$\ell_{ef} = \frac{\ell_{ges}}{3} + 2 \cdot h \qquad\qquad\qquad\qquad\qquad\qquad \textit{Tab. 6.1 (Skript)}$$

$$\ell_{ef} = \frac{18,0}{3} + 2 \cdot 1,2 = 8,4 \, \text{m} \quad \Rightarrow \quad \frac{\ell_{ef} \cdot h}{b^2} = \frac{8,4 \cdot 1,2}{0,18^2} = 311,1 \rightarrow k_{crit} = 0,815 \qquad \textit{Tab. A-6.2}$$

$$\eta = \frac{\sigma_{m,d}}{k_{crit} \cdot k_h \cdot f_{m,d}} = \frac{12,54}{0,815 \cdot 1,0 \cdot 15,06} = 1,02 \approx 1 \quad \text{Nachweis knapp eingehalten!}$$

Beispiel 6-3

Gegeben: Zweiteilige Stütze (2 × b/h = 2 × 10/24 cm), die entgegen der Planung ohne Zwischen- verbindungen, d. h. nicht als Rahmenstab ausgeführt wurde.
Material: C 24, NKL 2
$N_{g,k}$ = 38,0 kN, $N_{s,k}$ = 32,0 kN
(H über NN ≤ 1000 m), w_k= 1,8 kN/m

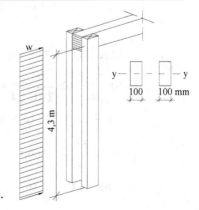

Gesucht: Tragfähigkeitsnachweis für die Stütze für die LK g+s, g+s+w und g+w+s.

Hinweis: Die Stütze ist oben und unten gelenkig gehalten.

35

Lösung:

Bemessungswerte der Beanspruchungen:

LK	N_d in [kN]		$M_{y,d}$ in [kNm]		KLED	k_{mod}	ψ_0
g	$1{,}35 \cdot 38{,}0$	$= 51{,}3$	—		ständig	0,6	1,0
s	$1{,}5 \cdot 32{,}0$	$= 48{,}0$	—		kurz	0,9	0,5
w	—		$1{,}5 \cdot 1{,}8 \cdot 4{,}3^2/8$	$= 6{,}24$	k/sk	1,0	0,6
g+s	$51{,}3 + 48{,}0$	$= 99{,}3$	—		kurz	0,9	
g+w		$= 51{,}3$	1,0 6,24	$= 6{,}24$	k/sk	1,0	
g+s+w	$51{,}3 + 48{,}0$	$= 99{,}3$	$0{,}6 \cdot 6{,}24$	$= 3{,}74$	k/sk	1,0	
g+w+s	$51{,}3 + 0{,}5 \cdot 48{,}0$	$= 75{,}3$	$1{,}0 \cdot 6{,}24$	$= 6{,}24$	k/sk	1,0	

- Knicken um die y-Achse:

$$\lambda_y = \frac{\ell_{ef}}{i_y} = \frac{4300}{0{,}289 \cdot 240} = 62 \qquad \Rightarrow \quad k_{c,y} = 0{,}648 \text{ (interpoliert)} \qquad\qquad Tab.\ A\text{-}6.1$$

- Knicken um die z-Achse (Einzelstab!):

$$\lambda_z = \frac{\ell_{ef}}{i_z} = \frac{4300}{0{,}289 \cdot 100} = 149 \qquad \Rightarrow \quad k_{c,z} = 0{,}144 \text{ (interpoliert)} \qquad\qquad Tab.\ A\text{-}6.1$$

- Kippen:

$$\frac{\ell_{ef} \cdot h}{b^2} = \frac{430 \cdot 24}{10^2} = 103{,}2 \quad \Rightarrow \quad k_{crit} = 1{,}0 \text{ (kein Kippnachweis erforderlich!)} \qquad Tab.\ A\text{-}6.2$$

- **Nachweise:** (Knickbeiwerte richtungsgerecht einsetzen!) $\qquad\qquad$ *Gl. (6.11a) u. (6.11b)*

LK g+s:

$N_d = 99{,}3$ kN $\quad M_d = 0 \quad \rightarrow$ reiner Knicknachweis

$$\sigma_{c,0,d} = 10 \cdot \frac{N_d}{A} = 10 \cdot \frac{99{,}3}{2 \cdot 10 \cdot 24} = 2{,}06 \text{ N/mm}^2$$

$f_{c,0,d} = 0{,}692 \cdot 21 = 14{,}53 \text{ N/mm}^2$ $\qquad\qquad$ *Tab. A-3.6*

$$\Rightarrow \eta = \frac{\sigma_{c,0,d}}{k_{c,z} \cdot f_{c,0,d}} = \frac{2{,}06}{0{,}144 \cdot 14{,}53} = 0{,}98 < 1{,}0$$

LK g+s+w:

$N_d = 99{,}3$ kN $\quad M_d = 3{,}74$ kNm

$$\sigma_{c,0,d} = 10 \cdot \frac{N_d}{A} = 10 \cdot \frac{99{,}3}{2 \cdot 10 \cdot 24} = 2{,}06 \text{ N/mm}^2 \qquad\qquad Gl.\ (4.6)$$

$f_{c,0,d} = 0{,}769 \cdot 21{,}0 = 16{,}15 \text{ N/mm}^2$ $\qquad\qquad$ *Tab. A-3.6*

$$\sigma_{m,y,d} = 1000 \cdot \frac{M_{y,d}}{W} = 1000 \cdot \frac{3{,}74}{2 \cdot 10 \cdot 24^2/6} = 1{,}95 \text{ N/mm}^2; \quad \sigma_{m,z,d} = 0 \qquad Gl.\ (4.15)$$

$f_{m,d} = 0{,}769 \cdot 24{,}0 = 18{,}46 \text{ N/mm}^2$ $\qquad\qquad$ *Tab. A-3.6*

$h = 240 \text{ mm} > 150 \text{ mm} \;\;\rightarrow\;\; k_h = 1{,}0$ *Tab. A-3.6*

$h \,/\, b = 24/10 = 2{,}4 < 4$

$\rightarrow$ *Gl. (6.11a)* und *Gl. (6.11b)* dürfen angewendet werden.

$$\frac{\sigma_{c,0,d}}{k_{c,y} \cdot f_{c,0,d}} + \frac{\sigma_{m,y,d}}{k_{crit} \cdot k_h \cdot f_{m,y,d}} \leq 1$$
       Gl. (6.11a)

$$\eta = \frac{2{,}06}{0{,}648 \cdot 16{,}15} + \frac{1{,}95}{1{,}0 \cdot 1{,}0 \cdot 18{,}46} = 0{,}197 + 0{,}106 = 0{,}31 < 1$$

$$\frac{\sigma_{c,0,d}}{k_{c,z} \cdot f_{c,0,d}} + \left(\frac{\sigma_{m,y,d}}{k_{crit} \cdot f_{m,y,d}}\right)^2 \leq 1$$
       Gl. (6.11b)

$$\eta = \frac{2{,}06}{0{,}144 \cdot 16{,}15} + \left(\frac{1{,}95}{1{,}0 \cdot 18{,}46}\right)^2 = 0{,}886 + 0{,}01 = 0{,}89 < 1{,}0$$

LK g+w+s:

$N_d = 75{,}3 \text{ kN} \qquad M_d = 6{,}24 \text{ kNm}$

$$\sigma_{c,0,d} = 10 \cdot \frac{75{,}3}{2 \cdot 10 \cdot 24} = 1{,}57 \text{ N/mm}^2$$
       Gl. (4.6)

$$f_{c,0,d} = 0{,}769 \cdot 21{,}0 = 16{,}15 \text{ N/mm}^2$$
       Tab. A-3.6

$$\sigma_{m,y,d} = 1000 \cdot \frac{6{,}24}{2 \cdot 10 \cdot 24^2 / 6} = 3{,}25 \text{ N/mm}^2; \quad \sigma_{m,z,d} = 0$$
       Gl. (4.15)

$$f_{m,d} = 0{,}769 \cdot 24{,}0 = 18{,}46 \text{ N/mm}^2$$
       Tab. A-3.6

$h = 240 \text{ mm} > 150 \text{ mm} \;\Rightarrow\; k_h = 1{,}0$
       Tab. A-3.6

$$\frac{\sigma_{c,0,d}}{k_{c,y} \cdot f_{c,0,d}} + \frac{\sigma_{m,y,d}}{k_{crit} \cdot k_h \cdot f_{m,y,d}} \leq 1$$
       Gl. (6.11a)

$$\eta = \frac{1{,}57}{0{,}648 \cdot 1{,}0 \cdot 16{,}15} + \frac{3{,}25}{1{,}0 \cdot 18{,}46} = 0{,}150 + 0{,}176 = 0{,}32 < 1$$

$$\frac{\sigma_{c,0,d}}{k_{c,z} \cdot f_{c,0,d}} + \left(\frac{\sigma_{m,y,d}}{k_{crit} \cdot k_h \cdot f_{m,y,d}}\right)^2 \leq 1$$
       Gl. (6.11b)

$$\eta = \frac{1{,}57}{0{,}144 \cdot 16{,}15} + \left(\frac{3{,}25}{1{,}0 \cdot 1{,}0 \cdot 18{,}46}\right)^2 = 0{,}675 + 0{,}031 = 0{,}71 < 1$$

$\rightarrow$ maßgebend: LK g+s

Beispiel 6-4

Gegeben: Fachwerkträger mit einer Gesamthöhe von 2,0 m.
Material: Alle Stäbe C 24, NKL 1
$V_{1,g,k} = 27,0$ kN, $V_{1,s,k} = 33,75$ kN (H über NN ≤ 1000 m)

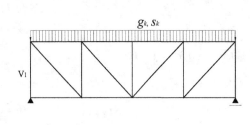
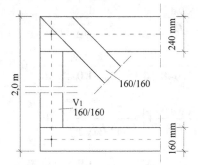

Gesucht: Knicknachweis für den Vertikalstab V_1 für die LK g+s.

Lösung:

$V_{1,d} = F_{c,0,d} = 1,35 \cdot 27,0 + 1,5 \cdot 33,75 = 87,08$ kN

$$\sigma_{c,0,d} = \frac{F_{c,0,d}}{A_n} \leq k_c \cdot f_{c,0,d} \qquad\qquad\qquad Gl.\ (6.1)$$

Knicken in beide Richtungen gleich (quadratischer Querschnitt und gleiche Knicklängen).

Knicklänge ℓ_{ef} aus Systemlängen: $\ell_{ef} = 2000 - 240/2 - 160/2 = 1800$ mm

$$\lambda = \frac{\ell_{ef}}{i} = \frac{1800}{0,289 \cdot 160} = 38,93 \Rightarrow k_c = 0,893 \text{ (interpoliert)} \qquad Tab.\ A\text{-}6.1$$

$f_{c,0,d} = 0,692 \cdot 21 = 14,53$ N/mm² $\qquad\qquad\qquad\qquad\qquad Tab.\ A\text{-}3.5$

$$\sigma_{c,0,d} = 10 \cdot \frac{87,08}{16 \cdot 16} = 3,40 \text{ N/mm}^2 \leq 0,893 \cdot 14,53 = 12,98 \text{ N/mm}^2 \Rightarrow \eta = 0,26 < 1 \qquad Gl.\ (6.3)$$

Beispiel 6-5

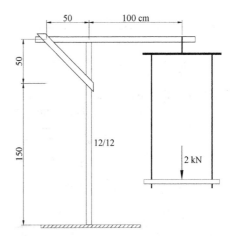

Gegeben: Eingespanntes Schaukelgestell im Freien (alle Hölzer C 24). Als maßgebende Beanspruchung wird eine kurzfristig wirkende zweifache Mannlast (Mannlast = 1 kN) angesetzt. Das Eigengewicht des Schaukelgestells darf vernachlässigt werden. Das Gestell ist so gehalten, dass es aus der Zeichenebene heraus nicht ausknicken kann.

Gesucht: a) NKL.

b) Nachweis der Stütze.

Lösung:

a) NKL = 3, da die Schaukel frei der Witterung ausgesetzt ist.   *Tab. A-3.1*

b) Schnittgrößen:

$N_d = 1{,}35 \cdot G + 1{,}5 \cdot Q = 1{,}35 \cdot 0 + 1{,}5 \cdot 2{,}0 = 3{,}0$ kN

$M_d = 3{,}0 \cdot 1{,}0 = 3{,}0$ kNm   (Einspannung)

$$\lambda = \frac{\ell_{ef}}{i} = \frac{\beta \cdot \ell}{0{,}289 \cdot h} = \frac{2 \cdot 200}{0{,}289 \cdot 12} = 115{,}3 \;\Rightarrow\; k_c = 0{,}233 \text{ (interpoliert)}$$ *Tab. A-6.1*

Wegen Querschnitt 12/12 cm keine Kippgefahr → $k_{crit} = 1{,}0$

$$\sigma_{c,0,d} = 10 \cdot \frac{N_d}{A} = 10 \cdot \frac{3{,}0}{12 \cdot 12} = 0{,}21 \text{ N/mm}^2$$ *Gl. (6.3)*

$$\sigma_{m,d} = 1000 \cdot \frac{M_d}{W} = 1000 \cdot \frac{3{,}0}{12 \cdot 12^2 / 6} = 10{,}41 \text{ N/mm}^2$$ *Gl. (6.10)*

$f_{c,0,d} = 0{,}538 \cdot 21 = 11{,}30 \text{ N/mm}^2$

$f_{m,d} = 0{,}538 \cdot 24 = 12{,}91 \text{ N/mm}^2$ *Tab. A-3.5*

$h = 120$ mm < 150 mm $\Rightarrow k_h = 1{,}05$ *Tab. A-3.5*

$h / b = 12/12 = 1{,}0 < 4$

→ *Gl. (6.11a)* darf angewendet werden.

$$\frac{\sigma_{c,0,d}}{k_c \cdot f_{c,0,d}} + \frac{\sigma_{m,d}}{k_{crit} \cdot k_h \cdot f_{m,d}} \le 1$$ *Gl. (6.11a)*

$$\eta = \frac{0{,}21}{0{,}233 \cdot 11{,}3} + \frac{10{,}41}{1{,}0 \cdot 1{,}05 \cdot 12{,}91} = 0{,}079 + 0{,}768 = 0{,}847 < 1{,}0$$

7 Nachweis von Bauteilen im Anschlussbereich

Beispiel 7-1

Gegeben: Stoß eines Stabes (b/h = 120/240 mm) mittels außen liegenden Laschen
(2 × b/h = 2 × 100/240 mm) und Dübeln besonderer Bauart Dü ∅ 80 – C10, M 20.

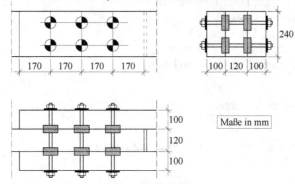

Maße in mm

Gesucht: Netto-Querschnitt für Stab und Laschen für eine
a)   Zugbeanspruchung.
b)   Druckbeanspruchung.

Lösung:

a) Zugbeanspruchung

Querschnittsschwächung eines Dübels in einem Holz: $\Delta A_{Dü}$ = 750 mm²   *Tab. 7.2*

• Stab (Mittelholz):   *Tab. 7.1*

$\Delta A = 4 \cdot \Delta A_{Dü} + 2 \cdot \Delta A_{Bo} = 4 \cdot 750 + 2 \cdot (20 + 1) \cdot (120 - 2 \cdot 12) = 7032$ mm²

$A_n = A_b - \Delta A = 120 \cdot 240 - 7032 = 21768$ mm²   *siehe Gl. (7.1)*

• Lasche (Seitenholz):   *Tab. 7.1*

$\Delta A = 2 \cdot \Delta A_{Dü} + 2 \cdot \Delta A_{Bo} = 2 \cdot 750 + 2 \cdot (20 + 1) \cdot (100 - 12) = 5196$ mm²

$A_n = 100 \cdot 240 - 5196 = 18804$ mm²

b) Druckbeanspruchung

Keine Querschnittsschwächung durch Dübel, da „satt" und gleichwertig ausgefüllt.
Bolzen verursachen Querschnittsschwächung wegen vorhandenem Lochspiel
(nicht „satt" ausgefüllt).

• Stab (Mittelholz):   *Tab. 7.1*

$\Delta A = 2 \cdot \Delta A_{Bo} = 2 \cdot (20 + 1) \cdot 120 = 5040$ mm²

$A_n = 120 \cdot 240 - 5040 = 23760$ mm²

• Lasche (Seitenholz):   *Tab. 7.1*

$\Delta A = 2 \cdot \Delta A_{Bo} = 2 \cdot (20 + 1) \cdot 100 = 4200$ mm²

$A_n = 100 \cdot 240 - 4200 = 19800$ mm²

Beispiel 7-2

Gegeben: Stoß eines Stabes (b/h = 80/120 mm) mittels außen liegenden Laschen
(2 × b/h = 2 × 60/120 mm) und Nägeln 4,2 × 110 mm, vorgebohrt.

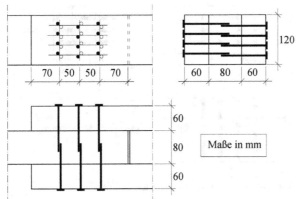

Gesucht: Nettoquerschnitt für Stab und eine Lasche für

a) Zugbeanspruchung.

b) Druckbeanspruchung.

Lösung:

a) Zugbeanspruchung   *Tab. 7.1*

- Stab (Mittelholz): Übergreifen der Nägel nicht berücksichtigt

  Um $d/2$ versetzte Nägel dürfen wie hintereinanderliegende Nägel betrachtet werden.

  $$\Delta A = 4 \cdot 4,2 \cdot 80 = 1344 \ \text{mm}^2$$

  $$A_{\text{n}} = A_{\text{b}} - \Delta A = 80 \cdot 120 - 1344 = 8256 \ \text{mm}^2$$

- Lasche (Seitenholz):

  $$\Delta A = 4 \cdot 4,2 \cdot 60 = 1008 \ \text{mm}^2$$

  $$A_{\text{n}} = A_{\text{b}} - \Delta A = 60 \cdot 120 - 1008 = 6192 \ \text{mm}^2$$

b) Druckbeanspruchung: *Tab. 7.1*

Keine Querschnittsschwächung, da satt und gleichwertig ausgefüllt

- Stab (Mittelholz):

  $$A_{\text{n}} = A_{\text{b}} = 80 \cdot 120 = 9600 \ \text{mm}^2$$

- Lasche (Seitenholz):

  $$A_{\text{n}} = A_{\text{b}} = 60 \cdot 120 = 7200 \ \text{mm}^2$$

Beispiel 7-3

Gegeben: Stoß eines Stabes (b/h = 120/240 mm) mittels außen liegenden Laschen (2 × b/h = 2 × 100/240 mm) und Stabdübeln (Passbolzen) $\varnothing$ 20 mm.

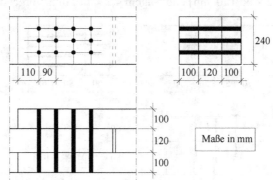

Gesucht: Nettoquerschnitt für Stab und eine Lasche für

    a)   Zugbeanspruchung.

    b)   Druckbeanspruchung.

Lösung:

a) Zugbeanspruchung   *Tab. 7.1*

- Stab (Mittelholz):

$$\Delta A_{\text{SDü}} = 3 \cdot d_{\text{SDü}} \cdot a = 3 \cdot 20 \cdot 120 = 7200 \text{ mm}^2$$

$$A_{\text{n}} = A_{\text{b}} - \Delta A_{\text{SDü}} = 120 \cdot 240 - 7200 = 21600 \text{ mm}^2$$

- Lasche (Seitenholz):

$$\Delta A_{\text{SDü}} = 3 \cdot d_{\text{SDü}} \cdot a = 3 \cdot 20 \cdot 100 = 6000 \text{ mm}^2$$

$$A_{\text{n}} = A_{\text{b}} - \Delta A_{\text{SDü}} = 100 \cdot 240 - 6000 = 18000 \text{ mm}^2$$

b) Druckbeanspruchung

- Stab (Mittelholz):

$$A_{\text{n}} = A_{\text{b}} = 120 \cdot 240 = 28800 \text{ mm}^2$$

- Lasche (Seitenholz):

$$A_{\text{n}} = A_{\text{b}} = 100 \cdot 240 = 24000 \text{ mm}^2$$

Beispiel 7-4

Gegeben: Anschluss einer zweiteiligen, außen liegenden Diagonalen $(2 \times b/h = 2 \times 60/120$ mm) an einem Obergurt $(b/h = 120/180$ mm) mittels Dübeln besonderer Bauart Dü $\varnothing 65 - $ C10, M 16 sowie Anschluss eines Druck-stabes (Pfostens) $(b/h = 120/120$ mm) über Kontakt und Zapfen.

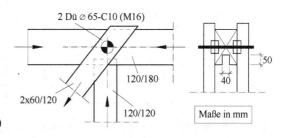

Gesucht: Nettoquerschnitte für Diagonale und Obergurt.

Lösung: *Tab. 7.1 bzw. 7.2*

- Diagonale (Zuganschluss):

$$\Delta A = \Delta A_{Dü} + (d_{Bo} + 1\text{mm}) \cdot (a_S - h_e) = 590 + (16 + 1) \cdot (60 - 12) = 1406 \text{ mm}^2$$

$$A_n = A_b - \Delta A = 60 \cdot 120 - 1406 = 5794 \text{ mm}^2$$

- Obergurt (Druckstab):

$$\Delta A_{Bo} = (d_{Bo} + 1\text{mm}) \cdot a = (16 + 1) \cdot 120 = 2040 \text{ mm}^2$$

$$\Delta A_Z = t_Z \cdot b_Z = 40 \cdot 50 = 2000 \text{ mm}^2$$

$$A_n = A_b - \Delta A_{Bo} - \Delta A_Z = 120 \cdot 180 - 2040 - 2000 = 17560 \text{ mm}^2$$

Beispiel 7-5

Gegeben: Stoß eines Zugstabes $(b/h = 120/220$ mm) mit beidseitigen Laschen $(2 \times b/h = 2 \times 80/220$ mm) und Dübeln besonderer Bauart Dü $\varnothing 80 - $ A1, M12. Material C 24, NKL 1; $F_{g,k} = 38$ kN, $F_{s,k} = 82$ kN (H über NN ≤ 1000 m).

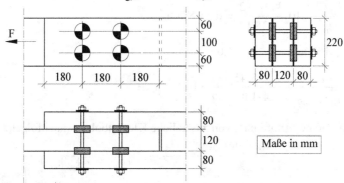

Gesucht: a) Spannungsnachweis für Zugstab.

              b) Spannungsnachweis für Laschen.

              c) Nachweis für Laschen bei Anordnung von zusätzlichen Klemmbolzen.

              d) Von den zusätzlichen Klemmbolzen aufzunehmende Kraft $F_{ax,d}$.

Lösung:

Maßgebende Lastkombination:

LK	F_d in [kN]		KLED	k_{mod}	F_d / k_{mod}
g	$1,35 \cdot 38$	$= 51,3$	ständig	0,60	85,50
s	$1,5 \cdot 82$	$= 123,0$	kurz	0,90	136,67
g+s	$51,3 + 123$	$= \mathbf{174,3}$	kurz	0,90	**193,67**

$$\max \frac{F_d}{k_{mod}} = 193,67 \;\rightarrow\; \text{maßgebend: LK g+s} \;\; \text{mit} \;\; F_d = 174,3 \text{ kN} \;\; (\text{KLED} = \text{kurz})$$

a) Nachweis Zugstab (Mittelholz): keine exzentrische Beanspruchung

$$\Delta A = 4 \cdot \Delta A_{Dü} + 2 \cdot \Delta A_{Bo} = 4 \cdot 1200 + 2 \cdot (12 + 1) \cdot (120 - 2 \cdot 15) = 7140 \text{ mm}^2$$

$$A_n = 120 \cdot 220 - 7140 = 19260 \text{ mm}^2 = 192,6 \text{ cm}^2 \hspace{2cm} \textit{Tab. 7.1 bzw. 7.2}$$

$$\sigma_{t,0,d} = 10 \cdot \frac{F_d}{A_n} = 10 \cdot \frac{174,3}{192,6} = 9,05 \text{ N/mm}^2 \hspace{2cm} \textit{Gl. (7.1)}$$

$$f_{t,0,d} = 0,692 \cdot 14,0 = 9,69 \text{ N/mm}^2 \hspace{2cm} \textit{Tab. A-3.5}$$

$$h = 220 \text{ mm} > 150 \text{ mm} \;\Rightarrow\; k_h = 1,0 \hspace{2cm} \textit{Tab. A-3.5}$$

$$\Rightarrow \eta = \frac{\sigma_{t,0,d}}{k_h \cdot f_{t,0,d}} = \frac{9,05}{1,0 \cdot 9,70} = 0,93 < 1 \hspace{2cm} \textit{Gl. (7.3)}$$

b) Nachweis Lasche (1 Seitenholz): exzentrische Beanspruchung

Ohne zusätzliche Klemmbolzen $\rightarrow k_{t,e} = 0,4$ \hspace{2cm} *Tab. A-7.1*

$$\Delta A = 2 \cdot \Delta A_{Dü} + 2 \cdot \Delta A_{Bo} = 2 \cdot 1200 + 2 \cdot (12 + 1) \cdot (80 - 15) = 4090 \text{ mm}^2 \hspace{0.5cm} \textit{Tab. 7.1+7.2}$$

$$A_n = 80 \cdot 220 - 4090 = 13510 \text{ mm}^2 = 135,1 \text{ cm}^2$$

$$\sigma_{t,0,d} = 10 \cdot \frac{F_d / 2}{A_n} = 10 \cdot \frac{174,3 / 2}{135,1} = 6,45 \text{ N/mm}^2 \hspace{2cm} \textit{Gl. (7.1)}$$

$$h = 220 \text{ mm} > 150 \text{ mm} \;\Rightarrow\; k_h = 1,0 \hspace{2cm} \textit{Tab. A-3.5}$$

$$\Rightarrow \eta = \frac{\sigma_{t,0,d}}{k_{t,e} \cdot k_h \cdot f_{t,0,d}} = \frac{6,45}{0,4 \cdot 1,0 \cdot 9,69} = 1,66 > 1 \;!!! \hspace{2cm} \textit{Gl. (7.4)}$$

c) Nachweis Lasche bei Anordnung von zusätzliche Klemmbolzen (nachfolgende Skizze):

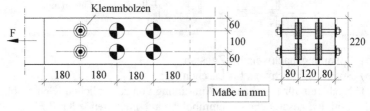

$k_{t,e} = 2/3$ *Tab. A-7.1*

$$\Rightarrow \eta = \frac{\sigma_{t,0,d}}{k_{t,e} \cdot k_h \cdot f_{t,0,d}} = \frac{6,45}{2/3 \cdot 1,0 \cdot 9,69} = 1,00 \qquad \textit{Gl. (7.4)}$$

d) Von den zusätzlichen Klemmbolzen aufzunehmende Ausziehkraft:

$$F_{ax,d} = \frac{N_{a,d}}{n} \cdot \frac{t}{2 \cdot a} = \frac{174,3/2}{2} \cdot \frac{80}{2 \cdot 180} = 9,68 \text{ kN} \qquad \textit{Gl. (7.5)}$$

Der Nachweis der Pressung unter den Unterlegscheiben erfolgt in *Beispiel 8-4*.

Beispiel 7-6

Gegeben: Stoß eines Zugstabes (b/h = 140/220 mm) mit beidseitigen Laschen ($2 \times b/h$ = $2 \times 100/220$ mm) und Stabdübeln/Passbolzen $\varnothing$ 20 mm.
Material: C 24, NKL 1
$F_{g,k}$ = 52,7 kN, $F_{s,k}$ = 105,3 kN (*H* über NN ≤ 1000 m).

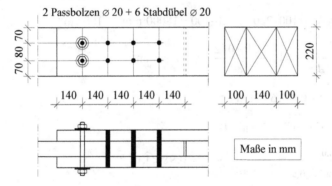

Gesucht: a) Spannungsnachweise für den Zugstab und die Laschen.
b) Zugkraft, die durch die Passbolzen aufzunehmen ist.

Lösung:

LK	F_d in [kN]		KLED	k_{mod}	F_d / k_{mod}
g	1,35 · 52,7	= 71,15	ständig	0,60	118,58
s	1,5 · 105,3	= 157,95	kurz	0,90	175,50
g+s	71,15 + 157,95	= **229,10**	kurz	0,90	**254,56**

$$\max \frac{F_d}{k_{mod}} = 254,56 \quad \rightarrow \quad \text{maßgebend: LK g+s} \quad \text{mit} \quad F_d = 229,10 \text{ kN (KLED = kurz)}$$

a) Spannungsnachweise

- *Zugstab (Mittelholz):* zentrisch belastet

$$A_n = A_b - \Delta A_{SDü} = 140 \cdot 220 - 2 \cdot 20 \cdot 140 = 25200 \text{ mm}^2 = 252 \text{ cm}^2 \qquad \textit{Tab. 7.1}$$

$$\sigma_{t,0,d} = 10 \cdot \frac{F_{t,0,d}}{A_n} = 10 \cdot \frac{229,10}{252} = 9,09 \text{ N/mm}^2 \qquad \textit{Gl. (7.1)}$$

$$f_{t,0,d} = 0,692 \cdot 14,0 = 9,69 \text{ N/mm}^2 \qquad \textit{Tab. A-3.5}$$

$$h = 220 \text{ mm} > 150 \text{ mm} \;\rightarrow\; k_h = 1,0 \qquad \textit{Tab. A-3.5}$$

$$\Rightarrow \eta = \frac{\sigma_{t,0,d}}{k_h \cdot f_{t,0,d}} = \frac{9,09}{1,0 \cdot 9,69} = 0,94 < 1,0 \qquad \textit{Gl. (7.3)}$$

- *Lasche (Seitenholz):* exzentrische Beanspruchung

  Außen liegende Hölzer, aber mit ausziehfesten Passbolzen am Ende des Anschlusses

$$\rightarrow k_{t,e} = 2/3 \qquad \textit{Tab. A-7.1}$$

$$A_n = A_b - \Delta A_{SDü} = 100 \cdot 220 - 2 \cdot 20 \cdot 100 = 18000 \text{ mm}^2 = 180 \text{ cm}^2 \qquad \textit{Tab. 7.1}$$

$$\sigma_{t,0,d} = 10 \cdot \frac{F_{t,0,d}/2}{A_n} = 10 \cdot \frac{229,10/2}{180} = 6,36 \text{ N/mm}^2 \qquad \textit{Gl. (7.1)}$$

$$f_{t,0,d} = 0,692 \cdot 14,0 = 9,69 \text{ N/mm}^2 \qquad \textit{Tab. A-3.5}$$

$$h = 220 \text{ mm} > 150 \text{ mm} \;\Rightarrow\; k_h = 1,0 \qquad \textit{Tab. A-3.5}$$

$$\Rightarrow \eta = \frac{\sigma_{t,0,d}}{k_{t,e} \cdot k_h \cdot f_{t,0,d}} = \frac{6,36}{2/3 \cdot 1,0 \cdot 9,69} = 0,98 < 1,0 \qquad \textit{Gl. (7.4)}$$

b) Durch Passbolzen aufzunehmende **Ausziehkraft:**

$$F_{ax,d} = \frac{N_{a,d}}{n_R} \cdot \frac{t}{2 \cdot a} = \frac{229,1/2}{4} \cdot \frac{100}{2 \cdot 140} = 10,23 \text{ kN} \qquad \textit{Gl. (7.5)}$$

Beispiel 7-7

Gegeben: Stoß eines zweiteiligen Zugstabes ($2 \times b/h = 2 \times 30/100$ mm) mit innen liegendem Stahlblech ($t = 5$ mm) und vorgebohrten Nägeln $d \times \ell = 3 \times 60$ mm

Material: C 24, NKL 2, $F_{g,k} = 13,3$ kN, $F_{s,k} = 26,7$ kN (H über NN ≤ 1000 m)

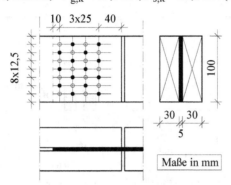

Maße in mm

Gesucht: Zeigen Sie, dass der Spannungsnachweis für den Zugstab auch bei Anordnung von ausziehfesten Verbindungsmitteln nicht eingehalten ist.

Lösung:

LK	F_d in [kN]		KLED	k_{mod}	F_d / k_{mod}
g	$1,35 \cdot 13,3$	$= 17,96$	ständig	0,60	29,93
s	$1,5 \cdot 26,7$	$= 40,05$	kurz	0,90	44,50
g+s	$17,96 + 40,05$	$= \mathbf{58,01}$	kurz	0,90	**64,44**

$\max \dfrac{F_d}{k_{mod}} = 64,44$ → maßgebend: LK g+s mit $F_d = 58,01$ kN (KLED = kurz)

$A_{1,n} = A_b - \Delta A_{Na} = 30 \cdot 100 - 7 \cdot 3 \cdot 30 = 2370$ mm^2 = 23,7 cm^2 *Tab. 7.1*

$\sigma_{t,0,d} = 10 \cdot \dfrac{F_{t,0,d}/2}{A_{1,n}} = 10 \cdot \dfrac{58,01/2}{23,7} = 12,24$ N/mm^2 *Gl. (7.1)*

$f_{t,0,d} = 0,692 \cdot 14,0 = 9,69$ N/mm^2 *Tab. A-3.5*

$h = 100$ mm < 150 mm $\Rightarrow k_h = 1,08$ *Tab. A-3.5*

Exzentrische Beanspruchung, vorgebohrte Nägel → $k_{t,e} = 0,4$ *Tab. A-7.1*

$\Rightarrow \eta = \dfrac{\sigma_{t,0,d}}{k_{t,e} \cdot k_h \cdot f_{t,0,d}} = \dfrac{12,24}{0,4 \cdot 1,08 \cdot 9,69} = 2,91 >> 1,0$!!!   *Gl. (7.4)*

Mit ausziehfesten Verbindungsmitteln → $k_{t,e} = 2/3$ *Tab. A-7.1*

$\Rightarrow \eta = \dfrac{12,24}{2/3 \cdot 1,08 \cdot 9,69} = 1,75 >> 1$!!!

Beispiel 7-8

Gegeben: Zwischenauflager eines Zweifelddeckenträgers (Wohnhaus) mit Zapfen.
Material C 24, NKL 1, $M_{B,g,k} = 7,0$ kNm, $M_{B,p,k} = 7,0$ kNm.

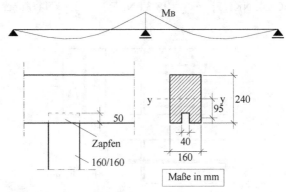

Gesucht: Biegespannungsnachweis über dem Zwischenauflager.

Lösung:

Maßgebende Lastkombination:

LK	$M_{B,d}$ in [kNm]		KLED	k_{mod}	$M_{B,d} / k_{mod}$
g	$1,35 \cdot 7,0$	$= 9,45$	ständig	0,60	15,75
p	$1,5 \cdot 7,0$	$= 10,5$	mittel	0,80	13,13
g+p	$9,45 + 10,5$	$= \mathbf{19,95}$	mittel	0,80	**24,94**

$$\max \frac{M_{B,d}}{k_{mod}} = 24,94 \rightarrow \text{maßgebend: LK g+p mit } M_{B,d} = 19,95 \text{ kNm (KLED = mittel)}$$

$\Delta A_z \leq 0,1 \cdot A : \ 4,0 \cdot 5,0 = 20,0 \text{ cm}^2 < 0,1 \cdot 16,0 \cdot 24,0 = 38,4 \text{ cm}^2$ ✓   *Tab. 7.3*

→ Netto-Trägheitsmoment darf näherungsweise auf die Schwerlinie des ungeschwächten Querschnittes bezogen werden.

$$\rightarrow \ I_n \approx \frac{b \cdot h^3}{12} - \Delta A_1 \cdot a_1^2 = \frac{16 \cdot 24^3}{12} - 20 \cdot 9,5^2 \approx 16627 \text{ cm}^4 \qquad \textit{Tab. 7.3}$$

$$W_n = \frac{I_n}{h/2} = \frac{16627}{24/2} = 1386 \text{ cm}^3$$

$$\sigma_{m,d} = 1000 \cdot \frac{M_d}{W_n} = 1000 \cdot \frac{19,95}{1386} = 14,39 \text{ N/mm}^2$$

$$f_{m,d} = 0,615 \cdot 24 = 14,76 \text{ N/mm}^2 \qquad\qquad \textit{Tab. A-3.5}$$

$h = 240 \text{ mm} > 150 \text{ mm} \rightarrow k_h = 1,0$ \qquad\qquad *Tab. A-3.5*

$$\Rightarrow \eta = \frac{\sigma_{m,d}}{k_h \cdot f_{m,y,d}} \cdot \frac{14,39}{1,0 \cdot 14,76} = 0,97 < 1 \qquad\qquad \textit{Gl. (7.7)}$$

Beispiel 7-9

Gegeben: Stütze (b/h = 160/160 mm) eines Wohnhauses mit Ausklinkung im Auflagerbereich.
Material C 24, NKL 1,
$F_{g,k}$ = 50 kN, $F_{p,k}$ = 85 kN

Gesucht: Nachweis der Stütze im Anschlussbereich für LK g+p.

Lösung:

F_d = 1,35 · 50 + 1,5 · 85 = 195,0 kN   (KLED = mittel)

ΔA = 3 · 16 = 48 cm² > 0,1 · A_b = 0,1 · 16 · 16 = 25,6 cm²

→ Nulllinie darf nicht mehr auf den ungeschwächten Querschnitt bezogen werden, sondern auf den Restquerschnitt → Exzentrizität der Kraft → Zusatzmoment.

Exzentrizität e = 30/2 = 15 mm   →ΔM = 195 · 0,015 = 2,925 kNm   *Bild 7.10*

A_n = 16·(16 – 3) = 208 cm² W_n = 16·(16-3)²/6 = 450,7 cm³

$$\sigma_{c,0,d} = 10 \cdot \frac{195}{208} = 9,38 \text{ N/mm}^2$$

$$f_{c,0,d} = 0,615 \cdot 21,0 = 12,92 \text{ N/mm}^2 \qquad \textit{Tab. A-3.5}$$

$$\sigma_{m,d} = 1000 \cdot \frac{2,925}{450,7} = 6,49 \text{ N/mm}^2$$

$$f_{m,d} = 0,615 \cdot 24,0 = 14,76 \text{ N/mm}^2 \qquad \textit{Tab. A-3.5}$$

h =160 mm > 150 mm   → k_h = 1,0   *Tab. A-3.5*

Nachweis: $\left(\dfrac{\sigma_{c,0,d}}{f_{c,0,d}} \right)^2 + \dfrac{\sigma_{m,d}}{k_h \cdot f_{m,d}} \leq 1,0$ *Gl. (7.9)*

$$\left(\frac{9,38}{12,92} \right)^2 + \frac{6,49}{1,0 \cdot 14,76} = 0,53 + 0,44 = 0,97 < 1,0$$

8 Auflagerungen, Kontaktanschlüsse

Beispiel 8-1

Gegeben: Auflagerung einer Pfette (b/h = 120/240 mm) auf einer Stütze (b/h = 120/100 mm).
Die Stütze steht auf einer Schwelle (b/h = 120/100 mm) auf.
Wegen fehlendem Überstand wird diese in GL 24h ausgeführt. Die Lagesicherung
erfolgt durch seitlich angebrachte Stahlblechwinkel, so dass keine Schwächung
durch Zapfen gegeben ist.
Material: Pfette C 24, Stütze C 24, Schwelle GL 24h, NKL 2.
$N_{g,k}$ = 13,0 kN, $N_{s,k}$ = 14,0 kN (H über NN ≤ 1000 m).

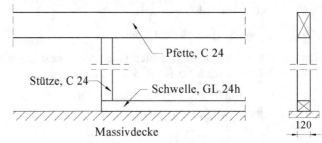

Gesucht: Nachweis der Querdruckspannung in den Kontaktflächen
a) Pfette – Stütze,
b) Stütze – Schwelle.

Lösung:

Maßgebende Lastkombination:

LK	N_d in [kN]		KLED	k_{mod}	N_d / k_{mod}
g	1,35 · 13,0	= 17,6	ständig	0,60	29,33
s	1,5 · 14,0	= 21,0	kurz	0,90	23,33
g+s	17,6 + 21,0	= **38,6**	kurz	0,90	**42,89**

max $\dfrac{N_d}{k_{mod}}$ = 42,89→   maßgebend: LK g+s   mit N_d = 38,6 kN   (KLED = kurz)

a) Kontaktfläche Pfette – Stütze

$$A_{ef} = b \cdot \ell_{ef} = b \cdot (\ell_A + 2 \cdot \ddot{u}) = 12 \cdot (10 + 2 \cdot 3,0) = 192 \text{ cm}^2 \qquad \text{Gl. (8.1)}$$

$$\sigma_{c,90,d} = 10 \cdot \frac{F_{c,90,d}}{A_{ef}} = 10 \cdot \frac{38,6}{192} = 2,01 \text{ N/mm}^2$$

Nadelvollholz mit Auflagerdruck: $\ell_1 >> 2 \cdot h$ → $k_{c,90}$ = 1,5   *Tab. A-8.1*

$$f_{c,90,d} = 0,692 \cdot 2,5 = 1,73 \text{ N/mm}^2 \qquad\qquad\qquad \text{Tab. A-3.5}$$

$$\eta = \frac{\sigma_{c,90,d}}{k_{c,90} \cdot f_{c,90,d}} = \frac{2,01}{1,5 \cdot 1,73} = 0,77 \leq 1 \qquad\qquad \text{Gl. (8.2)}$$

b) Kontaktfläche Stütze – Schwelle

$$A_{ef} = b \cdot \ell_{ef} = b \cdot (\ell_A + 1 \cdot \ddot{u}) = 12 \cdot (10 + 3,0) = 156 \text{ cm}^2 \qquad Gl.\ (8.1)$$

$$\sigma_{c,90,d} = 10 \cdot \frac{F_{c,90,d}}{A_{ef}} = 10 \cdot \frac{38,6}{156} = 2,47 \text{ N/mm}^2$$

Brettschichtholz mit Schwellendruck: $\ell_1 >> 2 \cdot h$ → $k_{c,90} = 1,5$ *Tab. A-8.1*

$$f_{c,90,d} = 0,692 \cdot 2,5 = 1,73 \text{ N/mm}^2 \qquad\qquad Tab.\ A\text{-}3.6$$

$$\eta = \frac{\sigma_{c,90,d}}{k_{c,90} \cdot f_{c,90,d}} = \frac{2,47}{1,5 \cdot 1,73} = 0,95 \le 1,0 \qquad Gl.\ (8.2)$$

Beispiel 8-2

Gegeben: End- und Mittelauflager einer Pfette (b/h = 120/260 mm), Stützen (b = 120 mm) Material: C 24, NKL 1.

$A_{g,k}$ = 18,0 kN, $A_{s,k}$ = 12,0 kN (H über NN > 1000 m)

$B_{g,k}$ = 30,0 kN, $B_{s,k}$ = 20,0 kN (H über NN > 1000 m)

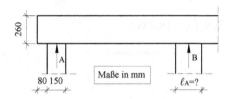

Gesucht: a) Nachweis der Querdruckspannung am Endauflager A.

          b) Wie groß muss die Auflagerlänge ℓ_A am Pkt. B sein, damit der Nachweis der Querdruckspannung eingehalten ist.

Lösung:

LK	A_d in [kN] B_d *in [kN]*		KLED	k_{mod}	F_d/k_{mod}
g	1,35 · 18,0 *1,35 · 30,0*	= 24,3 *= 40,5*	ständig	0,60	40,5 *67,5*
s	1,5 · 12,0 *1,5 · 20,0*	= 18,0 *= 30,0*	mittel	0,80	22,5 *37,5*
g+s	24,3 + 18,0 *40,5 + 30,0*	= **42,3** *= **70,5**￼*	mittel	**0,80**	**52,88** ***88,13***

$$\max \frac{A_d}{k_{mod}} = 52,89 \rightarrow \text{ maßgebend: LK g+s mit } A_d = 42,3 \text{ kN (KLED = mittel)}$$

$$\max \frac{B_d}{k_{mod}} = 88,13 \rightarrow \text{ maßgebend: LK g+s mit } B_d = 70,5 \text{ kN (KLED = mittel)}$$

a) Querdruckspannung am Endauflager A:

$$A_{ef} = b \cdot \ell_{ef} = b \cdot (\ell_A + 2 \cdot \ddot{u}) = 12 \cdot (15 + 2 \cdot 3) = 252 \text{ cm}^2 \qquad Gl. \ (8.1)$$

$$\sigma_{c,90,d} = 10 \cdot \frac{F_{c,90,d}}{A_{ef}} = 10 \cdot \frac{42,3}{252} = 1,68 \text{ N/mm}^2$$

Nadelvollholz mit Auflagerdruck: $\ell_1 >> 2 \cdot h$ → $k_{c,90} = 1,5$ \qquad *Tab. A-8.1*

$f_{c,90,d} = 0,615 \cdot 2,5 = 1,54 \text{ N/mm}^2$ \qquad *Tab. A-3.5*

$$\eta = \frac{\sigma_{c,90,d}}{k_{c,90} \cdot f_{c,90,d}} = \frac{1,68}{1,5 \cdot 1,54} = 0,73 \le 1 \qquad Gl. \ (8.2)$$

b) erforderliche Auflagerlänge ℓ_A am Punkt B:

$$A_{ef} = b \cdot \ell_{ef} = b \cdot (\ell_A + 2 \cdot \ddot{u}) = 12 \cdot (\ell_A + 2 \cdot 3) = 12 \cdot \ell_A + 72 \qquad Gl. \ (8.1)$$

$$\sigma_{c,90,d} = 10 \cdot \frac{F_{c,90,d}}{A_{ef}} \le k_{c,90} \cdot f_{c,90,d} \qquad Gl. \ (8.2)$$

$$\Rightarrow A_{ef} \ge \frac{10 \cdot F_{c,90,d}}{k_{c,90} \cdot f_{c,90,d}} = \frac{10 \cdot 70,5}{1,5 \cdot 1,54} = 305,2 \text{ cm}^2$$

$$A_{ef} = 12 \cdot \ell_A + 72 \ge 305,2 \rightarrow \ell_A \ge 19,4 \text{ cm}$$

Beispiel 8-3

Gegeben: Auflagerung eines Balkonträgers (GL 28c) auf einem Randbalken (C 24), NKL 3.
$F_{g,k} = 1,5$ kN, $F_{p,k} = 9,0$ kN

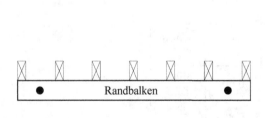

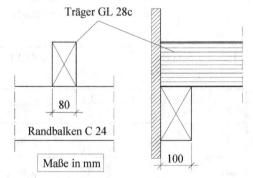

Gesucht: Nachweis der Querdruckspannung
a) für den Träger,
b) für den Randbaken.

Hinweis: Der Randbalken ist nur punktuell unterstützt (befestigt), so dass Auflagerdruck angenommen werden kann.

Lösung:

F_d = 1,35·1,5+1,5·9,0 = 15,53 kN (LK g+p ist maßgebend)

KLED = kurz, da Balkon   *Tab. A-3.11*

a) Träger

$$A_{ef} = b \cdot \ell_{ef} = b \cdot (\ell_A + \ddot{u}) = 8 \cdot (10+3) = 104 \text{ cm}^2 \qquad Gl. \ (8.1)$$

$$\sigma_{c,90,d} = 10 \cdot \frac{F_{c,90,d}}{A_{ef}} = 10 \cdot \frac{15,53}{104} = 1,49 \text{ N/mm}^2$$

Brettschichtholz bei Auflagerdruck: $k_{c,90}$ = 1,75   *Tab. A-8.1*

$f_{c,90,d}$ = 0,538 · 2,5 = 1,35 N/mm^2 (NKL 3!)   *Tab. A-3.6*

$$\eta = \frac{\sigma_{c,90,d}}{k_{c,90} \cdot f_{c,90,d}} = \frac{1,49}{1,75 \cdot 1,35} = 0,63 \leq 1 \qquad Gl. \ (8.2)$$

b) Randbalken

$$A_{ef} = b \cdot \ell_{ef} = b \cdot (\ell_A + 2 \cdot \ddot{u}) = 10 \cdot (8+2 \cdot 3) = 140 \text{ cm}^2 \qquad Gl. \ (8.1)$$

$$\sigma_{c,90,d} = 10 \cdot \frac{F_{c,90,d}}{A_{ef}} = 10 \cdot \frac{15,53}{140} = 1,11 \text{ N/mm}^2$$

Nadelvollholz bei Auflagerdruck: $k_{c,90}$ = 1,5   *Tab. A-8.1*

$f_{c,90,d}$ = 0,538 · 2,5 = 1,35 N/mm^2 *Tab. A-3.5*

$$\eta = \frac{\sigma_{c,90,d}}{k_{c,90} \cdot f_{c,90,d}} = \frac{1,11}{1,5 \cdot 1,35} = 0,55 \leq 1 \qquad Gl. \ (8.2)$$

Beispiel 8-4

Gegeben: Zugstoß aus *Beispiel 7-5*
Bolzen M12, U-Scheibe = ∅ 58 mm (d_a =58 mm, d_i = 14 mm), Material C 24.

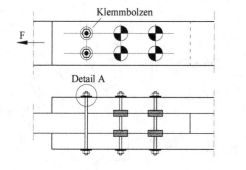

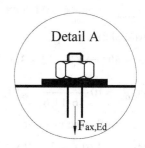

Gesucht: Aufnahme der Ausziehkraft $F_{ax,d}$ = 9,68 kN (**Detail A**) über die Unterlegscheiben
(Nachweis der Querdruckspannung).

Lösung:

Die Ausziehkraft $F_{ax,Ed}$ wird von zwei Bolzen aufgenommen.

→ Kraft pro Bolzen: $\quad F_{ax,Ed,1} = \dfrac{9,68}{2} = 4,84$ kN

Tragfähigkeit eines Bolzens über Querdruck unter der U-Scheibe:

$R_{c,90,d} = 0,692 \cdot 18,66 = 12,91$ kN $\qquad\qquad$ *Tab. A-8.2*

→ $\eta = \dfrac{F_{t,90,d,1}}{R_{c,90,d}} = \dfrac{4,84}{12,91} = 0,37 < 1,0$ $\qquad\qquad$ *Gl. (8.3)*

Beispiel 8-5

Gegeben: $\quad$ Auflagerpunkt einer schrägen Stütze (b/h = 160/280 mm).
$\qquad\qquad$ Material: C 24, NKL 2.
$\qquad\qquad$ $D_{g,k}$ = 20,0 kN, $D_{s,k}$ = 30,0 kN
$\qquad\qquad$ (H über NN > 1000 m).

Gesucht: $\quad$ Spannungsnachweise in den
$\qquad\qquad$ Kontaktflächen für die LK g+s.

Lösung:

$\boxed{\text{Maße in mm}}$

D_d = 1,35 · 20,0 + 1,5 · 30,0 = 72,0 kN (KLED = mittel)

$D_{V,d} = D_d \cdot \sin 60° = 62,35$ kN $\qquad D_{H,d} = D_d \cdot \cos 60° = 36,0$ kN

- Anschluss von $D_{V,d}$:

  $\alpha_2 = 30°$ → $\ell_{ef}= 24 + 3,0 \cdot \sin 30 = 25,5$ cm $\qquad$ *Tab.8.1*

  $\sigma_{c,\alpha,d} = 10 \cdot \dfrac{62,35}{16 \cdot 25,5} = 1,53$ N/mm^2 $\qquad$ *Gl. (8.9)*

  C24, Auflagerdruck mit $\alpha = 30°$:

  $f_{c,\alpha,d}^{*} = 0,615 \cdot 9,77 = 6,01$ N/mm^2 $\qquad$ *Tab. A-8.3*

  $\sigma_{c,\alpha,d} = 1,53 < 6,01$ N/mm^2 → $\eta = 0,25 < 1$

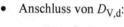

- Anschluss von $D_{H,d}$:

  $\alpha_1 = 60°$ → $\ell_{ef} = 12 + 3,0 \cdot \sin 60 = 14,6$ cm $\qquad$ *Tab.8.1*

  $\sigma_{c,\alpha,d} = 10 \cdot \dfrac{36,0}{16 \cdot 14,6} = 1,54$ N/mm^2 $\qquad$ *Gl. (8.9)*

  C24, Auflagerdruck mit $\alpha = 60°$:

  $f_{c,\alpha,d}^{*} = 0,615 \cdot 4,72 = 2,90$ N/mm^2 $\qquad$ *Tab. A-8.3*

  $\sigma_{c,\alpha,d} = 1,54 < 2,90$ N/mm^2 → $\eta = 0,53 < 1$

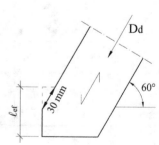

Beispiel 8-6

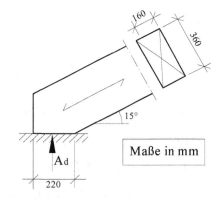

Gegeben: Auflagerung eines geneigten Trägers
(b/h = 160/360 mm auf dem Boden mit
einer Auflagerlänge von 220 mm.
Material GL 24h, NKL 2.
$A_{g,k}$ = 13,6 kN, $A_{s,k}$ = 22,0 kN
(H über NN > 1000 m).

Gesucht: Nachweis der Auflagerpressung
für die LK g+s.

Maße in mm

Lösung:

$A_d = 1,35 \cdot A_{g,k} + 1,5 \cdot A_{s,k} = 1,35 \cdot 13,6 + 1,5 \cdot 22,0 = 51,36$ kN   (KLED = mittel)

Winkel Kraft/Faser: $\alpha = 90 - 15 = 75°$ *Tab. 8.1*

→ $A_{ef} = 16,0 \cdot (22,0 + 3,0 \cdot \sin 75°) = 398,4$ cm^2 *Tab. 8.1*

$\sigma_{c,\alpha,d} = 10 \cdot \dfrac{A_d}{A_{ef}} = 10 \cdot \dfrac{51,36}{398,4} = 1,29$ N/mm^2 *Gl. (8.9)*

GL 24h, Auflagerdruck mit $\alpha = 75°$:

$f_{c,\alpha,d}^* = 0,615 \cdot 4,63 = 2,85$ N/mm^2 *Tab. A-8.3*

$\eta = \dfrac{\sigma_{c,\alpha,d}}{f_{c,\alpha,d}^*} = \dfrac{1,29}{2,85} = 0,45 < 1$

Beispiel 8-7

Gegeben: Knaggenanschluss. Material: alle Komponenten aus C 24, NKL 1.
$D_{g,k}$ = 4,0 kN, $D_{s,k}$ = 8,5 kN (H über NN ≤ 1000 m)).

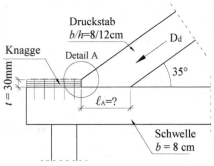

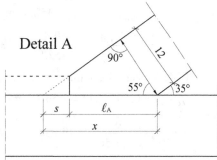

Detail A

Gesucht: a) Ermittlung der Aufstandslänge ℓ_A anhand der Geometrie.
b) Nachweis der Übertragung der Diagonalkraft über Kontakt für die LK g+s.

Hinweise: Führen Sie die Nachweise für alle Druckflächen.
Die Nägel brauchen nicht nachgewiesen zu werden.

Lösung:

a) Aufstandslänge ℓ_A:

$$\sin 35° = \frac{12}{x} \rightarrow x = \frac{12}{\sin 35°} = 20,92 \ \text{cm}$$

$$\tan 35° = \frac{t}{s} \rightarrow s = \frac{3,0}{\tan 35°} = 4,28 \ \text{cm}$$

$$\Rightarrow \ell_A = x - s = 20,92 - 4,28 = 16,64 \ \text{cm}$$

b) $D_d = 1,35 \cdot D_{g,k} + 1,5 \cdot D_{s,k} = 1,35 \cdot 4,0 + 1,5 \cdot 8,5 = 18,15 \ \text{kN}$ (KLED = kurz)

$\rightarrow D_{V,d} = 18,15 \cdot \sin 35° = 10,41 \ \text{kN}$

$\rightarrow D_{H,d} = 18,15 \cdot \cos 35° = 14,87 \ \text{kN}$

Anschluss von $D_{V,d}$:

- Kraft wird ins Auflager durchgeleitet $\rightarrow$ Schwelle:

  $\ell_{ef,S} = \ell_A + 2 \cdot 3 = 16,64 + 2 \cdot 3 = 22,6 \ \text{cm}$ *Gl. (8.10a)*

  $A_{ef} = b \cdot \ell_{ef,S} = 8 \cdot 22,6 = 180,8 \ \text{cm}^2$

  $$\sigma_{c,90,d} = 10 \cdot \frac{D_{V,d}}{A_{ef}} = 10 \cdot \frac{10,41}{180,8} = 0,58 \ \text{N/mm}^2$$

  C24, Schwellendruck mit $\alpha = 90°$: $k_{c,90} = 1,25$ *Tab. A-8.3*

  $f_{c,90,d} = 0,692 \cdot 2,50 = 1,73 \ \text{N/mm}^2$ *Tab. A-3.5*

  $$\eta = \frac{\sigma_{c,90,d}}{k_{c,90} \cdot f_{c,90,d}} = \frac{0,58}{1,25 \cdot 1,73} = 0,27 < 1$$ *Gl. (8.10a)*

- Diagonale: $\alpha_2 = 90 - 35 = 55°$

  $\ell_{ef,D} = \ell_A + 3 \cdot \sin \alpha = 16,64 + 3 \cdot \sin 55° = 19,1 \ \text{cm}$ *Gl. (8.10b)*

  $A_{ef} = b \cdot \ell_{ef,D} = 8 \cdot 19,1 = 152,8 \ \text{cm}^2$ *Tab. 8.1*

  $$\sigma_{c,\alpha,d} = 10 \cdot \frac{D_{V,d}}{A_{ef}} = 10 \cdot \frac{10,41}{152,8} = 0,68 \ \text{N/mm}^2$$

  C24, Auflagerdruck mit $\alpha = 55°$:

  $f_{c,55,d}^* = 0,692 \cdot 5,14 = 3,56 \ \text{N/mm}^2$ *Tab. A-8.3*

  $$\eta = \frac{\sigma_{c,\alpha,d}}{f_{c,\alpha,d}^*} = \frac{0,68}{3,56} = 0,19 < 1$$ *Gl. (8.10b)*

Anschluss von $D_{H,d}$:

- Diagonale: $\alpha_1 = 35°$

  $t_{ef,D} = t + 3 \cdot \sin\alpha = 3 + 3 \cdot \sin 35° = 4,7 \ \text{cm}$ *Gl. (8.11a)*

  $A_{ef} = b \cdot \ell_{ef,D} = 8 \cdot 4,7 = 37,6 \ \text{cm}^2$ *Tab. 8.1*

$$\sigma_{c,\alpha,d} = 10 \cdot \frac{D_{H,d}}{A_{ef}} = 10 \cdot \frac{14,87}{37,6} = 3,95 \text{ N/mm}^2$$

C24, Auflagerdruck mit $\alpha = 35°$:

$$f^*_{c,35,d} = 0,692 \cdot 8,36 = 5,79 \text{ N/mm}^2 \hspace{2cm} \textit{Tab. A-8.3}$$

$$\eta = \frac{\sigma_{c,\alpha,d}}{f^*_{c,\alpha,d}} = \frac{3,95}{5,79} = 0,68 < 1 \hspace{2cm} \textit{Gl. (8.11a)}$$

- Knagge: $\alpha = 0°$

$$\sigma_{c,0,d} = 10 \cdot \frac{D_{H,d}}{A_{ef}} = 10 \cdot \frac{14,87}{8 \cdot 3} = 6,20 \text{ N/mm}^2$$

$$f_{c,0,d} = 0,692 \cdot 21,0 = 14,53 \text{ N/mm}^2 \hspace{2cm} \textit{Tab. A-3.5}$$

$$\eta = \frac{\sigma_{c,0,d}}{f_{c,0,d}} = \frac{6,20}{14,53} = 0,43 < 1 \hspace{2cm} \textit{Gl. (8.11b)}$$

Beispiel 8-8

Gegeben: Sparrenauflager, Sparrenbreite $b_{Sp} = 8$ cm,
Material: Sparren C 24, Pfette GL 24c, NKL 1,
$F_{g,k} = 2,77$ kN, $F_{s,k} = 2,14$ kN
(H über NN ≤ 1000 m).

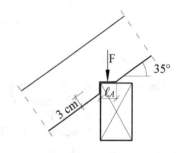

Gesucht: a) Aufstandslänge ℓ_A anhand der Geometrie.

               b) Nachweis der Kontaktpressung für den Sparren und die Pfette für die LK g+s.

Lösung:

a) Aufstandslänge ℓ_A:

$$\ell_A = \frac{t}{\sin 35°} = \frac{3}{\sin 35} = 5,23 \text{ cm} \hspace{2cm} \textit{Tab. 8.1}$$

b) $F_d = 1,35 \cdot F_{g,k} + 1,5 \cdot F_{s,k} = 1,35 \cdot 2,77 + 1,5 \cdot 2,14 = 6,95$ kN (KLED = kurz)

- Pfette: $\alpha = 90°$

$$\ell_{ef,P} = b_{Sp} + 2 \cdot 3 = 8 + 2 \cdot 3 = 14 \text{ cm} \hspace{2cm} \textit{Gl. (8.12a)}$$

$$A_{ef} = \ell_A \cdot \ell_{ef,P} = 5,23 \cdot 14 = 73,2 \text{ cm}^2$$

$$\sigma_{c,90,d} = 10 \cdot \frac{F_d}{A_{ef}} = 10 \cdot \frac{6,95}{73,2} = 0,95 \text{ N/mm}^2$$

GL 24c, Auflagerdruck mit $\alpha = 90°$: $k_{c,90} = 1,750$ *Tab. A-8.1*

$$f_{c,90,d} = 0,692 \cdot 2,50 = 1,73 \text{ N/mm}^2 \qquad\qquad \textit{Tab. A-3.6}$$

$$\eta = \frac{\sigma_{c,90,d}}{k_{c,90} \cdot f_{c,90,d}} = \frac{0,95}{1,75 \cdot 1,73} = 0,31 < 1 \qquad\qquad \textit{Gl. (8.12a)}$$

- Sparren: $\alpha = 90 - 35 = 55°$

$$\ell_{ef,S} = \ell_A + 2 \cdot 3 \cdot \sin\alpha = 5,23 + 2 \cdot 3 \cdot \sin 55° = 10,1 \text{ cm} \quad \textit{Gl. (8.12b) oder Tab. A-8.1}$$

$$A_{ef} = b_{Sp} \cdot \ell_{ef,S} = 8 \cdot 10,1 = 80,8 \text{ cm}^2$$

$$\sigma_{c,\alpha,d} = 10 \cdot \frac{D_{V,d}}{A_{ef}} = 10 \cdot \frac{6,95}{80,8} = 0,86 \text{ N/mm}^2$$

C24, Auflagerdruck mit $\alpha = 55°$:

$$f^*_{c,55,d} = 0,692 \cdot 5,14 = 3,56 \text{ N/mm}^2 \qquad\qquad \textit{Tab. A-8.3}$$

$$\eta = \frac{\sigma_{c,\alpha,d}}{f^*_{c,\alpha,d}} = \frac{0,86}{3,56} = 0,24 < 1 \qquad\qquad \textit{Gl. (8.12b)}$$

Beispiel 8-9

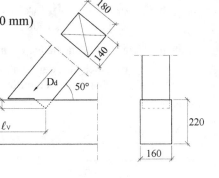

Gegeben: Anschluss eines Druckstabes ($b/h = 140/180$ mm) an eine Schwelle ($b/h = 160/220$ mm) mittels Fersenversatz.
Material: C 24, NKL 1.
$D_{g,k} = 12,0$ kN, $D_{s,k} = 24,0$ kN
(H über NN ≤ 1000 m).

Gesucht: a) Versatztiefe t_V und
Vorholzlänge ℓ_V für die LK g+s.

Lösung:

$$D_d = 1,35 \cdot 12,0 + 1,5 \cdot 24,0 = 52,2 \text{ kN} \quad (\text{KLED} = \text{kurz})$$

- Versatztiefe:

$$erf\, t_V \geq 10 \cdot \frac{D_d}{b_D \cdot f^*_{FV,d}} \qquad\qquad \textit{Gl. (8.16b)}$$

$$\gamma = 50° \rightarrow f^*_{FV,d} = 0,692 \cdot 11,61 = 8,03 \text{ N/mm}^2 \qquad \textit{Tab. A-8.4}$$

$$\rightarrow erf\, t_V \geq 10 \cdot \frac{52,2}{14,0 \cdot 8,03} = 4,6 \text{ cm} \rightarrow \text{gewählt: } t_V = 5,5 \text{ cm} \leq \frac{h}{4} = \frac{22}{4} = 5,5 \text{ cm}$$

- Vorholzlänge:

$$erf\,\ell_V \geq 10 \cdot \frac{D_d}{b_S \cdot f_{v,d}^*} \qquad\qquad Gl.\ (8.20)$$

$$\gamma = 50° \;\rightarrow\; f_{v,d}^* = 0,692 \cdot 3,11 = 2,15\ \text{N/mm}^2 \qquad\qquad Tab.\ A\text{-}8.4$$

$$\rightarrow\; erf\,\ell_V \geq 10 \cdot \frac{52,2}{16,0 \cdot 2,15} = 15,17\ \text{cm} < 8 \cdot t_V = 44\ \text{cm} \;\rightarrow\; \text{gewählt: } \ell_V = 20,0\ \text{cm}$$

Beispiel 8-10

Gegeben: Anschluss von zwei Druckstäben ($2 \times b/h = 2 \times 160/160$ mm) an einen Hängestab ($b/h = 160/160$ mm) mit beidseitigem Stirnversatz. Material: C 24, NKL 1.
$Z_{g,k} = 15,0$ kN, $Z_{s,k} = 25,0$ kN
(H über NN ≤ 1000 m), LK g+s.

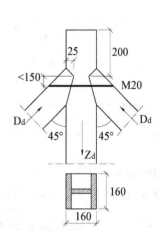

Gesucht:
  a) Überprüfung des gegebenen Anschlusses.
  b) Spannungsnachweis für den Hängestab mit den gegebenen Querschnittsschwächungen.
  c) Nachweise für eine alternative Ausführung mit doppeltem Versatz.

Lösung:

$$Z_d = 1,35 \cdot Z_{g,k} + 1,5 \cdot Z_{s,k} = 1,35 \cdot 15,0 + 1,5 \cdot 25,0 = 57,75\ \text{kN} \quad (\text{KLED} = \text{kurz})$$

Kräftedreieck am Knoten: $Z_d / 2 = D_d \cdot \sin 45° \;\rightarrow\; D_d = 40,84$ kN

a) $\;erf\,t_V \geq 10 \cdot \dfrac{40,84}{16,0 \cdot 12,14} = 2,10\ \text{cm} < 2,5\ \text{cm}$ *Gl. (8.16a)*

   mit $\;f_{SV,d}^* = 0,692 \cdot 17,54 = 12,14\ \text{N/mm}^2\;$ ($\gamma = 45°$)   *Tab. A-8.4*

   $erf\,\ell_V \geq 10 \cdot \dfrac{40,84}{16,0 \cdot 1,96} = 13,0\ \text{cm} < 8 \cdot t_V = 20\ \text{cm}$ *Gl. (8.20)*

   mit $\;f_{v,d}^* = 0,692 \cdot 2,83 = 1,96\ \text{N/mm}^2\;$ ($\gamma = 45°$)   *Tab. A-8.4*

b) $\;A_n = A_b - 2 \cdot \Delta A_v - \Delta A_{Bo}$ *Tab. 7.1*

   $A_n = 160 \cdot 160 - 2 \cdot 25 \cdot 160 - (20+1) \cdot (160 - 2 \cdot 25) = 15290\ \text{mm}^2 = 152,9\ \text{cm}^2$

   $\sigma_{t,0,d} = 10 \cdot \dfrac{Z_d}{A_n} = 10 \cdot \dfrac{57,75}{152,9} = 3,78\ \text{N/mm}^2$ *Gl. (7.3)*

   $f_{t,0,d} = 0,692 \cdot 14,0 = 9,69\ \text{N/mm}^2$ *Tab. A-3.5*

   $h = 160\ \text{mm} > 150\ \text{mm} \;\rightarrow\; k_h = 1,0$ *Tab. A-3.5*

   $\eta = \dfrac{\sigma_{t,0,d}}{k_h \cdot f_{t,0,d}} = \dfrac{3,78}{1,0 \cdot 9,69} = 0,39 < 1$ *Gl. (7.3)*

c) Alternative Ausführung mit doppeltem Versatz

$$erf\ t_{V,1} \geq 10 \cdot \frac{40,84/2}{16,0 \cdot 12,14} = 1,1\ \text{cm} \rightarrow \text{gewählt: 1,5 cm}$$ 　　　　*Tab. 8.4*

mit $\quad f_{SV,d}^* = 0,692 \cdot 17,54 = 12,14\ \text{N/mm}^2 \ (\gamma = 45°)$ 　　　*Tab. A-8.4*

$$erf\ t_{V,2} \geq 10 \cdot \frac{40,84/2}{16,0 \cdot 8,14} = 1,6\ \text{cm} \rightarrow \text{gewählt: 2,5 cm} \ (= t_{V,1} + 1\ \text{cm})$$ 　*Tab. 8.4*

mit $\quad f_{FV,d}^* = 0,692 \cdot 11,76 = 8,14\ \text{N/mm}^2 \ (\gamma = 45°)$ 　　　*Tab. A-8.4*

$$erf\ \ell_{V,1} \geq 10 \cdot \frac{40,84/2}{16,0 \cdot 1,96} = 6,5\ \text{cm} < 8 \cdot t_{V,1} = 12\ \text{cm}$$ 　　*Tab. 8.4*

$$erf\ \ell_{V,2} \geq 10 \cdot \frac{40,84}{16,0 \cdot 1,96} = 13\ \text{cm} < 8 \cdot t_{V,2} = 20\ \text{cm}$$ 　　*Tab. 8.4*

mit $\quad f_{v,d}^* = 0,692 \cdot 2,83 = 1,96\ \text{N/mm}^2 \ (\gamma = 45°)$ 　　　*Tab. A-8.4*

Beispiel 8-11

Gegeben:　Anschluss eines Druckstabes (b/h = 140/180 mm) an eine Schwelle (b/h = 160/220 mm) mittels Stirnversatz.
Material: C 24, NKL 1.
$D_{g,k}$ = 12,0 kN, $D_{s,k}$ = 24,0 kN (H über NN ≤ 1000 m).

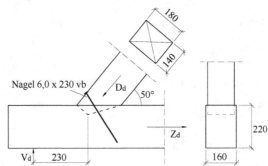

Gesucht:　a) Nachweis des Versatzes (Versatztiefe t_V, Vorholzlänge ℓ_V) für die LK g+s.

　　　　　b) Nachweis der Schwelle unter Berücksichtigung der gegebenen Exzentrizitäten.

　　　　　Hinweis: Der Sparrennagel braucht nicht nachgewiesen zu werden.

Lösung:

$$D_d = 1,35 \cdot 12,0 + 1,5 \cdot 24,0 = 52,2\ \text{kN} \quad (\text{KLED} = \text{kurz})$$
$$V_d = D_d \cdot \sin 50 \quad = 40,0\ \text{kN}$$
$$Z_d = D_d \cdot \cos 50 \quad = 33,6\ \text{kN}$$

a) $erf\,t_V \geq 10 \cdot \dfrac{52,2}{14,0 \cdot 11,80} = 3,16\ \text{cm} < \dfrac{h_S}{4} = 5,5\ \text{cm}$ *Gl. (8.16a)*

mit $f_{SV,d}^{*} = 0,692 \cdot 17,05 = 11,80\ \text{N/mm}^2$ ($\gamma = 50°$)   *Tab. A-8.4*

$\Rightarrow$ gewählt: $t_V = 4,0$ cm

$erf\,\ell_V \geq 10 \cdot \dfrac{52,2}{16,0 \cdot 2,15} = 15,2\ \text{cm} < 8 \cdot 4,0 = 32\ \text{cm}$ *Gl. (8.20)*

mit $f_{v,d}^{*} = 0,692 \cdot 3,11 = 2,15\ \text{N/mm}^2$ ($\gamma = 50°$)   *Tab. A-8.4*

$\Rightarrow$ gewählt: $\ell_V = 20,0$ cm (aus konstruktiven Gründen)

b) **Nachweis der Schwelle:**

$$\Delta M_d \approx V_d \cdot a - T_{2,d} \cdot \dfrac{h_S}{2} = 40,0 \cdot 0,23 - 33,6 \cdot \dfrac{0,22}{2} = 5,50\ \text{kNm} \qquad \textit{Gl. (8.22)}$$

Netto Querschnittswerte:
Auf der sicheren Seite liegend wird angenommen, dass der Einschnitt über die gesamte Breite b_S verläuft.
Ebenso wird angenommen, dass der Sparrennagel zur Lagesicherung die Schwelle vollständig durchdringt.

$A_{n,S} = (160 - 6,0) \cdot (220 - 40)$ $= 27720\ \text{mm}^2$ $= 277,2\ \text{cm}^2$

$W_{n,S} = (160 - 6,0) \cdot \dfrac{(220 - 40)^2}{6}$ $= 831600\ \text{mm}^3$ $= 831,6\ \text{cm}^3$

$f_{t,0,d} = 0,692 \cdot 14,0 = 9,69\ \text{N/mm}^2$, $f_{m,d} = 0,692 \cdot 24,0 = 16,61\ \text{N/mm}^2$ *Tab. A-3.5*

$h = 220\ \text{mm} > 150\ \text{mm} \rightarrow k_h = 1,0$ *Tab. A-3.5*

$$\eta = 10 \cdot \dfrac{Z_d / A_{n,S}}{k_h \cdot f_{t,0,d}} + 1000 \cdot \dfrac{\Delta M_d / W_{n,S}}{k_h \cdot f_{m,d}} \qquad \textit{Gl. (8.23b)}$$

$$\eta = 10 \cdot \dfrac{33,6 / 277,2}{1,0 \cdot 9,69} + 1000 \cdot \dfrac{5,5 / 831,6}{1,0 \cdot 16,61} = 0,125 + 0,398 = 0,523 < 1$$

Beispiel 8-12

Gegeben: Kopfband mit Stirnversatz. Material: Alle Hölzer C 24, NKL 2.
$D_d = 27{,}0$ kN (KLED = kurz).

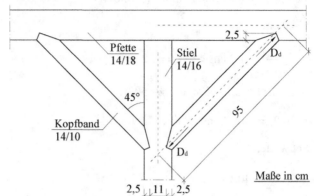

Maße in cm

Gesucht: a) Nachweis der Versätze.
b) Nachweis der Diagonalen.

Lösung:

a) Nachweis der Versätze:

$$erf\, t_V \geq 10 \cdot \frac{27{,}0}{14{,}0 \cdot 12{,}11} = 1{,}59 \text{ cm} < \begin{cases} h_{Pfette}/4 = 4{,}5 \text{ cm} \\ h_{Stiel}/6 = 2{,}7 \text{ cm} \end{cases}$$
Gl. (8.16a)

mit $f_{SV,d}^* = 0{,}692 \cdot 17{,}54 = 12{,}11$ N/mm² $(\gamma = 45°)$
Tab. A-8.4

Vorholzlänge ohne Nachweis, da ausreichend groß.

b) Nachweis Diagonale:

$$e = \frac{h_D - t_v}{2} = \frac{10 - 2{,}5}{2} = 3{,}75 \text{ cm}$$
Tab. 8.4

$$\Delta M_d = D_d \cdot e = 27{,}0 \cdot 3{,}75 = 101{,}25 \text{ kNcm} = 1{,}013 \text{ kNm}$$
Gl. (8.24)

$$A_D = 14 \cdot 10 = 140 \text{ cm}^2; \quad W_D = 14 \cdot \frac{10^2}{6} = 233{,}3 \text{ cm}^3$$

Knicklänge $\ell_{ef} = \beta \cdot \ell = 1{,}0 \cdot 95 = 95$ cm
siehe Abschn. 6.1

$$\lambda = \frac{\ell_{ef}}{0{,}289 \cdot h} = \frac{95}{0{,}289 \cdot 10} = 32{,}9 \;\rightarrow\; k_c = 0{,}931 \text{ (interpoliert)}$$
Tab. A-6.1

$h = 100 < 150$ mm $\rightarrow k_h = 1{,}08$
Tab. A-3.5

Nachweis: $10 \cdot \dfrac{D_d / A_D}{k_c \cdot f_{c,0,d}} + 1000 \cdot \dfrac{\Delta M_d / W_D}{k_h \cdot f_{m,d}} \leq 1{,}0$
Gl. (8.25b)

$$f_{c,0,d} = 0{,}692 \cdot 21 = 14{,}53 \text{ N/mm}^2; \quad f_{m,d} = 0{,}692 \cdot 24 = 16{,}61 \text{ N/mm}^2$$
Tab. A-3.5

$$\rightarrow 10 \cdot \frac{27/140}{0{,}931 \cdot 14{,}53} + 1000 \cdot \frac{1{,}013/233{,}3}{1{,}08 \cdot 16{,}61} = 0{,}14 + 0{,}24 = 0{,}38 < 1{,}0$$

Beispiel 8-13

Gegeben: Auflagerung von zwei Trägern auf einem Unterzug.
Material C 24, NKL 1, KLED = mittel.

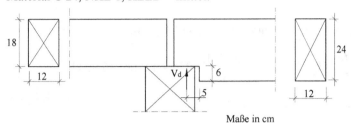

Maße in cm

Gesucht: Aufnehmbare Querkraft (Auflagerkraft) V_d
a) für Träger ohne Ausklinkung,
b) für Träger mit Ausklinkung,
c) für Träger mit Ausklinkung bei Ausführung in GL 28c.

Lösung:

a) Träger ohne Ausklinkung:

$$f_{v,d} = 0,615 \cdot 4,0 = 2,46 \text{ N/mm}^2 \quad \text{(NKL1, KLED = mittel)} \qquad \textit{Tab. A-3.5}$$

$$\textit{VH: } k_{cr} = 0,50 \qquad \textit{Tab. A-3.5}$$

$$\text{erf } A \geq 15 \cdot \frac{V_d}{k_{cr} \cdot f_{v,d}} \Rightarrow V_d \leq \frac{f_{v,d} \cdot k_{cr} \cdot A}{15} = \frac{2,46 \cdot (0,50 \cdot 12 \cdot 18)}{15} = 17,71 \text{ kN} \qquad \textit{Gl. (4.11)}$$

b) Träger mit Ausklinkung:

Randbedingungen:

$$\alpha = h_{ef} / h = 18/24 = 0,75 > 0,5 \quad \checkmark$$

$$x = 5 \text{ cm} < 0,4 \cdot h = 0,4 \cdot 24 = 9,6 \text{ cm} \quad \checkmark$$

$$f_{v,d} = 0,615 \cdot 4,0 = 2,46 \text{ N/mm}^2 \quad \text{(NKL1, KLED = mittel)} \qquad \textit{Tab. A-3.5}$$

$$k_v = \frac{5,0}{\sqrt{10 \cdot 24} \cdot \sqrt{0,75 \cdot (1-0,75)} + 0,8 \cdot \dfrac{5}{24} \sqrt{\dfrac{1}{0,75} - 0,75^2}} = 0,557 \qquad \textit{Gl. (8.27)}$$

mit α = h_{ef} / h = 18/24 = 0,75

$$k_{cr} = 0,50 \qquad \textit{Tab. A-3.5}$$

$$15 \cdot \frac{V_d}{b_{ef} \cdot h_{ef}} \leq k_v \cdot f_{v,d} \quad \text{mit } b_{ef} = k_{cr} \cdot b \qquad \textit{Gl. (8.26)}$$

$$\Rightarrow V_d \leq \frac{k_v \cdot f_{v,d}}{15} \cdot k_{cr} \cdot b \cdot h_{ef} = \frac{0,557 \cdot 2,46}{15} \cdot 0,50 \cdot 12 \cdot 18 = 9,87 \text{ kN}$$

c) Träger mit Ausklinkung (GL 28c): Randbedingungen siehe oben.

$k_v = ... = 0,724$

$k_{cr} = 0,714$ *Tab. A-3.6*

$f_{v,d} = 0,615 \cdot 3,5 = 2,15$ N/mm^2 (NKL1, KLED = mittel)   *Tab. A-3.6*

$$\Rightarrow V_d \le \frac{k_v \cdot f_{v,d}}{15} \cdot k_{cr} \cdot b \cdot h_{ef} = \frac{0,724 \cdot 2,15}{15} \cdot 0,714 \cdot 12 \cdot 18 = 16,00 \text{ kN} \qquad Gl. (8.26)$$

Beispiel 8-14

Gegeben: Ausgeklinkter Träger C 24 mit einer Belastung von:
            $V_d = 21,5$ kN, NKL = 2, KLED = kurz.

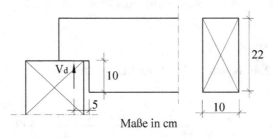

Maße in cm

Gesucht: a) Aufnehmbare Querkraft des Restquerschnitts.

           b) Nachweis der Verstärkung unter Verwendung eines eingeklebten Stahlstabes (Gewindebolzen) $\varnothing$ 16 mm (Güte 4.8).

Lösung:

a) Größte aufnehmbare Querkraft des Restquerschnitts:

$$\max V_d = \frac{2}{3} \cdot b_{ef} \cdot h_{ef} \cdot f_{v,d} \qquad Gl. (8.29)$$

$h_{ef} = 220 - 100 = 120$ mm   (= Resthöhe)

$f_{v,d} = 0,692 \cdot 4,0 = 2,77$ N/mm^2 *Tab. A-3.5*

$b_{ef} = k_{cr} \cdot b$ mit $k_{cr} = 0,5$ *Tab. A-3.5*

$\rightarrow \max V_d = \frac{2}{3} \cdot 0,5 \cdot 100 \cdot 120 \cdot 2,77 = 11\,080$ N $= 11,08$ kN $\ll 21,5$ kN !!

$\rightarrow$ Die auftretende Querkraft kann vom Restquerschnitt nicht aufgenommen werden!

Der Nachweis der Querzugverstärkung wird nachfolgend zu Übungszwecken trotzdem geführt.

b) Nachweis der Querzugverstärkung:

- Querzugkraft

$$F_{ax,Ed} = k_\alpha \cdot V_d \qquad\qquad Gl.\ (8.30)$$

$\alpha = h_{ef} / h = 12/22 = 0{,}545 \;\rightarrow\; k_\alpha = 0{,}563$ (interpoliert) $\qquad Tab.\ A\text{-}8.5$

$\rightarrow F_{ax,Ed} = 0{,}563 \cdot 21{,}5 = 12{,}1$ kN

- Herausziehen des Stabes:

$$F_{ax,Rd}^\ell = \pi \cdot d_r \cdot \ell_{ad} \cdot f_{k1,d} = \pi \cdot 16 \cdot 100 \cdot 2{,}77 = 13923\,\mathrm{N} \;\rightarrow\; 13{,}92\ \text{kN} \qquad Gl.\ (8.32)$$

mit $f_{k1,d} = 0{,}692 \cdot 4{,}0 = 2{,}77$ N/mm^2 (NKL = 2, KLED = kurz) $\qquad Tab.\ A\text{-}8.6$

- Zugtragfähigkeit: Gewindebolzen Ø 16 mm (Güte 4.8):

$R_{u,d} = 45{,}22$ kN $\qquad\qquad Tab.\ A\text{-}8.7$

$$F_{ax,Rd} = \min \begin{cases} F_{ax,Rd}^\ell = 13{,}92\ \text{kN} \\[2mm] R_{u,d} = 45{,}22\ \text{kN} \end{cases} \;\Rightarrow\; 13{,}92\ \text{ist maßgebend!} \qquad Gl.\ (8.32)$$

- Nachweis:

$$F_{ax,Ed} \le n \cdot F_{ax,Rd} \;\rightarrow\; 12{,}1\ \text{kN} < 1 \cdot 13{,}92\ \text{kN} \qquad Gl.\ (8.30)$$

$$\Rightarrow \eta = \frac{F_{ax,Ed}}{F_{ax,Rd}} = \frac{12{,}07}{13{,}92} = 0{,}87 < 1 \quad \checkmark$$

9 Hausdächer

Beispiel 9-1

Gegeben: Nicht ausgebautes Dach, Dacheindeckung mit Betondachsteinen mit Lattung und
Unterspannbahn (ohne Schalung).
Der Sparrenabstand beträgt $a = 0,9$ m.
Schneelastzone III, Höhe 280 m ü. NN
Windlastzone 2, Binnenland.

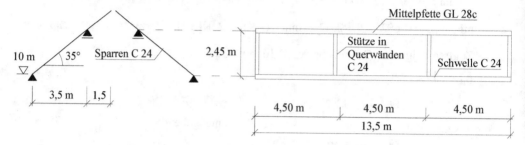

Gesucht: a) Einwirkungen (Lastannahmen) für die LK g+s+w.

   b) Sparren:

      b1) Schnittgrößen,
      b2) Dimensionierung,
      b3) Nachweise.

   Hinweis: Auflagerung auf Mittelpfette mittels Kerve ($t = 3$ cm).

   c) Mittelpfette:

      c1) Schnittgrößen,
      c2) Dimensionierung,
      c3) Nachweise.

   Hinweise: Zur Lagesicherung wird die Stütze mit einem Zapfen $b/h/t =$
   3/10/6 cm (über die ganze Querschnittshöhe verlaufend) ausgeführt.
   Die Auflagerung der Mittelpfette auf der Giebelwand erfolgt ohne
   Zapfen und Überstand.

   d) Stütze: Knicknachweis.

   e) Auflagerung Stütze auf Schwelle (Zapfen !).

Lösung:

a) Einwirkungen *(siehe nachfolgende Skizze)*

   Eigenlast:

Betondachsteine inkl. Lattung und Unterspannbahn	0,60 kN/m² Dfl.	
Sparren	0,10 kN/m² Dfl.	
$g_k =$	**0,70 kN/m² Dfl.**	

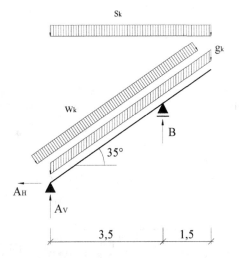

Schneelast:

Schneelast auf dem Boden: Schneelastzone III, $\alpha = 35°$

$$s_k = 0,31 + 2,91 \cdot (\frac{A+140}{760})^2 \geq 1,10 \text{ kN/m}^2 \quad (\text{mit } A = \text{Höhe ü.NN.})$$

$$= 0,31 + 2,91 \cdot (\frac{280+140}{760})^2 = 1,20 \text{ kN/m}^2 > 1,10 \text{ kN/m}^2$$

Schneelast auf dem Dach:

$$\mu_1 = 0,8 \cdot (60° - \alpha)/30° = 0,8 \cdot (60° - 35°)/30° = 0,667$$

$$\Rightarrow s_k = \mu_1 \cdot s_k = 0,667 \cdot 1,20 = \quad \textbf{0,80 kN/m}^2 \text{ Gfl.}$$

Windlast:

WLZ 2, Binnenland, Höhe Gelände > 10 m: $q_k = 0,80 \text{ kN/m}^2$

Nachfolgend wird vereinfachend mit einem gemittelten Druckbeiwert $c_{pe} = 0,625$ gerechnet

$$w_k = c_{pe} \cdot q_k = 0,625 \cdot 0,80 = \quad \textbf{0,50 kN/m}^2 \text{ Dfl.}$$

Mannlast:

Im Hinblick auf die Vereinfachung der Berechnung wird auf eine Berücksichtigung der Mannlast verzichtet.

b1) *Sparren – Schnittgrößen*:

$g_k = 0,70 \cdot 0,9 \quad = 0,630 \text{ kN/m Dfl pro Sparren}$

$s_k = 0,80 \cdot 0,9 \quad = 0,720 \text{ kN/m Gfl pro Sparren}$

$w_k = 0,50 \cdot 0,9 \quad = 0,450 \text{ kN/m Dfl pro Sparren}$

$g_{\perp,k} = g_k \cdot \cos\alpha = 0,630 \cdot \cos 35° \quad = 0,516 \text{ kN/m Dfl}$

$s_{\perp,k} = s_k \cdot \cos^2\alpha = 0,720 \cdot \cos^2 35° \quad = 0,483 \text{ kN/m Dfl}$

$w_{\perp,k} = w_k \quad\quad\quad\quad\quad\quad = 0,450 \text{ kN/m Dfl}$

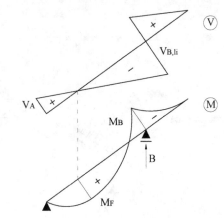

Schnittgrößen für die Nachweise
der <u>Tragfähigkeit</u>:

LK	M_F [kNm]	M_B [kNm]	V_A [kN]	$V_{B,li}$ [kN]	B [kN]	KLED	k_{mod}	ψ_0
g_k	0,78	−0,86	0,90	−1,31	2,75	ständig	0,6	1,0
s_k	0,74	−0,81	0,85	−1,22	2,57	kurz	0,9	0,5
w_k	0,68	−0,76	0,78	−1,13	2,39	k./s.k.	1,0	0,6
$g_d+s_d+w_d$	2,78	−3,06	3,19	−4,62	9,72	k./s.k.	1,0	

b2) Dimensionierung des Sparrenquerschnittes:

<u>Über Schubspannung:</u>

$f_{v,d} = 0,769 \cdot 4,0 = 3,08$ N/mm^2 $k_{cr} = 0,5$ *Tab. A-3.5*

Auflager A: $erf\ A \geq 15 \cdot \dfrac{V_A}{k_{cr} \cdot f_{v,d}} = 15 \cdot \dfrac{3,19}{0,5 \cdot 3,08} = 31,1$ cm^2 *Gl. (4.11)*

Auflager B: Abstand zum Hirnholz $> 1,50$ m $\Rightarrow k_{cr} = 1,3 \cdot 0,5 = 0,65$

$erf\ A_n \geq 15 \cdot \dfrac{V_{B,li}}{k_{cr} \cdot f_{v,d}} = 15 \cdot \dfrac{4,62}{0,65 \cdot 3,08} = 34,6$ cm^2

<u>Über Biegespannung:</u>

$f_{m,d} = 0,769 \cdot 24,0 = 18,46$ N/mm^2 *Tab. A-3.5*

Annahme: $h > 150$ mm $\rightarrow k_h = 1,0$ *Tab. A-3.4*

Im Feld: $erf\ W \geq 1000 \cdot \dfrac{M_{F,d}}{k_h \cdot f_{m,d}} 1000 \cdot \dfrac{2,78}{1,0 \cdot 18,46} = 150,7$ cm^3 *Gl. (4.19)*

Auflager B: $erf\ W_n \geq 1000 \cdot \dfrac{M_{B,d}}{k_h \cdot f_{m,d}} = 1000 \cdot \dfrac{3,06}{1,0 \cdot 18,46} = 165,8$ cm^3 (Schwächung Kerve!)

Über Durchbiegung:

Schnittgrößen für die Nachweise
der Gebrauchstauglichkeit:

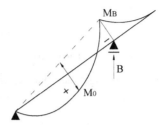

$$k_{DLT} = 1 + 0,6 \cdot \frac{M_{li,d} + M_{re,d}}{M_{0,d}}$$

Gl. (5.37) bzw. Tab. A-4.1

$M_{li} = M_A = 0$	
$M_{re} = M_B = -q_\perp \cdot \ell_k^2 / 2 = -q_\perp \cdot 1,831^2 / 2 = -1,677 \cdot q_\perp$	$k_{DLT} = 1 + 0,6 \cdot \dfrac{0 - 1,677 \cdot q_\perp}{2,282 \cdot q_\perp}$
$M_0 = q_\perp \cdot \ell^2 / 8 = q_\perp \cdot 4,273^2 / 8 = 2,282 \cdot q_\perp$	$= 0,559$

Belastung	Ideeller Einfeldträger			Durchlaufträger			
	q_d	q_{qs} $= \psi_2 \cdot q_d$	k_{DLT}	q^*_d $= k_{DLT} \cdot q_d$	q^*_{qs} $= k_{DLT} \cdot q_{qs}$	ψ_0	ψ_2
g	**0,516**	0,516	0,559	0,29	0,29	1,0	1,0
s	0,483	0	0,559	0,27	0	0,5	0
w	0,450·0,6	0	0,559	0,15	0	0,6	0
g+s+w:				**0,71**	**0,29**	NKL = 2 $k_{def} = 0,8$	

NW 1a: Elastische Durchbiegung ($\leq \ell/300$):

$$erf\ I \geq k_{dim} \cdot \sum_{\psi_0} q^*_d \cdot \ell^3 = 35,51 \cdot 0,71 \cdot 4,27^3 = 1963\ cm^4 \qquad Gl.\ (5.47)$$

NW 1b: Enddurchbiegung ($\leq \ell/200$):

$$erf\ I \geq k_{dim} \cdot \left(\sum_{\psi_0} q^*_d + k_{def} \cdot \sum q^*_{qs} \right) \cdot \ell^3 \qquad Gl.\ (5.48)$$

$$= 23,67 \cdot (0,71 + 0,8 \cdot 0,29) \cdot 4,27^3 = 1736\ cm^4$$

NW 2: Optik ($\leq \ell/300$):

$$erf\ I \geq k_{dim} \cdot \sum q^*_{qs} \cdot (1 + k_{def}) \cdot \ell^3 \quad \text{Überhöhung } w_c \text{ bei DLT entfällt} \qquad Gl.\ (5.49)$$

$$= 35,51 \cdot 0,29 \cdot (1 + 0,8) \cdot 4,27^3 = 1443\ cm^4$$

I in [cm⁴] q_d in [kN/m] ℓ in [m]

$\Rightarrow$ gewählter Querschnitt: $\quad b/h = 8/16$ cm

mit $\quad A = 128$ cm^2 $\quad > \quad$ 34,6 cm^2 (+ Kerve)

$\qquad W_y = 341$ cm^3 $\quad > \quad$ 165,8 cm^3 (+ Kerve)

$\qquad I_y = 2731$ cm^4 $\quad > \quad$ 1963 cm^4

Der größere Querschnitt wurde wegen der Querschnittsschwächung durch die Kerve am Auflager B gewählt.

b3) Nachweise für Sparren:

Schubspannungsnachweis:

Auflager A: Netto-Querschnittsfläche: $A_n = 8 \cdot 16 = 128$ cm$^2 > 34,7$ cm^2

Auflager B: Netto-Querschnittsfläche: $A_n = 8 \cdot (16 - 3) = 104$ cm$^2 > 38,6$ cm^2

Biegespannungsnachweis:

Stütze: Netto-Querschnitt: $h_n = 16 - 3 = 13$ cm $\Rightarrow W_n = 8 \cdot 13^2 / 6 = 225$ cm$^3 > 175$ cm^3

Feld: Keine Querschnittsschwächung $\Rightarrow W = 341$ cm$^3 > 158$ cm^3

Auflagerpressung Stütze B:

Sparren C24: $\qquad$ Winkel Kraft/Faser $\alpha = 90 - 35 = 55°$

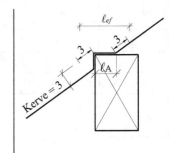

$$\sigma_{c,55,d} = 10 \cdot \frac{B_d}{b_{Sp} \cdot \ell_{ef,Sp}} \le f^*_{c,55,d} \qquad Gl.\ (8.12b)$$

$$\ell_A = \frac{3}{\sin 35} = 5,23 \text{ cm}$$

$\Rightarrow \ell_{ef} = 5,23 + 2 \cdot 3 \cdot \cos 35 = 10,1$ cm

$f^*_{c,55,d} = 0,769 \cdot 5,14 = 3,95$ N/mm^2 $\qquad Tab.\ A\text{-}8.3$

$\qquad$ (Auflagerdruck)

$$\sigma_{c,55,d} = 10 \cdot \frac{9,72}{8 \cdot 10,1} = 1,20 < 3,34 \text{ N/mm}^2 \qquad Gl.\ (8.12b)$$

Pfette GL28c: Winkel Kraft/Faser $\alpha = 90°$

$$\sigma_{c,90,d} = 10 \cdot \frac{B}{\ell_A \cdot \ell_{ef,P}} \le k_{c,90} \cdot f_{c,90,d} \qquad\qquad Gl.\ (8.12a)$$

$\ell_{ef,P} = b_{Sp} + 2 \cdot 3 = 8 + 2 \cdot 3 = 14$ cm

$f_{c,90,d} = 0,769 \cdot 2,5 = 1,92$ N/mm^2 $\qquad\qquad Tab.\ A\text{-}3.6$

$k_{c,90} = 1,75$ $\qquad\qquad Tab.\ A\text{-}8.1$

$$\sigma_{c,90,d} = 10 \cdot \frac{9,72}{5,23 \cdot 14} = 1,33 \le 1,75 \cdot 1,92 = 3,36 \text{ N/mm}^2$$

c1) Schnittgrößen für Mittelpfette:

Belastungen der Pfette: $q_{i,k} = \dfrac{B_{i,k}}{0,9 \text{ m}}$ mit $B_{i,k}$ = Auflagerkraft B des Sparrens.

Zusätzlich zur Belastung infolge Eigengewichtslasten des Daches ist das Eigengewicht der Pfette zu berücksichtigen. Annahme: Pfette $b/h = 14/26$:

$g_{k,Pf} = 0,182$ kN/m   *Tab. A-2.1b*

$g_k = \dfrac{2,75}{0,9} + 0,182 = 3,24$ kN/m ; $s_k = \dfrac{2,57}{0,9} = 2,86$ kN/m ; $w_k = \dfrac{2,39}{0,9} = 2,66$ kN/m

Schnittgrößen für die Nachweise der <u>Tragfähigkeit</u>:

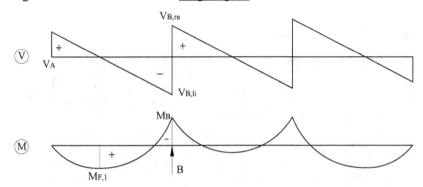

LK	M_F [kNm]	M_B [kNm]	V_A [kN]	$V_{B,li}$ [kN]	B [kN]	KLED	k_{mod}
g_k	5,25	−6,56	5,83	−8,75	16,04	ständig	0,6
s_k	4,63	−5,79	5,15	−7,72	14,16	kurz	0,9
w_k	4,31	−5,39	4,79	−7,18	13,17	k./s.k.	1,0
$g_d+s_d+w_d$	17,91	−22,39	19,90	−29,86	54,74	k./s.k.	1,0

c2) Dimensionierung des Mittelpfettenquerschnittes:

<u>Über Schubspannung</u> ($V_{B,li}$ maßgebend, da bei BSH keine Erhöhung von $f_{v,k}$):

$f_{v,d} = 0,769 \cdot 3,5 = 2,69$ N/mm² $\quad k_{cr} = 0,714$ *Tab. A-3.6*

$erf\ A \geq 15 \cdot \dfrac{V_{B,li,d}}{k_{cr} \cdot f_{v,d}} = 15 \cdot \dfrac{29,86}{0,714 \cdot 2,69} = 233$ cm²   *Gl. (4.11)*

<u>Über Biegespannung</u>:

$f_{m,d} = 0,769 \cdot 28,0 = 21,53$ N/mm²   *Tab. A-3.5*

Annahme: $h \leq 240$ mm $\Rightarrow k_h = 1,1$ *Tab. A-3.5*

Feld: $erf\ W \geq 1000 \cdot \dfrac{M_{F,d}}{k_h \cdot f_{m,d}} = 1000 \cdot \dfrac{17,91}{1,1 \cdot 21,53} = 756\ cm^3$ *Gl. (4.19)*

Stütze: $erf\ W_n \geq 1000 \cdot \dfrac{M_{B,d}}{k_h \cdot f_{m,d}} = 1000 \cdot \dfrac{22,39}{1,1 \cdot 21,53} = 945\ cm^3$ (Schwächung d. Zapfen)

Über Durchbiegung:

Schnittgrößen für die Nachweise der Gebrauchstauglichkeit:

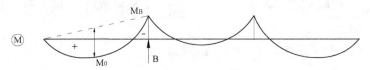

Zusammenstellung für Dimensionierung: *Tab. 5.6*

Belastung	Ideeller Einfeldträger		k_{DLT}	Durchlaufträger		ψ_0	ψ_2
	q_d	q_{qs} $= \psi_2 \cdot q_d$		q^*_d $= k_{DLT} \cdot q_d$	q^*_{qs} $= k_{DLT} \cdot q_{qs}$		
g	3,24	3,24	0,52	1,68	1,68	1,0	1,0
s	2,86	0	0,52	1,49	0	0,5	0
w	2,66	0	0,52	1,38	0	0,6	0
g+s+w				**4,00**	**1,68**	NKL = 2 k_{def} = 0,8	

NW 1a: Elastische Durchbiegung ($\leq \ell/300$):

$$erf\ I \geq k_{dim} \cdot \sum_{\psi_0} q^*_d \cdot \ell^3 = 31,25 \cdot 4,00 \cdot 4,5^3 = 11391\ cm^4 \qquad Gl.\ (5.47)$$

NW 1b: Enddurchbiegung ($\leq \ell/200$):

$$erf\ I \geq k_{dim} \cdot \left(\sum_{\psi_0} q^*_d + k_{def} \cdot \sum q^*_{qs} \right) \cdot \ell^3 \qquad Gl.\ (5.48)$$

$$= 20,83 \cdot \left(4,00 + 0,8 \cdot 1,68 \right) \cdot 4,50^3 = 10144\ cm^4$$

NW 2:   Optik ($\leq \ell/300$):   Überhöhung w_c bei DLT entfällt

$$erf\ I \geq k_{dim} \cdot \sum q^*_{qs} \cdot \left(1 + k_{def} \right) \cdot \ell^3 \qquad Gl.\ (5.49)$$

$$= 31,25 \cdot 1,68 \cdot \left(1 + 0,8 \right) \cdot 4,50^3 = 8611\ cm^4$$

I in [cm^4] q_d in [kN/m] ℓ in [m]

$\Rightarrow$ gewählter Querschnitt: b/h = 12 / 24 cm

mit A = 288 cm² > 233 cm²

W_y = 1152 cm³ > 945 cm³

I_y = 13824 cm⁴ > 11391 cm⁴

c3) Nachweise für Mittelpfette:

Im Bereich der Mittelauflager ist der Pfettenquerschnitt durch die Zapfen zur Lagesicherung geschwächt. Querschnittsschwächung darf näherungsweise auf Schwerachse des ungeschwächten Querschnittes bezogen werden, weil:

ΔA_{Za} = 3 · 6 = 18 cm² < 0,1 · 12 · 24 = 28,8 cm²   *Tab. 7.3*

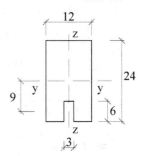

$\rightarrow \Delta I_{Za} = I_y + A \cdot z_s^2 = \dfrac{3 \cdot 6^3}{12} + 3 \cdot 6 \cdot 9^2 = 1512$ cm⁴

I_n = 13824 − 1512 = 12312 cm⁴

$W_n = \dfrac{I_n}{h/2} = \dfrac{12312}{24/2} = 1026$ cm³

A_n = 288 − 3 · 6 = 270 cm²

Schubspannungsnachweis ($V_{B,li}$ maßgebend) :

$15 \cdot \dfrac{V_{B,li,d} / (k_{cr} \cdot A_n)}{f_{v,d}} = 15 \cdot \dfrac{29,86 / (0,714 \cdot 270)}{2,69} = 0,86 < 1,0$ *Gl. (4.10)*

Biegespannungsnachweis:

Stütze: $1000 \cdot \dfrac{M_{B,d} / W_n}{k_h \cdot f_{m,d}} = 1000 \cdot \dfrac{22,39 / 1026}{1,1 \cdot 21,53} = 0,92 < 1,0$ *Gl. (4.18)*

Feld: $1000 \cdot \dfrac{M_{F,d} / W_y}{k_h \cdot f_{m,d}} = 1000 \cdot \dfrac{17,91 / 1152}{1,1 \cdot 21,53} = 0,66 < 1,0$

Auflagerpressung Stütze *B*: (b = 12 cm wegen Pfette)

Annahme: Stütze b/h = 12/12 cm

A_{ef} = 12 · (12 + 2 · 3) − 12 · 3 = 180 cm²   *Gl. (8.1)*

$f_{c,90,d}$ = 0,769 · 2,5 = 1,92 N/mm²   *Tab. A-3.5*

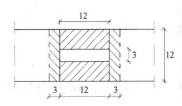

$\Rightarrow 10 \cdot \dfrac{B_d / A_{ef}}{k_{c,90} \cdot f_{c,90,d}} = 10 \cdot \dfrac{54,74 / 180}{1,75 \cdot 1,92} = 0,91 < 1,0$ *Gl. (8.2)*

Auflagerpressung Auflager A: (Auflagerung auf Wand ohne Zapfen und Überstand)

$$A_{ef} = b \cdot (\ell_A + 1 \cdot \ 3) = 12 \cdot (\ell_A + 3)$$

$$\sigma_{c,90,d} = 10 \cdot \frac{A (= V_A)}{A_{ef}} \le k_{c,90} \cdot f_{c,90,d}$$

$$\Rightarrow erf \ \ell_A \ge 10 \cdot \frac{19,90}{1,75 \cdot 1,92 \cdot 12} - 3 = 1,93 \, cm$$

$$\Rightarrow \ell_A \ge 5 \text{ cm wählen}$$

d) Knicknachweis für Stütze:

$A_n = 12 \cdot 12 = 144 \text{ cm}^2$ $\qquad$ $F_{c,0,d} = B_d = 54,74 \text{ kN}$

C 24: $\quad f_{c,0,d} = 0,769 \cdot 21,0 = 16,15 \text{ N/mm}^2$ $\qquad$ *Tab. A-3.6*

$$\ell_{ef,y} = \ell_{ef,z} = \beta \cdot s = 1,0 \cdot 2,45 = 2,45 \text{ m}$$

$$\lambda = \frac{\ell_{ef}}{i} = \frac{2,45}{0,289 \cdot 0,12} = 70,65 \quad \Rightarrow \quad k_c = 0,543 \qquad Tab. \ A\text{-}6.1$$

$$\Rightarrow \quad \eta = 10 \cdot \frac{F_{c,0,d} \, / \, A_n}{k_c \cdot f_{c,0,d}} = 10 \cdot \frac{54,74 / 144}{0,543 \cdot 16,15} = 0,43 < 1,0 \quad Gl. \ (6.2)$$

e) Auflagerung Stütze – Schwelle:

$F_d = F_{c,0,d,\text{Stütze}} = 54,74 \text{ kN}$ $\qquad\qquad$ $f_{c,90,d} = 0,769 \cdot 2,5 = 1,93 \text{ N/mm}^2$

$A_{ef} = 12 \cdot (12 + 2 \cdot 3) - 12 \cdot 3 = 180 \text{ cm}^2$ $\qquad$ $k_{c,90} = 1,25$ (Schwellendruck)

$$\Rightarrow \quad 10 \cdot \frac{F_{c,0,d} \, / \, A}{k_{c,90} \cdot f_{c,90,d}} = 10 \cdot \frac{54,74 / 180}{1,25 \cdot 1,93} = 1,26 > 1,0 \qquad\qquad Gl. \ (8.2)$$

$\Rightarrow$ Auflagerfläche vergrößern

Gewählt: Stütze $b/h = 12 / 18$ cm

$$A_{ef} = 12 \cdot (18 + 2 \cdot 3) - 18 \cdot 3 = 234 \text{ cm}^2 \quad \Rightarrow 10 \cdot \frac{54,74 / 234}{1,25 \cdot 1,93} = 0,97 < 1,0$$

10 Leim-/Klebeverbindungen

In diesem Kapitel werden keine Beispiele behandelt.

11 Mechanische Verbindungen, Grundlagen

Beispiel 11-1

Gegeben: Stoß eines Zugstabes, bei dem neben einer Zugkraft noch eine Querkraft wirkt.

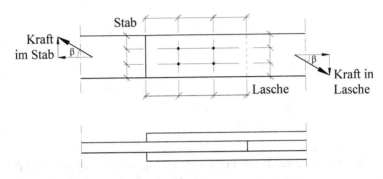

Gesucht: a) Winkel zwischen Kraft- und Faserrichtung für beide Stäbe.

b) Tragen Sie die Abstände für die Verbindungsmittel in das Diagramm ein:
– links und oben für den Zugstab
– unten und rechts für die Laschen

Lösung:

Beanspruchungswinkel für alle Stäbe: $\alpha_i = \beta$

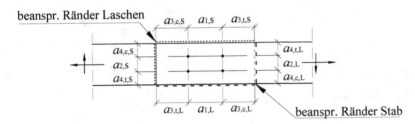

75

Beispiel 11-2

Gegeben: Anschluss einer Diagonalen an einen Untergurt. Neben der Druckkraft wirkt noch eine Querkraft in der Diagonale.

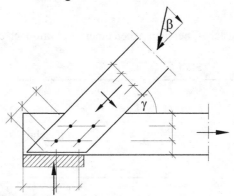

Gesucht: a) Winkel zwischen Kraft- und Faserrichtung für die Diagonale und den Gurt.

b) Tragen Sie die Abstände für die Verbindungsmittel in das Diagramm ein.

Lösung:

Beanspruchungswinkel für die Diagonale: $\alpha_D = \beta$

Beanspruchungswinkel für den Gurt: $\alpha_G = \gamma + \beta$

Abstände Diagonale: kursiv
Abstände Gurt: nicht kursiv

beanspruchter Rand Diagonale

$a_{3,c,D}$ $a_{1,D}$

$a_{4,l,D}$

$a_{2,D}$ u. $a_{1,G} \cdot \sin\gamma$

$a_{4,c,D}$

γ

$a_{4,c,G}$

$a_{2,G}$ u. $a_{1,D} \cdot \sin\gamma$

$a_{4,t,G}$

beanspruchte Ränder Gurt

$a_{3,t,G}$ $a_{1,G}$

Beispiel 11-3

Gegeben: Auflagerung eines Riegels auf einer Stütze. Neben der Druckkraft wirkt in der
Stütze noch eine Querkraft (z. B. aus Wind).

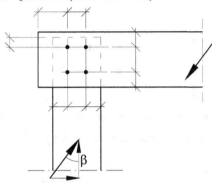

Gesucht: a) Winkel zwischen Kraft- und Faserrichtung für die Stütze und den Riegel.

b) Tragen Sie die Abstände für die Verbindungsmittel in das Diagramm ein.

Lösung:

Beanspruchungswinkel für die Stütze: $\alpha_V = \beta$

Beanspruchungswinkel für den Riegel: $\alpha_R = 90 - \beta$

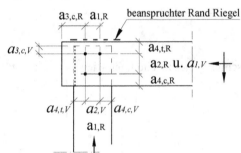

Abstände Stütze: kursiv

Abstände Riegel: nicht kursiv

Beispiel 11-4

Gegeben: Zugstoß mit Längs- und Querkraft.

$N_d = 60$ kN; $Q_d = 30$ kN; $a_1 = 5 \cdot d$ (Stabdübel)

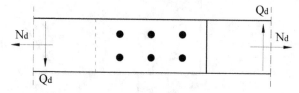

Gesucht: a) Größe und Richtung der resultierenden angreifenden Kraft.

b) Effektiv wirksame Anzahl der Verbindungsmittel.

Lösung:

Resultierende Kraft: $R_d = \sqrt{60^2 + 30^2} = 67{,}1$ kN mit $\alpha = 26{,}6°$

$n_h = 3$ und $a_1 = 5 \cdot d$ → $k_{h,ef,0} = 0{,}706$ *siehe Gl. (11.10) oder Tab. A-11.2*

$k_{h,ef,\alpha} = k_{h,ef,0} + (1 - k_{h,ef,0}) \cdot \dfrac{\alpha}{90} = 0{,}706 + (1 - 0{,}706) \cdot \dfrac{26{,}6}{90} = 0{,}793$ *Gl. (11.16)*

→ $n_{ef} = k_{h,ef,\alpha} \cdot n = 0{,}793 \cdot 2 \cdot 3 = 4{,}76$ Stabdübel   *Gl. (11.15)*

→ Tragfähigkeit des Anschlusses: $F_{v,Rd} = 4{,}76 \cdot F_{v,Rd,1}$

Beispiel 11-5

Gegeben: Anschluss eines zweiteiligen Riegels an eine Stütze mittels Stabdübel $\varnothing$ 16 mm.

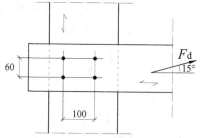

Gesucht: Effektiv wirksame Anzahl von Stabdübeln
a) für den Riegel,
b) für die Stütze.

Lösung:

a) n_{ef} für Riegel: $\boldsymbol{\alpha = 15°}$

$n_h = 2$ und $a_1 / d = 100/16 = 6{,}25$ → $k_{h,ef,0} = 0{,}777$ *siehe Gl. (11.10) oder Tab. A-11.2*

$k_{h,ef,\alpha} = 0{,}777 + (1 - 0{,}777) \cdot \dfrac{15}{90} = 0{,}814$ *Gl. (11.16)*

→ $n_{ef} = 0,814 \cdot 2 \cdot 2 = 3,26$ Stabdübel *Gl. (11.15)*

→ Tragfähigkeit des Anschlusses aus Sicht des Riegels: $F_{v,Rd} = 3,26 \cdot F_{v,Rd,1}$

b) n_{ef} für Stütze: **α = 75°**

$n_h = 2$ und $a_1 / d = 60/16 = 3,75$ → $k_{h,ef,0} = 0,684$ *siehe Gl. (11.10) oder Tab. A-11.2*

$k_{h,ef,\alpha} = 0,684 + (1 - 0,684) \cdot \dfrac{75}{90} = 0,947$ *Gl. (11.16)*

→ $n_{ef} = 0,947 \cdot 2 \cdot 2 = 3,79$ Stabdübel *Gl. (11.15)*

→ Tragfähigkeit des Anschlusses aus Sicht der Stütze: $F_{v,Rd} = 3,79 \cdot F_{v,Rd,1}$

⇒ Maßgebend: Riegel: $n_{ef} = 3,26$

Erläuterung: Die Kraft F_d wirkt überwiegend in Richtung des Riegels, so dass dort (trotz des größeren VM-Abstandes) die Spaltgefahr größer ist als in der Stütze.

Beispiel 11-6

Gegeben: Anschluss einer zweiteiligen Diagonale an einen Untergurt mittels SDü ⌀ 12 mm.

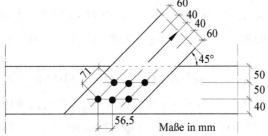

Maße in mm

Gesucht: Effektiv wirksame Anzahl von Stabdübeln (SDü)
   a) für die Diagonale,
   b) für den Gurt.

Lösung:

a) n_{ef} für Diagonale: **α = 0°**

$n_h = 2$ und $a_1 / d = 71/12 = 5,92$ → $k_{h,ef,0} = 0,766$ *Tab. A-11.2*

→ $n_{ef} = 0,766 \cdot 2 \cdot 3 = 4,60$ Stabdübel *Gl. (11.11)*

b) n_{ef} für Gurt: **α = 45°**

$n_h = 3$ und $a_1 / d = 56,5/12 = 4,71$ → $k_{h,ef,0} = 0,695$ *Tab. A-11.2*

$k_{h,ef,\alpha} = 0,695 + (1 - 0,695) \cdot \dfrac{45}{90} = 0,848$ *Gl. (11.16)*

→ $n_{ef} = 0,848 \cdot 3 \cdot 2 = 5,09$ Stabdübel *Gl. (11.15)*

⇒ Maßgebend: Diagonale: $n_{ef} = 4,60$

12 Tragverhalten stiftförmiger Verbindungsmittel

Beispiel 12-1

Gegeben: Anschluss einer Stütze (b/h = 140/140 mm) an einen Balken (b/h = 100/200 mm) mittels Stabdübel $\varnothing$ 16 mm (S 235). Material: Stütze C 24, Balken GL 28c.

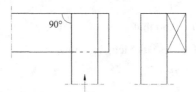

Gesucht: Mindestholzdicken und charakteristische Tragfähigkeit $F_{v,Rk}$ eines Stabdübels nach NA.

Hinweis: Wegen der gegebenen Exzentrizitäten sollte ein solcher einseitiger Anschluss nicht ausgeführt werden.

Lösung: Gewählt: Material 1 = Stütze, Material 2 = Balken

- Eingangswerte: *Tab. A-12.2*

Stütze: $f_{h,1,k} = 0,082 \cdot (1 - 0,01 \cdot d) \cdot \rho_k = 0,082 \cdot (1 - 0,01 \cdot 16) \cdot 350 = 24,11$ N/mm²

Balken: $f_{h,2,k} = 0,082 \cdot (1 - 0,01 \cdot d) \cdot \rho_k = 0,082 \cdot (1 - 0,01 \cdot 16) \cdot 390 = 26,86$ N/mm²

$$k_\alpha = \frac{1}{k_{90} \cdot \sin^2 90 + \cos^2 90} = \frac{1}{(1,35 + 0,015 \cdot 16) \cdot 1 + 0} = 0,629$$

$$\Rightarrow f_{h,2,k,90} = 0,629 \cdot 26,86 = 16,90 \text{ N/mm}^2 \quad \Rightarrow \beta = f_{h,2,k} / f_{h,1,k} = 16,90 / 24,11 = 0,701$$

$$M_{y,Rk} = 0,3 \cdot f_{u,k} \cdot d^{2,6} = 0,3 \cdot 360 \cdot 16^{2,6} = 145927 \text{ Nmm} \qquad \textit{Tab. A-12.2 bzw. A-12.3}$$

- Mindestholzdicken:

$$t_{1,req} = 1,15 \cdot \left(2 \cdot \sqrt{\frac{\beta}{1+\beta}} + 2\right) \cdot \sqrt{\frac{M_{y,Rk}}{f_{h,1,k} \cdot d}} = 1,15 \cdot \left(2 \cdot \sqrt{\frac{0,701}{1+0,701}} + 2\right) \cdot \sqrt{\frac{145927}{24,11 \cdot 16}} \qquad \textit{Gl. (12.7a)}$$

$$= 73,4 \text{ mm} < 140 \text{ mm} = t_1 \quad \Rightarrow \text{keine Abminderung von } F_{v,Rk}^0 \text{ notwendig!}$$

$$t_{2,req} = 1,15 \cdot \left(2 \cdot \frac{1}{\sqrt{1+\beta}} + 2\right) \cdot \sqrt{\frac{M_{y,Rk}}{f_{h,2,k} \cdot d}} = 1,15 \cdot \left(2 \cdot \frac{1}{\sqrt{1+0,701}} + 2\right) \cdot \sqrt{\frac{145927}{16,90 \cdot 16}} \qquad \textit{Gl. (12.7b)}$$

$$= 94,4 \text{ mm} < 100 \text{ mm} = t_2 \quad \Rightarrow \text{keine Abminderung von } F_{v,Rk}^0 \text{ notwendig!}$$

- Charakteristische Tragfähigkeit:

Johansen: $\qquad F_{v,Rk}^0 = \sqrt{\frac{2 \cdot \beta}{1+\beta}} \cdot \sqrt{2 \cdot M_{y,Rk} \cdot f_{h,1,k} \cdot d} \qquad\qquad\qquad \textit{Gl. (12.6)}$

$$\Rightarrow F_{v,Rk}^0 = \sqrt{\frac{2 \cdot 0,701}{1 + 0,701}} \cdot \sqrt{2 \cdot 145927 \cdot 24,11 \cdot 16} = 9633 \text{ N} \triangleq 9,63 \text{ kN pro Scherfuge}$$

Stabdübel: kein Einhängeeffekt → $\Delta F_{v,Rk} = 0$ *Tab. A-12.1*

$\Rightarrow F_{v,Rk} = F_{v,Rk}^{0} = 9,63$ kN pro Scherfuge (= pro Stabdübel)

Beispiel 12-2

Gegeben: Einseitiger Anschluss eines Stahlteiles an einen Balken ($b/h = 80/180$mm) mittels vorgebohrter Nägel $d \times \ell = 3,4 \times 80$ mm. Material: Balken C 24.

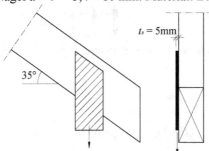

Gesucht: Mindesteinschlagtiefe und charakteristische Tragfähigkeit $F_{v,Rk}$ eines Nagels nach NA.

Hinweise: Die Berechnung der Mindesteinschlagtiefe ist identisch mit der Berechnung der Mindestholzdicke.

            Wegen der vorhandenen Exzentrizitäten ist diese Art des Anschlusses nicht zu empfehlen.

Lösung:

- Eingangswerte:

Stahlblechdicke: $t_S = 5$ mm $> d = 3,4$ mm $\Rightarrow$ dickes Stahlblech

$f_{h,1,k} = 27,72$ N/mm^2 $M_{y,Rk} = 4340$ Nmm   *Tab. A-12.4*

- Mindesteinschlagtiefe:

$$t_{1,req} = 1,15 \cdot 4 \cdot \sqrt{\frac{M_{y,Rk}}{f_{h,1,k} \cdot d}} = 1,15 \cdot 4 \cdot \sqrt{\frac{4340}{27,72 \cdot 3,4}} = 31,2 \text{ mm} \qquad \textit{Gl. (12.13)}$$

$t_{1,req} = 31,2$ mm < 75 mm = vorh. Einschlagtiefe

$\Rightarrow$ keine Abminderung von $F_{v,Rk}^{0}$ notwendig!

- Charakteristische Tragfähigkeit:

Johansen: $F_{v,Rk}^{0} = \sqrt{2} \cdot \sqrt{2 \cdot M_{y,Rk} \cdot f_{h,1,k} \cdot d}$ *Gl. (12.12)*

              $= \sqrt{2} \cdot \sqrt{2 \cdot 4340 \cdot 27,72 \cdot 3,4} = 1279$ N pro Scherfuge

Vorgebohrter Nagel: kein Einhängeeffekt → $\Delta F_{v,Rk} = 0$ *Tab. A-12.1*

$\Rightarrow F_{v,Rk} = F_{v,Rk}^{0} = 1,279$ kN pro Scherfuge (= pro Nagel)

Beispiel 12-3

Gegeben: Zugstoß mit Stabdübeln $\varnothing$ 12 mm (S 235). Material: Alle Stäbe GL 24h.
Alle Stäbe: b/h = 80/180 mm. NKL = 2, KLED = mittel.

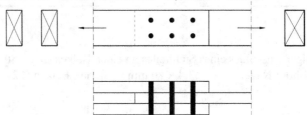

Gesucht: Mindestholzdicken und Bemessungswert der Tragfähigkeit $F_{v,Rd}$ eines Stabdübels
nach NA.

Lösung:

- Eingangswerte:

  $f_{h,1,k} = f_{h,2,k}$ = 27,78 N/mm² (β = 1) $M_{y,Rk}$ = 69 070 Nmm   *Tab. A-12.3*

- Mindestholzdicken:

$$t_{1,req} = 1,15 \cdot \left(2 \cdot \sqrt{\frac{1}{1+1}} + 2 \right) \cdot \sqrt{\frac{69070}{27,78 \cdot 12}} = 56,5 \text{ mm} < t_{1,vorh} = 80 \text{ mm} \qquad Gl.\ (12.16a)$$

$$t_{2,req} = 1,15 \cdot \left(\frac{4}{\sqrt{1+1}} \right) \cdot \sqrt{\frac{69070}{27,78 \cdot 12}} = 46,8 \text{ mm} < t_{2,vorh} = 80 \text{ mm} \qquad Gl.\ (12.16b)$$

$\Rightarrow$ keine Abminderung von $F_{v,Rk}^0$ notwendig.

- Tragfähigkeit: $F_{v,Rk}^0 = \sqrt{\dfrac{2 \cdot \beta}{1+\beta}} \cdot \sqrt{2 \cdot M_{y,Rk} \cdot f_{h,1,k} \cdot d}$ *Gl. (12.15)*

$$F_{v,Rk}^0 = \sqrt{\frac{2 \cdot 1}{1+1}} \cdot \sqrt{2 \cdot 69070 \cdot 27,78 \cdot 12} = 6786 \text{ N} \; \triangleq \; 6,78 \text{ kN pro Scherfuge}$$

Stabdübel: kein Einhängeeffekt $\rightarrow$ $\Delta F_{v,Rk}$ = 0   *Tab. A-12.1*

$\Rightarrow$ $F_{v,Rk} = F_{v,Rk}^0$ = 6,78 kN pro Scherfuge

- Bemessungswert

$$F_{v,Rd} = \frac{k_{mod}}{\gamma_M} \cdot F_{v,Rk} = \frac{0,8}{1,1} \cdot 6,78 = 4,93 \text{ kN pro Scherfuge} \qquad Gl.\ (12.5)$$

$\Rightarrow$ $F_{v,Rd,1}$ = 2 · 4,93 = 9,86 kN pro Stabdübel

Beispiel 12-4

Gegeben: Zugstoß mit Stabdübeln $\varnothing$ 12 mm (S 235). Materialien: Innenstab GL 30h, außen liegende Laschen: C 24. Alle Stäbe: b/h = 80/180 mm. NKL = 2, KLED = mittel.

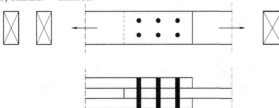

Gesucht: Mindestholzdicken und Bemessungswert der Tragfähigkeit $F_{v,Rd}$ eines Stabdübels nach NA.

Lösung:

- Eingangswerte:

$f_{h,1,k}$ = 25,26 N/mm² (SH)   *Tab. A-12.3*

$f_{h,2,k}$ = 31,03 N/mm² (MH) → β = 31,03 / 25,26 = 1,23

$M_{y,Rk}$ = 69 070 Nmm

- Mindestholzdicken:

$$t_{1,req} = 1,15 \cdot \left(2 \cdot \sqrt{\frac{1,23}{1+1,23}} + 2 \right) \cdot \sqrt{\frac{69070}{25,26 \cdot 12}} = 60,5 \text{ mm} < t_{1,vorh} = 80 \text{ mm} \qquad Gl.\ (12.16a)$$

$$t_{2,req} = 1,15 \cdot \left(\frac{4}{\sqrt{1+1,23}} \right) \cdot \sqrt{\frac{69070}{31,03 \cdot 12}} = 42,0 \text{ mm} < t_{2,vorh} = 80 \text{ mm} \qquad Gl.\ (12.16b)$$

$\Rightarrow$ keine Abminderung von $F_{v,Rk}^{0}$ notwendig!

- Tragfähigkeit:

$$F_{v,Rk}^{0} = \sqrt{\frac{2 \cdot 1,23}{1+1,23}} \cdot \sqrt{2 \cdot 69070 \cdot 25,26 \cdot 12} = 6796 \text{ N} \triangleq 6,80 \text{ kN pro Scherfuge} \qquad Gl.\ (12.15)$$

Stabdübel: kein Einhängeeffekt → $\Delta F_{v,Rk}$ = 0   *Tab. A-12.1*

$\Rightarrow F_{v,Rk} = F_{v,Rk}^{0}$ = 6,80 kN pro Scherfuge

- Bemessungswert

$$F_{v,Rd} = \frac{k_{mod}}{\gamma_M} \cdot F_{v,Rk} = \frac{0,8}{1,1} \cdot 6,80 = 4,95 \text{ kN pro Scherfuge} \qquad Gl.\ (12.5)$$

$\Rightarrow F_{v,Rd,1}$ = 2 · 4,95 = 9,90 kN pro Stabdübel

Beispiel 12-5

Gegeben: Anschluss einer innen liegenden Diagonalen ($b/h = 60/80$ mm) an einen zweiteiligen Untergurt ($b/h = 60/120$ mm) mittels Bolzen $\varnothing$ 12 mm (8.8). Material: Alle Hölzer GL 30h. NKL = 1, KLED = kurz.

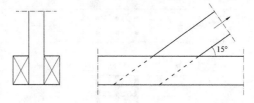

Gesucht: Mindestholzdicken und Bemessungswert der Tragfähigkeit $F_{v,Rd}$ eines Bolzens nach NA.

Lösung:

• Eingangswerte:

<u>SH:</u> $f_{h,1,k} = 31{,}03$ N/mm²   *Tab. A-12.3*

$$k_{15} = \frac{1}{(1{,}35 + 0{,}015 \cdot 12) \cdot \sin^2 15 + \cos^2 15} = 0{,}966 \qquad \textit{Tab. A-12.2}$$

$$\Rightarrow f_{h,1,k,15} = 0{,}966 \cdot 31{,}03 = 29{,}97 \text{ N/mm}^2$$

<u>MH:</u> $f_{h,2,k} = 31{,}03$ N/mm²   *Tab. A-12.3*

$$\beta = \frac{f_{h,2,k}}{f_{h,1,k,15}} = \frac{31{,}03}{29{,}97} = 1{,}035$$

$M_{y,Rk} = 153490$ Nmm   *Tab. A-12.3*

• Mindestholzdicken:

$$t_{1,req} = 1{,}15 \cdot \left(2 \cdot \sqrt{\frac{\beta}{1+\beta}} + 2 \right) \cdot \sqrt{\frac{M_{y,Rk}}{f_{h,1,k,15} \cdot d}} = 1{,}15 \cdot \left(2 \cdot \sqrt{\frac{1{,}035}{1+1{,}035}} + 2 \right) \cdot \sqrt{\frac{153490}{29{,}97 \cdot 12}} \quad \textit{Gl. (12.16a)}$$

$$= 81{,}4 \text{ mm} > 60 \text{ mm} \Rightarrow \text{Abminderung von } F_{v,Rk}^0 \text{ notwendig!}$$

$$t_{2,req} = 1{,}15 \cdot \left(\frac{4}{\sqrt{1+\beta}} \right) \cdot \sqrt{\frac{M_{y,Rk}}{f_{h,2,k} \cdot d}} = 1{,}15 \cdot \left(\frac{4}{\sqrt{1+1{,}035}} \right) \cdot \sqrt{\frac{153490}{31{,}03 \cdot 12}} \qquad \textit{Gl. (12.16b)}$$

$$= 65{,}5 \text{ mm} > 60 \text{ mm} \Rightarrow \text{Abminderung von } F_{v,Rk}^0 \text{ notwendig!}$$

• Charakteristische Tragfähigkeit: $F_{v,Rk}^0 = \sqrt{\dfrac{2 \cdot \beta}{1+\beta}} \cdot \sqrt{2 \cdot M_{y,Rk} \cdot f_{h,1,k,15} \cdot d}$ *Gl. (12.15)*

$$\Rightarrow F_{v,Rk}^0 = \sqrt{\frac{2 \cdot 1{,}035}{1+1{,}035}} \cdot \sqrt{2 \cdot 153490 \cdot 29{,}97 \cdot 12} = 10597 \text{ N} \triangleq 10{,}60 \text{ kN pro Scherfuge}$$

Abgemindert: $F_{v,Rk}^0 = 10,60 \cdot \min \begin{cases} 60/81,4 = 0,737 \\ 60/65,5 = 0,916 \end{cases} = 10,60 \cdot 0,737 = 7,81$ kN   *Gl. (12.17)*

Einhängeeffekt Bolzen: *Tab. A-12.1*

Da die Mindestholzdicken nicht eingehalten sind, wird der Einhängeeffekt auf der sicheren Seite liegend nicht angesetzt:

$\Rightarrow F_{v,Rk} = 1,0 \cdot F_{v,Rk}^0 = 1,0 \cdot 7,81 = 7,81$ kN pro Scherfuge

- Bemessungswert

$$F_{v,Rd} = \frac{k_{mod}}{\gamma_M} \cdot F_{v,Rk} = \frac{0,9}{1,1} \cdot 7,81 = 6,39 \text{ kN pro Scherfuge} \qquad Gl. (12.5)$$

$\Rightarrow F_{v,Rd,1} = 2 \cdot 6,39 = 12,78$ kN pro Bolzen

---

Beispiel 12-6

Gegeben: Anschluss einer innen liegenden Diagonalen (b/h = 60/80 mm) an einen zwei-teiligen Untergurt (b/h = 60/120 mm) mittels Bolzen $\varnothing$ 8 mm (4.6).
Material: Untergurt C 24 und Diagonale GL 30h. NKL = 1, KLED = mittel.

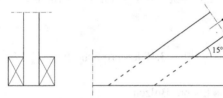

Gesucht: Mindestholzdicken und Bemessungswert der Tragfähigkeit $F_{v,Rd}$ eines Bolzens nach NA.

Lösung:

- Eingangswerte:

   <u>SH:</u> $f_{h,1,k}$ = 26,40 N/mm²   *Tab. A-12.3*

      k_{15} = 0,969   *Tab. A-12.3*

      $\Rightarrow f_{h,1,k,15} = 0,969 \cdot 26,40 = 25,58$ N/mm²

   <u>MH:</u> $f_{h,2,k}$ = 32,44 N/mm²   *Tab. A-12.3*

$\beta = \dfrac{f_{h,2,k}}{f_{h,1,k}} = \dfrac{32,44}{25,58} = 1,268$

$M_{y,Rk}$ = 26740 Nmm   *Tab. A-12.3*

- Mindestholzdicken:

$$t_{1,req} = 1,15 \cdot \left(2 \cdot \sqrt{\frac{\beta}{1+\beta}} + 2 \right) \cdot \sqrt{\frac{M_{y,Rk}}{f_{h,1,k,15} \cdot d}} = 1,15 \cdot \left(2 \cdot \sqrt{\frac{1,268}{1+1,268}} + 2 \right) \cdot \sqrt{\frac{26740}{25,58 \cdot 8}} \quad Gl.\ (12.16a)$$

= 45,9 mm < 60 mm $\Rightarrow$ keine Abminderung von $F_{v,Rk}^0$

$$t_{2,req} = 1,15 \cdot \left(\frac{4}{\sqrt{1+\beta}} \right) \cdot \sqrt{\frac{M_{y,Rk}}{f_{h,2,k} \cdot d}} = 1,15 \cdot \left(\frac{4}{\sqrt{1+1,268}} \right) \cdot \sqrt{\frac{26740}{32,44 \cdot 8}} \quad Gl.\ (12.16b)$$

= 31,0 mm < 60 mm $\Rightarrow$ keine Abminderung von $F_{v,Rk}^0$ notwendig!

- Charakteristische Tragfähigkeit: $F_{v,Rk}^0 = \sqrt{\frac{2 \cdot \beta}{1+\beta}} \cdot \sqrt{2 \cdot M_{y,Rk} \cdot f_{h,1,k} \cdot d}$ *Gl. (12.15)*

$$\Rightarrow F_{v,Rk}^0 = \sqrt{\frac{2 \cdot 1,268}{1+1,268}} \cdot \sqrt{2 \cdot 26740 \cdot 25,58 \cdot 8} = 3498\ N \triangleq 3,50\ kN\ \text{pro Scherfuge}$$

Mindestholzdicken eingehalten → Einhängeeffekt bei Bolzen: *Tab. A-12.1*

$\Delta F_{v,Rk} = 0,25 \cdot F_{v,Rk}^0$

$\Rightarrow F_{v,Rk} = 1,25 \cdot F_{v,Rk}^0 = 1,25 \cdot 3,50 = 4,37\ kN\ \text{pro Scherfuge}$

- Bemessungswert

$$F_{v,Rd} = \frac{k_{mod}}{\gamma_M} \cdot F_{v,Rk} = \frac{0,8}{1,1} \cdot 4,37 = 3,18\ kN\ \text{pro Scherfuge} \quad Gl.\ (12.5)$$

$\Rightarrow F_{v,Rd,1} = 2 \cdot 3,18 = 6,36\ kN\ \text{pro Bolzen}$

Beispiel 12-7

Gegeben: Anschluss einer zweiteiligen Diagonale ($b/h = 2 \times 80/160$ mm) an einen einteiligen Untergurt ($b/h = 100/180$ mm) mittels Stabdübel $\varnothing$ 20 mm (S 235). Material: Untergurt GL 24h, Diagonale GL 30h. NKL = 1, KLED = mittel.

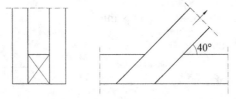

Gesucht: Mindestholzdicken und Bemessungswert der Tragfähigkeit $F_{v,Rd}$ eines Stabdübels nach NA.

Lösung:

- Eingangswerte:

  SH: $f_{h,1,k} = 28,21$ N/mm^2 *Tab. A-12.3*

  MH: $f_{h,2,k} = 25,26$ N/mm^2 *Tab. A-12.3*

  $$k_{40} = \frac{1}{(1,35 + 0,015 \cdot 20) \cdot \sin^2 40 + \cos^2 40} = 0,788 \qquad \textit{Tab. A-12.2}$$

  $$\Rightarrow f_{h,2,k,40} = 0,788 \cdot 25,26 = 19,90 \text{ N/mm}^2$$

  $$\beta = \frac{f_{h,2,k,40}}{f_{h,1,k}} = \frac{19,90}{28,21} = 0,705$$

  $M_{y,Rk} = 260680$ Nmm   *Tab. A-12.3*

- Mindestholzdicken:

  $$t_{1,req} = 1,15 \cdot \left(2 \cdot \sqrt{\frac{\beta}{1+\beta}} + 2\right) \cdot \sqrt{\frac{M_{y,Rk}}{f_{h,1,k} \cdot d}} = 1,15 \cdot \left(2 \cdot \sqrt{\frac{0,705}{1+0,705}} + 2\right) \cdot \sqrt{\frac{260680}{28,21 \cdot 20}} \quad \textit{Gl. (12.16a)}$$

  $= 81,23$ mm > 80 mm $\Rightarrow$ Abminderung von $F_{v,Rk}^0$ notwendig!

  $$t_{2,req} = 1,15 \cdot \left(\frac{4}{\sqrt{1+\beta}}\right) \cdot \sqrt{\frac{M_{y,Rk}}{f_{h,2,k,40} \cdot d}} = 1,15 \cdot \left(\frac{4}{\sqrt{1+0,705}}\right) \cdot \sqrt{\frac{260680}{19,90 \cdot 20}} \qquad \textit{Gl. (12.16b)}$$

  $= 90,2$ mm < 100 mm $\Rightarrow$ keine Abminderung von $F_{v,Rk}^0$ notwendig!

- Charakteristische Tragfähigkeit: $F_{v,Rk}^0 = \sqrt{\dfrac{2 \cdot \beta}{1+\beta}} \cdot \sqrt{2 \cdot M_{y,Rk} \cdot f_{h,1,k} \cdot d}$ *Gl. (12.15)*

$$\Rightarrow F_{v,Rk}^0 = \sqrt{\frac{2 \cdot 0,705}{1+0,705}} \cdot \sqrt{2 \cdot 260680 \cdot 28,21 \cdot 20} = 15596 \text{ N} \triangleq 15,60 \text{ kN pro Scherfuge}$$

Abgemindert: $F_{v,Rk}^0 = 15,60 \cdot \dfrac{80,0}{81,23} = 15,36$ kN pro Scherfuge   *Gl. (12.17)*

Stabdübel: kein Einhängeeffekt → $\Delta F_{v,Rk} = 0$ *Tab. A-12.1*

$\Rightarrow F_{v,Rk} = F_{v,Rk}^0 = 15,36$ kN pro Scherfuge

- Bemessungswert

  $$F_{v,Rd} = \frac{k_{mod}}{\gamma_M} \cdot F_{v,Rk} = \frac{0,8}{1,1} \cdot 15,36 = 11,17 \text{ kN pro Scherfuge} \qquad \textit{Gl. (12.5)}$$

  $\Rightarrow F_{v,Rd,1} = 2 \cdot 11,17 = 22,34$ kN pro Stabdübel

Beispiel 12-8

Gegeben: Anschluss einer zweiteiligen Diagonalen (b/h = 120/240 mm) an einen innen liegenden Untergurt (b/h = 140/240 mm) mittels Stabdübel $\varnothing$ 24 mm (S 355). Material: Untergurt GL 30h und Diagonale GL 28c. NKL = 2, KLED = kurz.

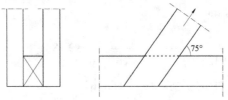

Gesucht: Mindestholzdicken und Bemessungswert der Tragfähigkeit $F_{v,Rd}$ eines Stabdübels nach NA.

Lösung:

- Eingangswerte:

  SH: $f_{h,1,k}$ = 24,30 N/mm²   *Tab. A-12.3*

  MH: $f_{h,2,k}$ = 26,80 N/mm²   *Tab. A-12.3*

  $$k_{75} = \frac{1}{(1,35 + 0,015 \cdot 24) \cdot \sin^2 75 + \cos^2 75} = 0,602 \qquad \text{\textit{Tab. A-12.2}}$$

  $$\Rightarrow f_{h,2,k,75} = 0,602 \cdot 26,80 = 16,13 \text{ N/mm}^2$$

  $$\beta = \frac{f_{h,2,k,75}}{f_{h,1,k}} = \frac{16,13}{24,30} = 0,664$$

  $M_{y,Rk}$ = 569990 Nmm   *Tab. A-12.3*

- Mindestholzdicken:

  $$t_{1,req} = 1,15 \cdot \left(2 \cdot \sqrt{\frac{\beta}{1+\beta}} + 2\right) \cdot \sqrt{\frac{M_{y,Rk}}{f_{h,1,k} \cdot d}} = 1,15 \cdot \left(2 \cdot \sqrt{\frac{0,664}{1+0,664}} + 2\right) \cdot \sqrt{\frac{569990}{24,30 \cdot 24}} \qquad \text{\textit{Gl. (12.16a)}}$$

  = 117,3 mm < 120 mm $\Rightarrow$ keine Abminderung von $F_{v,Rk}^0$ notwendig!

  $$t_{2,req} = 1,15 \cdot \left(\frac{4}{\sqrt{1+\beta}}\right) \cdot \sqrt{\frac{M_{y,Rk}}{f_{h,2,k,75} \cdot d}} = 1,15 \cdot \left(\frac{4}{\sqrt{1+0,664}}\right) \cdot \sqrt{\frac{569990}{16,13 \cdot 24}} \qquad \text{\textit{Gl. (12.16b)}}$$

  = 136,8 mm < 140 mm $\Rightarrow$ keine Abminderung von $F_{v,Rk}^0$ notwendig!

- Charakteristische Tragfähigkeit: $F_{v,Rk}^0 = \sqrt{\dfrac{2 \cdot \beta}{1+\beta}} \cdot \sqrt{2 \cdot M_{y,Rk} \cdot f_{h,1,k} \cdot d}$ *Gl. (12.15)*

  $$\Rightarrow F_{v,Rk}^0 = \sqrt{\frac{2 \cdot 0,664}{1+0,664}} \cdot \sqrt{2 \cdot 569990 \cdot 24,30 \cdot 24} = 23034 \text{ N} \triangleq 23,03 \text{ kN pro Scherfuge}$$

Stabdübel: kein Einhängeeffekt $\rightarrow$ $\Delta F_{v,Rk} = 0$

$\Rightarrow F_{v,Rk} = F_{v,Rk}^0 = 23,03$ kN pro Scherfuge

Tab. A-12.1

• Bemessungswert

$$F_{v,Rd} = \frac{k_{mod}}{\gamma_M} \cdot F_{v,Rk} = \frac{0,9}{1,1} \cdot 23,03 = 18,84 \text{ kN pro Scherfuge}$$

Gl. (12.5)

$\Rightarrow F_{v,Rd,1} = 2 \cdot 18,84 = 37,68$ kN pro Stabdübel

---

Beispiel 12-9

Gegeben: Anschluss eines zweiteiligen Riegels ($2 \times b/h = 2 \times 80/180$ mm) an eine Stütze ($b/h = 120/180$ mm) mittels Bolzen $\varnothing$ 16 mm (4.6). Material: Riegel C 24 und Stütze GL 24h. NKL = 2, KLED = kurz.

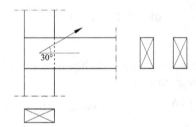

Gesucht: Mindestholzdicken und Bemessungswert der Tragfähigkeit $F_{v,Rd}$ eines Bolzens nach NA.

Lösung:

• Eingangswerte:

<u>SH:</u> $f_{h,1,k} = 24,11$ N/mm² 　　　　　　　　　　　　　　　*Tab. A-12.3*

$$k_{30} = \frac{1}{(1,35 + 0,015 \cdot 16) \cdot \sin^2 30 + \cos^2 30} = 0,871$$

Tab. A-12.2

$\Rightarrow f_{h,1,k,30} = 0,871 \cdot 24,11 = 21,0$ N/mm²

<u>MH:</u> $f_{h,2,k} = 26,52$ N/mm² 　　　　　　　　　　　　　　　*Tab. A-12.3*

$$k_{60} = \frac{1}{(1,35 + 0,015 \cdot 16) \cdot \sin^2 60 + \cos^2 60} = 0,693$$

Tab. A-12.2

$\Rightarrow f_{h,2,k,60} = 0,693 \cdot 26,52 = 18,38$ N/mm²

$$\beta = \frac{18,38}{21,0} = 0,875; \qquad M_{y,Rk} = 162140 \text{ Nmm}$$

- Mindestholzdicken:

$$t_{1,\text{req}} = 1{,}15 \cdot \left(2 \cdot \sqrt{\frac{\beta}{1+\beta}} + 2\right) \cdot \sqrt{\frac{M_{y,\text{Rk}}}{f_{h,1,k,30} \cdot d}} = 1{,}15 \cdot \left(2 \cdot \sqrt{\frac{0{,}875}{1+0{,}875}} + 2\right) \cdot \sqrt{\frac{162140}{21{,}0 \cdot 16}} \quad Gl.\ (12.16a)$$

$$= 85{,}0\ \text{mm} > 80\ \text{mm} \rightarrow \text{Abminderung von } F_{v,\text{Rk}}^0 \ !$$

$$t_{2,\text{req}} = 1{,}15 \cdot \left(\frac{4}{\sqrt{1+\beta}}\right) \cdot \sqrt{\frac{M_{y,\text{Rk}}}{f_{h,2,k,60} \cdot d}} = 1{,}15 \cdot \left(\frac{4}{\sqrt{1+0{,}875}}\right) \cdot \sqrt{\frac{162140}{18{,}38 \cdot 16}} \quad Gl.\ (12.16b)$$

$$= 78{,}9\ \text{mm} < 120\ \text{mm} \rightarrow \text{keine Abminderung von } F_{v,\text{Rk}}^0 \ !$$

- Charakteristische Tragfähigkeit: $F_{v,\text{Rk}}^0 = \sqrt{\dfrac{2 \cdot \beta}{1+\beta}} \cdot \sqrt{2 \cdot M_{y,\text{Rk}} \cdot f_{h,1,k} \cdot d}$ *Gl. (12.15)*

$$\Rightarrow F_{v,\text{Rk}}^0 = \sqrt{\frac{2 \cdot 0{,}875}{1+0{,}875}} \cdot \sqrt{2 \cdot 162140 \cdot 21{,}0 \cdot 16} = 10084\ \text{N} \triangleq 10{,}08\ \text{kN pro Scherfuge}$$

Abgemindert: $F_{v,\text{Rk}}^0 = \dfrac{80}{85{,}0} \cdot 10{,}08 = 9{,}49\ \text{kN pro SF}$ *Gl. (12.17)*

Einhängeeffekt Bolzen: *Tab. A-12.1*

Da mind. Eine Mindestholzdicke nicht eingehalten ist, wird auf der sicheren Seite liegend der Einhängeeffekt nicht angesetzt:

$$\Rightarrow F_{v,\text{Rk}} = 1{,}0 \cdot F_{v,\text{Rk}}^0 = 1{,}0 \cdot 9{,}49 = 9{,}49\ \text{kN pro Scherfuge}$$

- Bemessungswert

$$F_{v,\text{Rd}} = \frac{k_{\text{mod}}}{\gamma_M} \cdot F_{v,\text{Rk}} = \frac{0{,}9}{1{,}1} \cdot 9{,}49 = 7{,}76\ \text{kN pro Scherfuge} \quad Gl.\ (12.5)$$

$$\Rightarrow F_{v,\text{Rd},1} = 2 \cdot 7{,}76 = 15{,}52\ \text{kN pro Bolzen}$$

Beispiel 12-10

Gegeben: Zugstoß (b/h = 80/160 mm) mittels eingeschlitztem Blech und Stabdübel $\varnothing$ 8 mm (S 355); Material: C 24. NKL = 2, KLED = mittel.

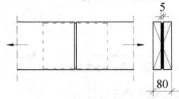

Gesucht: Mindestholzdicken und Bemessungswert der Tragfähigkeit $F_{v,\text{Rd}}$ eines Stabdübels nach NA.

Lösung:

- Eingangswerte:

$f_{h,1,k}$ = 26,40 N/mm², $\quad M_{y,Rk}$ = 32760 Nmm *Tab. A-12.3*

- Mindestholzdicken:

$$t_{1,req} = 1{,}15 \cdot 4 \cdot \sqrt{\frac{M_{y,Rk}}{f_{h,1,k} \cdot d}} = 1{,}15 \cdot 4 \cdot \sqrt{\frac{32760}{26{,}40 \cdot 8}} \qquad \textit{Gl. (12.19)}$$

$$= 57{,}3 \text{ mm} > (80 - 5) / 2 = 37{,}5 \text{ mm}$$

$\Rightarrow$ Abminderung von $F_{v,Rk}^0$ erforderlich!

- Charakteristische Tragfähigkeit: $\quad F_{v,Rk}^0 = \sqrt{2} \cdot \sqrt{2 \cdot M_{y,Rk} \cdot f_{h,1,k} \cdot d}$ *Gl. (12.18)*

$$\Rightarrow F_{v,Rk}^0 = \sqrt{2} \cdot \sqrt{2 \cdot 32760 \cdot 26{,}40 \cdot 8} = 5261 \text{ N} \; \hat{=} \; 5{,}26 \text{ kN pro Scherfuge}$$

Abgemindert: $F_{v,Rk}^0 = \dfrac{37{,}5}{57{,}3} \cdot 5{,}26 = 3{,}44$ kN pro Scherfuge *Gl. (12.20)*

Stabdübel: kein Einhängeeffekt $\rightarrow \Delta F_{v,Rk} = 0$ *Tab. A-12.1*

$$\Rightarrow F_{v,Rk} = F_{v,Rk}^0 = 3{,}44 \text{ kN pro Scherfuge}$$

- Bemessungswert

$$F_{v,Rd} = \frac{k_{mod}}{\gamma_M} \cdot F_{v,Rk} = \frac{0{,}8}{1{,}1} \cdot 3{,}44 = 2{,}50 \text{ kN pro Scherfuge} \qquad \textit{Gl. (12.5)}$$

$$\Rightarrow F_{v,Rd,1} = 2 \cdot 2{,}50 = 5{,}00 \text{ kN pro Stabdübel}$$

Beispiel 12-11

Gegeben: Zugstoß mittels außen liegenden Stahlblechen mit Passbolzen $\varnothing$ 10 mm (3.6).
Material: GL 24c. NKL = 1, KLED = kurz.

t_s = 12 mm

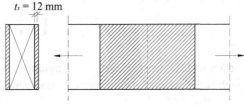

Gesucht: Mindestholzdicke und Bemessungswert der Tragfähigkeit $F_{v,Rd}$ eines Passbolzens nach NA.

Lösung:

Stahlblechdicke: $\quad t_S$ = 12 mm > d = 10 mm $\quad \Rightarrow$ dickes Stahlblech

- Eingangswerte:

$f_{h,1,k}$ = 26,94 N/mm², $\quad M_{y,Rk}$ = 35 830 Nmm *Tab. A-12.3*

- Mindestholzdicke:

$$t_{2,\text{req}} = 1{,}15 \cdot 4 \cdot \sqrt{\frac{M_{y,\text{Rk}}}{f_{h,2,k} \cdot d}} = 1{,}15 \cdot 4 \cdot \sqrt{\frac{35830}{26{,}94 \cdot 10}} = 53{,}0 \text{ mm}$$ Gl. (12.24)

- Charakteristische Tragfähigkeit: $F_{v,\text{Rk}}^0 = \sqrt{2} \cdot \sqrt{2 \cdot M_{y,\text{Rk}} \cdot f_{h,2,k} \cdot d}$ Gl. (12.23)

$$\Rightarrow F_{v,\text{Rk}}^0 = \sqrt{2} \cdot \sqrt{2 \cdot 35830 \cdot 26{,}94 \cdot 10} = 6213 \text{ N} \triangleq 6{,}21 \text{ kN pro Scherfuge}$$

Einhängeeffekt Bolzen: *Tab. A-12.1*

Bei Einhaltung der Mindestholzdicken beträgt der Einhängeeffekt bei Bolzen nach
Abschnitt 13.2.1 immer mindestens

$$\Delta F_{v,\text{Rk}} = 0{,}25 \cdot F_{v,\text{Rk}}^0$$

$$\Rightarrow F_{v,\text{Rk}} = 1{,}25 \cdot F_{v,\text{Rk}}^0 = 1{,}25 \cdot 6{,}21 = 7{,}76 \text{ kN pro Scherfuge}$$

- Bemessungswert

$$F_{v,\text{Rd}} = \frac{k_{\text{mod}}}{\gamma_M} \cdot F_{v,\text{Rk}} = \frac{0{,}9}{1{,}1} \cdot 7{,}76 = 6{,}35 \text{ kN pro Scherfuge}$$ Gl. (12.5)

$$\Rightarrow F_{v,\text{Rd},1} = 2 \cdot 6{,}35 = 12{,}70 \text{ kN pro Passbolzen}$$

Beispiel 12-12

Gegeben: Anschluss einer Diagonalen an einen Untergurt (b/h = 120/160 mm) mittels außen
liegenden Stahlblechen und Passbolzen $\varnothing$ 20 mm (4.6/4.8).
Material: Untergurt und Diagonale GL 30h. NKL = 2, KLED = mittel.

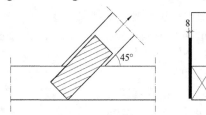

Gesucht: Mindestholzdicken und Bemessungswert der Tragfähigkeit $F_{v,\text{Rd}}$ eines
Passbolzens nach NA getrennt für die Diagonale und den Gurt.

Lösung:

Stahlblechdicke: t_S = 8 mm < $d/2$ = 10 mm $\Rightarrow$ dünnes Stahlblech

Diagonale: $\alpha = 0°$

- Eingangswerte:

$f_{h,2,k}$ = 28,21 N/mm², $\quad M_{y,\text{Rk}}$ = 289640 Nmm   *Tab. A-12.3*

- Mindestholzdicke:

$$t_{2,\mathrm{req}} = 1{,}15 \cdot (2\sqrt{2}) \cdot \sqrt{\frac{M_{\mathrm{y,Rk}}}{f_{\mathrm{h,2,k}} \cdot d}} = 1{,}15 \cdot (2\sqrt{2}) \cdot \sqrt{\frac{289640}{28{,}21 \cdot 20}} \qquad Gl.\ (12.22)$$

$$= 73{,}7\ \mathrm{mm} < 120\ \mathrm{mm} \Rightarrow \text{keine Abminderung von } F_{\mathrm{v,Rk}}^{0}\ !$$

- Charakteristische Tragfähigkeit: $F_{\mathrm{v,Rk}}^{0} = \sqrt{2 \cdot M_{\mathrm{y,Rk}} \cdot f_{\mathrm{h,2,k}} \cdot d}$ \qquad *Gl. (12.21)*

$$\Rightarrow F_{\mathrm{v,Rk}}^{0} = \sqrt{2 \cdot 289640 \cdot 28{,}21 \cdot 20} = 18078\ \mathrm{N} \triangleq 18{,}08\ \mathrm{kN}\ \text{pro Scherfuge}$$

Einhängeeffekt Bolzen: \hfill *Tab. A-12.1*

Bei Einhaltung der Mindestholzdicken beträgt der Einhängeeffekt bei Bolzen nach *Abschnitt 13.2.1* immer mindestens

$$\Delta F_{\mathrm{v,Rk}} = 0{,}25 \cdot F_{\mathrm{v,Rk}}^{0}$$

$$\Rightarrow F_{\mathrm{v,Rk}} = 1{,}25 \cdot F_{\mathrm{v,Rk}}^{0} = 1{,}25 \cdot 18{,}08 = 22{,}60\ \mathrm{kN}\ \text{pro Scherfuge}$$

- Bemessungswert

$$F_{\mathrm{v,Rd}} = \frac{k_{\mathrm{mod}}}{\gamma_{\mathrm{M}}} \cdot F_{\mathrm{v,Rk}} = \frac{0{,}8}{1{,}1} \cdot 22{,}60 = 16{,}43\ \mathrm{kN}\ \text{pro Scherfuge} \qquad Gl.\ (12.5)$$

$$\Rightarrow F_{\mathrm{v,Rd,1}} = 2 \cdot 16{,}43 = 32{,}86\ \mathrm{kN}\ \text{pro Passbolzen}$$

Untergurt: $\alpha = 45°$

- Eingangswerte:

$f_{\mathrm{h,2,k}} = 28{,}21\ \mathrm{N/mm^2}$ \hfill *Tab. A-12.3*

$$k_{45} = \frac{1}{(1{,}35 + 0{,}015 \cdot 20) \cdot \sin^2 45 + \cos^2 45} = 0{,}755 \qquad Tab.\ A\text{-}12.2$$

$$\Rightarrow f_{\mathrm{h,2,k,45}} = 0{,}755 \cdot 28{,}21 = 21{,}30\ \mathrm{N/mm^2}$$

$M_{\mathrm{y,Rk}} = 289640\ \mathrm{Nmm}$ \hfill *Tab. A-12.3*

- Mindestholzdicke:

$$t_{2,\mathrm{req}} = 1{,}15 \cdot (2\sqrt{2}) \cdot \sqrt{\frac{M_{\mathrm{y,Rk}}}{f_{\mathrm{h,2,k,45}} \cdot d}} = 1{,}15 \cdot (2\sqrt{2}) \cdot \sqrt{\frac{289640}{21{,}30 \cdot 20}} \qquad Gl.\ (12.22)$$

$$= 84{,}8\ \mathrm{mm} < 120\ \mathrm{mm} \Rightarrow \text{keine Abminderung von } F_{\mathrm{v,Rk}}^{0}\ !$$

- Charakteristische Tragfähigkeit: $F_{\mathrm{v,Rk}}^{0} = \sqrt{2 \cdot M_{\mathrm{y,Rk}} \cdot f_{\mathrm{h,2,k,45}} \cdot d}$ \qquad *Gl. (12.21)*

$$\Rightarrow F_{\mathrm{v,Rk}}^{0} = \sqrt{2 \cdot 289640 \cdot 21{,}30 \cdot 20} = 15709\ \mathrm{N} \triangleq 15{,}70\ \mathrm{kN}\ \text{pro Scherfuge}$$

Einhängeeffekt Bolzen: \hfill *Tab. A-12.1*

Mindestholzdicken eingehalten

$$\Rightarrow F_{\mathrm{v,Rk}} = 1{,}25 \cdot F_{\mathrm{v,Rk}}^{0} = 1{,}25 \cdot 15{,}70 = 19{,}63\ \mathrm{kN}\ \text{pro Scherfuge}$$

- Bemessungswert

$$F_{v,Rd} = \frac{k_{mod}}{\gamma_M} \cdot F_{v,Rk} = \frac{0,8}{1,1} \cdot 19,63 = 14,28 \text{ kN pro Scherfuge} \qquad Gl.\ (12.5)$$

$$\Rightarrow F_{v,Rd,1} = 2 \cdot 14,28 = 28,56 \text{ kN pro Passbolzen}$$

Beispiel 12-13

Gegeben: Zugstoß eines Stabes (b/h = 120/240 mm) mit zwei innen liegenden Stahlblechen (t_S = 3 mm) und vorgebohrten Nägeln $d \times \ell$ = 4,2 × 120 mm.
Material: GL 24h. NKL = 2, KLED = mittel.

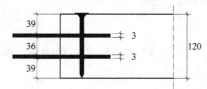

Gesucht: Mindestholzdicken und Bemessungswert der Tragfähigkeit $F_{v,Rd}$ eines Nagels nach NA.

Lösung:

Achtung: 4-schnittige Verbindung!

- Eingangswerte:

$f_{h,k}$ = 30,24 N/mm², $\quad M_{y,Rk}$ = 7510 Nmm $\qquad\qquad$ *Tab. A-12.4*

- Mindestholzdicke:

$$t_{1,req} = 1,15 \cdot 4 \cdot \sqrt{\frac{M_{y,Rk}}{f_{h,k} \cdot d}} = 1,15 \cdot 4 \cdot \sqrt{\frac{7510}{30,24 \cdot 4,2}} \qquad Gl.\ (12.19)$$

$$= 35,4 \text{ mm} < 39 \text{ mm bzw.} < 36 \text{ mm} \Rightarrow \text{keine Abminderung von } F_{v,Rk}^0 \text{ erforderlich!}$$

- Charakteristische Tragfähigkeit: $F_{v,Rk}^0 = \sqrt{2} \cdot \sqrt{2 \cdot M_{y,Rk} \cdot f_{h,k} \cdot d}$ $\qquad$ *Gl. (12.18)*

$$\Rightarrow F_{v,Rk}^0 = \sqrt{2} \cdot \sqrt{2 \cdot 7510 \cdot 30,24 \cdot 4,2} = 1953 \text{ N} \triangleq 1,95 \text{ kN pro Scherfuge}$$

Vorgebohrte Nägel: kein Einhängeeffekt $\rightarrow \Delta F_{v,Rk} = 0$ $\qquad\qquad$ *Tab. A-12.1*

$$\Rightarrow F_{v,Rk} = F_{v,Rk}^0 = 1,95 \text{ kN pro Scherfuge}$$

- Bemessungswert

$$F_{v,Rd} = \frac{k_{mod}}{\gamma_M} \cdot F_{v,Rk} = \frac{0,8}{1,1} \cdot 1,95 = 1,42 \text{ kN pro Scherfuge} \qquad Gl.\ (12.5)$$

$$\Rightarrow F_{v,Rd,1} = 4 \cdot 1,42 = 5,67 \text{ kN pro Nagel}$$

---

13 Stabdübel- und Bolzenverbindungen

Beispiel 13-1 (vgl. „Handrechnung" nach *Beispiel 12-1*)

Gegeben: Anschluss einer Stütze (b/h = 140/140 mm) an einen Balken (b/h = 100/200 mm) mittels Stabdübel ∅ 16 mm (S 235). Material: Stütze C 24, Balken GL 28c.

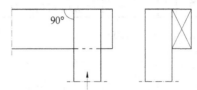

Gesucht: Mindestholzdicken und Bemessungswert der Tragfähigkeit $F_{v,Rd}$ eines Stabdübels für NKL = 2 und KLED = kurz.

Lösung:

Vorgehen für einschnittige Verbindungen siehe *Abschnitt 12.3* (Buch):

- t_{req} für Stütze: α_{SH} = 0° und α_{MH} = 90°   *Tab. A-13.1*
- t_{req} für Riegel: α_{SH} = 90° und α_{MH} = 0°   *Tab. A-13.1*

	Tabelle	A-13.1		A-13.2		Beispiel 12-1
Stütze:	$t_{SH,req}$ =	73	×	1,0	= 73 mm	*73,2 mm*
Balken:	$t_{SH,req}$ =	101	×	0,947	= 95,6 mm	*94,4 mm*
	$F_{v,Rd}$ =	9,32·0,818	×	1,0	= 7,62 kN	*0,9/1,1· 9,63 = 7,88 kN*

Beispiel 13-2 (vgl. „Handrechnung" nach *Beispiel 12-7*)

Gegeben: Anschluss einer zweiteiligen Diagonale (b/h = 2 × 80/160 mm) an einen einteiligen Untergurt (b/h = 100/180 mm) mittels Stabdübel ∅ 20 mm (S 235) Material: Untergurt GL 24h, Diagonale GL 30h. NKL = 1, KLED = mittel

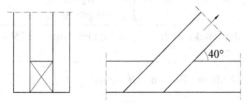

Gesucht: Mindestholzdicken und Bemessungswert der Tragfähigkeit $F_{v,Rd}$ eines Stabdübels.

Lösung mit *Tabellen A-13.1 und A-13.2:* γ = 40° → *Tabellenwerte interpoliert*

Tabelle	A-13.1		A-13.2		Beispiel 12-7
SH: $t_{SH,req}$ =	91,7	×	0,902	= 82,7 mm	*81,23 mm*
MH: $t_{MH,req}$ =	93,0	×	0,953	= 88,6 mm	*90,2 mm*
$F_{v,Rd}$ =	14,53·0,727	×	1,049	= 11,08 · 80/82,7 = 10,72 kN pro SF	*11,17 kN* pro SF

⇒ $F_{v,Rd,1}$ = 2 · 10,72 = 21,44 kN pro Stabdübel *(Beispiel 12-7: 22,34 kN)*

Beispiel 13-3 (vgl. „Handrechnung" nach *Beispiel 12-9*)

Gegeben: Anschluss eines zweiteiligen Riegels (2 × *b/h* = 2 × 80/180 mm) an eine Stütze (*b/h* = 120/180 mm) mittels Bolzen ∅ 16 mm (4.6).
Material: Riegel C 24 und Stütze GL 24h. NKL = 2, KLED = kurz.

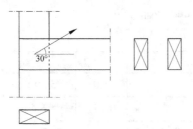

Gesucht: Mindestholzdicken und Bemessungswert der Tragfähigkeit $F_{v,Rd}$ eines Bolzens.

Lösung mit Tabellen A-13.1 und A-13.2:

Eingangswerte: SH: α_{SH} = 30°,   MH: α_{MH} = 60°

Tabelle	A-13.1		A-13.2		Beispiel 12-9
SH: $t_{SH,req}$=	80	×	1,054	= 84,3 mm > 80	*85,0 mm*
MH: $t_{MH,req}$=	81	×	1,005	= 81,4 mm < 120	*78,9 mm*
$F_{v,Rd}$ =	9,32·0,818 = 7,62	×	1,054 [1]	= 1,054·7,62·80/84,3 = 7,62 kN pro SF	*7,76 kN*

[1] Da beim SH die Mindestholzdicke nicht eingehalten ist, wird die 25%-ige Erhöhung der Tragfähigkeit nicht angesetzt.

⇒ $F_{v,Rd,1}$ = 2 · 7,62 = 15,24 kN pro Bolzen *(Beispiel 12-9: 15,52 kN)*

Beispiel 13-4 (vgl. „Handrechnung" nach *Beispiel 12-10*)

Gegeben: Zugstoß (b/h = 80/160 mm) mit eingeschlitztem Blech und Stabdübel $\varnothing$ 8 mm
(S 355); Material: C 24. NKL = 2, KLED = mittel.

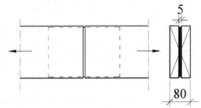

Gesucht: Mindestholzdicken und Bemessungswert der Tragfähigkeit $F_{v,Rd}$ eines Stabdübels.

Lösung mit Tabellen A-13.3und A-13.2:

	Tabelle	A-13.3		A-13.2		Beispiel 12-10
SH:	$t_{H,req}$ =	50	×	1,167	= 58,35 mm > 37,5	57,3 mm
	$F_{v,Rd}$ =	4,51·0,727	×	1,167	= 3,83 · 37,5/58,35 = 2,46 kN pro SF	0,8/1,1 · 3,44 = 2,50 kN

$\Rightarrow F_{v,Rd,1}$ = 2 · 2,46 = 4,92 kN pro Stabdübel (*Beispiel 12-10: 5,0 kN*)

Beispiel 13-5 (vgl. „Handrechnung" nach *Beispiel 12-12*)

Gegeben: Anschluss einer Diagonalen an einen Untergurt (b/h = 120/160 mm) mit außen
liegenden Stahlblechen und Passbolzen $\varnothing$ 20 mm (4.6/4.8).
Material: Untergurt und Diagonale GL 30h (Verfügbarkeit nachfragen!). NKL = 2,
KLED = mittel

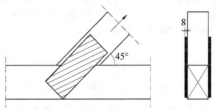

Gesucht: Mindestholzdicken und Bemessungswert der Tragfähigkeit $F_{v,Rd}$ eines
Passbolzens getrennt für die Diagonale und den Gurt.

Lösung mit Tabellen: Außen liegendes dünnes Stahlblech ($t_S \leq d/2$)

Diagonale: α_D = 0°

	Tabelle	A-13.3		A-13.2		Beispiel 12-12
MH:	$t_{H,req}$ =	78	×	0,951	= 74,2 mm < 120 mm	73,7 mm
	$F_{v,Rd}$ =	15,47 · 0,727 = 11,25 kN	×	1,168·1,25 [1]	= 16,43 kN pro SF	16,43 kN

[1] 25%-ige Erhöhung wegen Einhaltung der Mindestholzdicke

$\Rightarrow F_{v,Rd,1}$ = 2 · 16,43 = 32,86 kN pro Passbolzen (*Beispiel 12-12: 32,86 kN*)

Beispielsammlung

Untergurt: $\alpha_G = 45°$

	Tabelle	A-13.3		A-13.2		Beispiel 12-12
MH:	$t_{H,req}=$	90	×	0,951	= 85,6 mm < 120 mm	84,8 mm
	$F_{v,Rd}=$	13,44·0,727 = 9,77 kN	×	1,168·1,25 [1]	= 14,26 kN pro SF	14,28 kN
[1] 25%-ige Erhöhung wegen Einhaltung der Mindestholzdicke						

$\Rightarrow F_{v,Rd,1} = 2 \cdot 14{,}26 = 28{,}52$ kN pro Passbolzen *(Beispiel 12-12: 28,56 kN)*

Beispiel 13-6

Gegeben: Anschluss einer zweiteiligen Diagonalen (Zugstab) an einen innen liegenden Gurt mit 4 Stabdübeln $\varnothing$ 20 mm (S 235) unter einem Winkel von $\gamma = 45°$.
Material: Diagonale und Gurt C 24; NKL = 1; KLED = kurz.

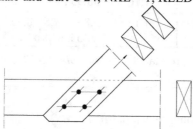

Gesucht: a) Mindestholzdicken.
b) Mindesthöhen der Hölzer für das gegebene Anschlussbild.
c) Mögliches Anschlussbild.
d) Bemessungswert der Tragfähigkeit $F_{v,Rd}$ des Anschlusses.
e) Spannungsnachweis für den Zugstab für eine Bemessungskraft von $N_d = 70$ kN und einen Querschnitt 2 × 10/20 cm.

Lösung:

a) Mindestholzdicken:

$\alpha_{SH} = 0°$ und $\alpha_{MH} = 45°$ $\Rightarrow$ $t_{SH,req} = 91$ mm, $t_{MH,req} = 96$ mm   *Tab. A-13.1*

b) Mindesthöhen: Siehe Tabelle auf der folgenden Seite: Berechnung der Mindesthöhen nach *Tabelle 11.7* (Buch) und *Tabelle 11.3* (Buch)

Diagonale:

$h_D \geq 2 \cdot a_{4,c} + 1 \cdot a_{\perp,D}$ *Tab. 11.7*
$a_{\perp,D} = \max(63; 60) = 63$ mm
$\rightarrow h_D \geq 2 \cdot 60 + 63 = 183$ mm
$\Rightarrow$ gewählt: 2 × b/h = 2 × 100/200 mm

Untergurt:

$h_G \geq a_{4,c} + a_{4,t} + 1 \cdot a_{\perp,G}$ *Tab. 11.7*
$a_{\perp,G} = \max(71; 60) = 71$ mm
$\rightarrow h_G \geq 60 + 69 + 71 = 200$ mm
$\Rightarrow$ gewählt: b/h = 100/220 mm

Mindestabstände der Verbindungsmittel nach *Bild 11.10* (Buch) *Tab. A-13.4*

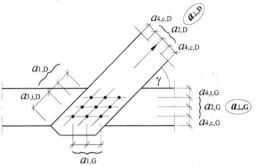

Anschlusswinkel $\gamma = 45°$ Durchmesser $d = 20$ mm		Gurt: $\alpha_G = 45°$	Diagonale: $\alpha_D = 0°$
untereinander	min a_1	89 mm	100 mm
	min $a_1 \cdot \sin \gamma$	63 mm	71 mm
	min a_2	60 mm	60 mm
	→ min $a_\perp$	71 mm	63 mm
‖ zum Rand	min $a_{3,c}$	99 mm	60 mm
	min $a_{3,t}$	140 mm	140 mm
⊥ zum Rand	min $a_{4,c}$	60 mm	60 mm
	min $a_{4,t}$	69 mm	60 mm
α = Winkel zwischen Kraft- und Faserrichtung im Gurt bzw. der Diagonale			

c) Mögliches Anschlussbild *Bild 11.10 (Buch)*

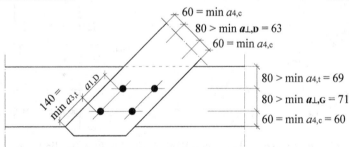

d) Tragfähigkeit des Anschlusses

$F_{v,Rd} = 14,35 \cdot 0,818 = 11,74$ kN pro Scherfuge *Tab. A-13.1*

$\Rightarrow F_{v,Rd,1} = 2 \cdot 11,74 = 23,48$ kN pro Stabdübel

n_{ef} : maßgebend: Diagonale, weil Kraft parallel zur Faser

$a_{1,D}$ = vorh. $a_{\perp,G}/\sin \gamma = 80/\sin45 = 113$ mm

$n_h = 2$ und $a_1/d = 113/20 = 5,66 \rightarrow k_{h,ef,0} = 0,758$ *Tab. A-11.2*

→ $n_{ef} = 0,758 \cdot 2 \cdot 2 = 3,032$ Stabdübel *Gl. (11.11)*

$\Rightarrow F_{v,Rd,ges} = 3,032 \cdot 23,48 = 71,19$ kN $> N_d = 70$ kN $(\eta = 0,98 < 1,0)$

99

e) Spannungsnachweis für Zugstab (Diagonale):   *Abschn. 7.1 u. 7.2*

Nachweis: $\sigma_{t,0,d} = 10 \cdot \dfrac{F_{t,0,d}}{A_n} \le k_{t,e} \cdot k_h \cdot f_{t,0,d}$ *Gl. (7.4)*

$A_{n,1} = 100 \cdot 200 - 2 \cdot 20 \cdot 100 = 16000$ mm^2 = 160 cm^2

$\sigma_{t,0,d} = 10 \cdot \dfrac{N_d/2}{A_{n,1}} = 10 \cdot \dfrac{70,0/2}{160} = 2,19$ N/mm^2

keine Verhinderung einer Verkrümmung durch Passbolzen o. Ä. $\Rightarrow k_{t,e} = 0,4$ *Tab. A-7.1*

$h = 200$ mm > 150 mm $\Rightarrow k_h = 1,0$ *Tab. A-3.5*

$f_{t,0,d} = 0,692 \cdot 14,0 = 9,69$ N/mm^2

Nachweis: 2,19 N/mm$^2 \le 0,4 \cdot 1,0 \cdot 9,69 = 3,88$ N/mm^2 ($\eta = 0,56 < 1$)

Beispiel 13-7

Gegeben: Anschluss eines zweiteiligen Riegels ($2 \times b/h = 2 \times 80/180$ mm) an eine Stütze
   ($b/h = 160/240$) mittels Stabdübel $\varnothing$ 16 (S 235).
   Material: Riegel C 24, Stütze GL 24h. NKL 1.
   $g_k = 1,40$ kN/m, $F_{p,k} = 17$ kN (KLED = mittel).

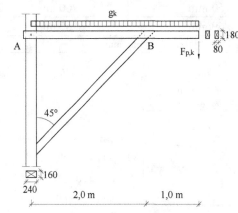

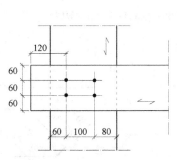

Gesucht: a) Größe der anzuschließenden Kraft N_d im Punkt A für die LK g+p.
   b) Überprüfung des Anschlusses hinsichtlich Querschnittsabmessungen,
   Mindestabständen und Tragfähigkeit.

Lösung:

a) Anzuschließende Kraft N_d:

Statisches System: Einfeldträger mit Kragarm:

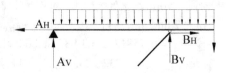

$\Sigma M_A = 1,35 \cdot 1,40 \cdot 3^2 / 2 + 1,5 \cdot 17 \cdot 3 - B_V \cdot 2 = 0$

$\Rightarrow B_V = 42,50$ kN

$\Sigma V = 42,50 - 1,35 \cdot 1,40 \cdot 3 - 1,5 \cdot 17 + A_V = 0 \Rightarrow A_V = -11,33$ kN (nach unten)

Knoten B: $B_H = B_V = 42,50$ kN wegen Anschlusswinkel 45°

$\Sigma H = -A_H + B_H = 0 \Rightarrow A_H = 42,50$ kN (nach links)

Auflager A:

Reaktionskräfte = Haltekräfte von Stütze auf Riegel

→ Resultierende Reaktionskraft = Kraft in Stütze:

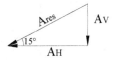

$$A_{\text{res,d}} = \sqrt{\left(42,5^2 + 11,33^2\right)} = 43,98 \text{ kN}$$

$$\alpha = \arctan\left(\frac{11,33}{42,50}\right) = 14,9 \approx 15°$$

Die „Aktionskraft" des Riegels (= Kraft von Riegel auf Stütze) geht nach rechts oben.

b) Überprüfung des Anschlusses:

- Mindestholzdicken:

Berechnung mit *Tab. A-13.1* und *Tab. A-13.2*

Eingangswerte: SH: $\alpha_{SH} = 15°$, MH: $\alpha_{MH} = 75°$

$\Rightarrow t_{SH,req} = 75 \cdot 1,0 = 75$ mm < 80 mm ✓ *Tab. A-13.1 u. Tab. A-13.2*

$\quad t_{MH,req} = 87 \cdot 0,953 = 82,9$ mm < 160 mm ✓

- Tragfähigkeit:

$F_{v,Rd} = 9,32 \cdot 0,727 \cdot \min(1,0; 1,049) = 6,78$ kN pro Scherfuge

$\Rightarrow F_{v,Rd,1} = 2 \cdot 6,78 = 13,56$ kN pro SDü

- Erforderliche Anzahl von Verbindungsmitteln:

$$\text{erf } n = \frac{N_d}{F_{v,Rd,1}} = \frac{43,98}{13,56} = 3,24 \text{ SDü} \qquad \text{Gl. (13.4)}$$

- Verbindungsmittelabstände:

Bezüglich der Findung der beanspruchten Ränder siehe Merksätze in *Abschnitt 11.6.2.*

Abstände im Riegel

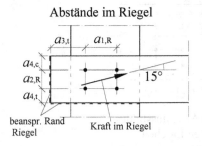

Abstände in Stütze

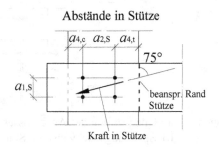

101

Anschlusswinkel $\gamma = 90°$ Durchmesser $d = 16$ mm		Riegel: $\alpha_R = 15°$	Stütze: $\alpha_S = 75°$
untereinander	$min\ a_1$	79 mm	57 mm
	$min\ a_1 \cdot \sin \gamma$	79 mm	57 mm
	$min\ a_2$	48 mm	48 mm
	$\rightarrow min\ a_\perp$	57 ≤ 60 mm ✓	79 ≤ 100 mm ✓
‖ zum Rand	$min\ a_{3,c}$		
	$min\ a_{3,t}$	112 ≤ 120 mm ✓	
⊥ zum Rand	$min\ a_{4,c}$	48 ≤ 60 mm ✓	48 ≤ 60 mm ✓
	$min\ a_{4,t}$	48 ≤ 60 mm ✓	63 ≤ 80 mm ✓

α = Winkel zwischen Kraft- und Faserrichtung im Gurt bzw. der Diagonale

→ Alle Mindestabstände eingehalten.

- Anzahl *wirksamer* Verbindungsmittel/Nachweis:

Anzahl der effektiv wirksamen Stabdübel (vgl. *Abschnitt 11.9*)

maßgebend: Riegel (da Kraft überwiegend in Faserrichtung):

$n_h = 2$ und $a_1/d = 100/16 = 6{,}25$ → $k_{h,ef,0} = 0{,}7765$ *Tab. A-11.2*

→ $k_{h,ef,\alpha} = 0{,}7765 + (1 - 0{,}7765) \cdot \dfrac{15}{90} = 0{,}814$ *Gl. (11.16)*

→ $n_{ef} = 0{,}814 \cdot 2 \cdot 2 = 3{,}26$ Stabdübel > erf $n = 3{,}24$ *Gl. (11.15)*

→ Nachweis eingehalten

Beispiel 13-8

Gegeben: Laschenstoß ($2 \times b/h = 2 \times 100/220$ mm) eines einteiligen Zugstabes ($b/h = 140/220$ mm) mittels Stabdübel und Passbolzen ∅ 20 mm (S 235 bzw. 4.6). Material: Zugstab und Laschen C 24, NKL 2.

               $F_{g,k} = 40{,}0$ kN, $F_{s,k} = 90{,}0$ kN (H über NN ≤ 1000 m).

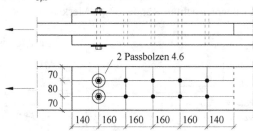

2 Passbolzen 4.6

Gesucht: a) Überprüfung des Anschlusses und des Anschlussbildes.

               b) Spannungsnachweise im Stab und in den Laschen.

Lösung:

Zusammenstellung der Schnittgrößen:

LK	$N_d$in [kNm]		KLED	k_{mod}	F_d/k_{mod}
g	1,35·40,0	= 54	ständig	0,6	90
s	1,5·90,0	= 135	kurz	0,9	150
g+s	54 + 135	= **189**	kurz	0,9	**210**

Maßgebender Lastfall: LK g+s mit F_d= 189 kN

a) Überprüfung des Anschlusses und des Anschlussbildes:

- Mindestholzdicken:
  $t_{SH,req}$ = 94 mm < 100 mm ✓, $t_{MH,req}$ = 78 mm < 140 mm ✓   *Tab. A-13.1*

- Tragfähigkeit:
  $F_{v,Rd}$ = 15,47 · 0,818 = 12,65 kN pro Scherfuge (Passbolzen vereinfacht wie SDü)
  $F_{v,Rd,1}$ = 2 · 12,65 = 25,30 kN   pro SDü

- Erforderliche Anzahl von Verbindungsmitteln:

  $$erf\ n \geq \frac{N_d}{F_{v,Rd,1}} = \frac{189}{25,30} = 7,47\ \text{Stabdübel}$$ *Gl. (13.4)*

- Anzahl *wirksamer* Verbindungsmittel/Nachweis:
  n_h = 5 und a_1 / d = 160/20 = 8 → $k_{h,ef,0}$ = 0,754   *Tab. A-11.2*
  → n_{ef} = 0,754·2·5 = 7,54 > 7,47 = *erf n*   *Gl. (11.11)*

  ⇒ $F_{v,Rd,ges}$= 7,54 · 25,30 = 190,76 kN > 189,0 kN   (η = 0,99 < 1,0)

Eine zusätzliche Tragreserve ist durch die 2 Passbolzen gegeben, deren Einhängeeffekt nicht angesetzt wurde.

- Verbindungsmittelabstände: *Tab. A-13.4*

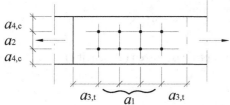

Anschlusswinkel γ= 0° Durchmesser d = 20 mm		α = 0°		
untereinander	*min a_1*	100	≤	160 mm ✓
	min a_2	60	≤	80 mm ✓
‖ zum Rand	*min $a_{3,c}$*			
	min $a_{3,t}$	140	≤	140 mm ✓
⊥ zum Rand	*min $a_{4,c}$*	60	≤	70 mm ✓
	min $a_{4,t}$			
α = Winkel zwischen Kraft und Faserrichtung				

b) Spannungsnachweise:

- Im Stab: *Abschn. 7.1 u. 7.2*

$A_n = 140 \cdot 220 - 2 \cdot 20 \cdot 140 = 25200 \text{ mm}^2 = 252 \text{ cm}^2$

$$\sigma_{t,0,d} = 10 \cdot \frac{F_{t,0,d}}{A_n} = 10 \cdot \frac{189}{252} = 7,50 \text{ N/mm}^2 \qquad \textit{Gl. (7.3)}$$

$$f_{t,0,d} = 0,692 \cdot 14,0 = 9,69 \text{ N/mm}^2 \qquad \textit{Tab. A-3.5}$$

$h = 220 \text{ mm} > 150 \text{ mm} \implies k_h = 1,0$

$$\implies \eta = \frac{7,50}{1,0 \cdot 9,69} = 0,77 < 1,0$$

- In den Laschen: *Abschn. 7.1 u. 7.2*

$A_n = 100 \cdot 220 - 2 \cdot 20 \cdot 100 = 18000 \text{ mm}^2 = 180 \text{ cm}^2$

$$F_{t,0,d} = \frac{F_d}{2} = \frac{189}{2} = 94,5 \text{ kN pro Lasche}$$

$$\sigma_{t,0,d} = 10 \cdot \frac{94,5}{180} = 5,25 \text{ N/mm}^2 \qquad \textit{Gl. (7.4)}$$

Verkrümmung der Lasche durch Passbolzen verhindert $\rightarrow$ $k_{t,e} = 2/3$

$h = 220 \text{ mm} > 150 \text{ mm} \implies k_h = 1,0$ *Tab. A-7.1*

$$\implies \eta = \frac{\sigma_{t,0,d}}{k_{t,e} \cdot k_h \cdot f_{t,0,d}} = \frac{5,25}{2/3 \cdot 1,0 \cdot 9,69} = 0,81 < 1,0 \qquad \textit{Gl. (7.4)}$$

Ausziehkraft für Passbolzen *Abschn. 7.2*

$$F_{t,d} = \frac{N_{a,d}}{n_R} \cdot \frac{t}{2 \cdot a} = \frac{94,5}{5} \cdot \frac{100}{2 \cdot 160} = 5,91 \text{kN} \qquad \textit{Gl. (7.5)}$$

$\implies$ aufzunehmende Kraft pro Passbolzen (U-Scheibe):

$F_{t,d} = 5,91 / 2 = 2,95 \text{ kN}$

Aufnehmbare Kraft:

M20: $R_{c,90,d} = 0,692 \cdot 27,69 = 19,16 \text{ kN}$ *Tab. A-8.2*

$F_{t,d} = 2,95 \text{ kN} <<< R_{c,90,d} = 19,16 \text{ kN} \quad (\eta = 0,15 < 1,0)$

Beispiel 13-9

Gegeben: Stoß eines einteiligen Zugstabes (b/h = 140/220 mm) mittels Stabdübeln und eingeschlitztem Blech (t_S = 8 mm).
$F_{g,k}$ = 40,0 kN, $F_{s,k}$ = 90,0 kN (H über NN ≤ 1000 m). Material: GL 30h (Verfügbarkeit nachfragen!), NKL 1.

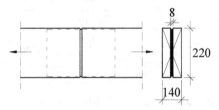

Gesucht: a) Dimensionierung des Anschlusses unter Verwendung von SDü ∅ 12 mm (S 235) und eventuell Verwendung zusätzlicher Passbolzen (4.6).
          b) Spannungsnachweis im Stab.

Lösung:

a) Dimensionierung des Anschlusses:

Maßgebende LK: g+s

F_d = 1,35 · 40,0 + 1,5 · 90,0 = 189,0 kN

• Mindestholzdicken:

$$t_{req} = 70 \cdot 0,902 = 63,14 \text{ mm} < vorh \; t = \frac{140-8}{2} = 66 \text{ mm} \quad \checkmark \qquad Tab. \; A\text{-}13.3 \; u. \; A\text{-}13.2$$

• Tragfähigkeit:

$F_{v,Rd}$ = 9,15 · 0,818 · 1,108 = 8,30 kN pro Scherfuge   *Tab. A-13.3 u. A-13.2*

$F_{v,Rd,1}$ = 2 · 8,30 = 16,60 kN pro SDü

Passbolzen näherungsweise wie Stabdübel.

• Erforderliche Anzahl von Verbindungsmitteln:

$$erf \; n \geq \frac{F_d}{F_{v,Rd,1}} = \frac{189}{16,60} = 11,39 \text{ SDü} \qquad\qquad Gl. \; (13.4)$$

• Verbindungsmittelabstände: *siehe Tab. A-13.4*

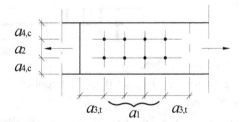

Anschlusswinkel $\gamma = 0°$ Durchmesser $d = 12$ mm		$\alpha = 0°$
untereinander	*min a_1*	60 mm
	min a_2	36 mm
‖ zum Rand	*min $a_{3,c}$*	
	min $a_{3,t}$	84 mm
⊥ zum Rand	*min $a_{4,c}$*	36 mm
	min $a_{4,t}$	
α = Winkel zwischen Kraft und Faserrichtung		

- Mögliche Anzahl nebeneinander liegender VM-Reihen:

$$n_n \le \frac{220 - 2 \cdot a_{4,c}}{a_2} + 1 = \frac{220 - 2 \cdot 36}{36} + 1 = 5,1 \qquad \text{Tab. 11.7}$$

- Anschlussbild

Gewählte VM-Abstände:

5 Reihen à 3 SDü wären möglich $\Rightarrow$ gewählt: 4 Reihen à 4 SDü hintereinander ($\rightarrow$ 4·4 = 16 SDü).

Anschlusswinkel $\gamma = 0°$ Durchmesser $d = 12$ mm		$\alpha = 0°$
untereinander	*min a_1*	60 $\rightarrow$ 80 mm ✓
	min a_2	36 $\rightarrow$ 40 mm ✓
‖ zum Rand	*min $a_{3,c}$*	
	min $a_{3,t}$	84 $\rightarrow$ 90 mm ✓
⊥ zum Rand	*min $a_{4,c}$*	36 $\rightarrow$ 50 mm ✓
	min $a_{4,t}$	
α = Winkel zwischen Kraft und Faserrichtung		

Anschlussbild:

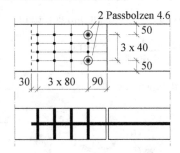

2 Passbolzen 4.6
50
3 x 40
50
30 | 3 x 80 | 90

- Anzahl *wirksamer* Verbindungsmittel/Nachweis:

$n_h = 4$ und $a_1 / d = 80/12 = 6,67$ $\rightarrow$ $k_{h,ef,0} = 0,737$ (interpoliert) $\qquad$ Tab. A-11.2

$\rightarrow n_{ef} = 0,737 \cdot 4 \cdot 4 = 11,79 >$ erf $n = 11,39$ $\quad$ ($\eta = 0,97 < 1,0$) $\qquad$ Gl. (11.11)

Eine zusätzliche Tragreserve ist durch die 2 Passbolzen gegeben, deren Einhängeeffekt nicht angesetzt wurde.

b) Spannungsnachweis: *Abschn. 7.1 u. 7.2*

$$A_{n,1} = \frac{140-8}{2} \cdot 220 - 4 \cdot 12 \cdot \frac{140-8}{2} = 11352 \text{ mm}^2 = 113,5 \text{ cm}^2$$

$$\sigma_{t,0,d} = 10 \cdot \frac{189/2}{113,5} = 8,32 \text{ N/mm}^2$$

$$f_{t,0,d} = 0,692 \cdot 24,0 = 16,61 \text{ N/mm}^2 \qquad\qquad\qquad \textit{Tab. A-3.6}$$

$h = 220$ mm < 240 mm $\Rightarrow k_h = 1,1$ (GL 30h!)   *Tab. A-3.6*

Sicherung durch Passbolzen: $k_{t,e} = 2/3$ *Tab. A-7.1*

$$\Rightarrow \eta = \frac{\sigma_{t,0,d}}{k_{t,e} \cdot k_h \cdot f_{t,0,d}} = \frac{8,32}{2/3 \cdot 1,1 \cdot 16,61} = 0,68 < 1,0 \qquad \textit{Gl. (7.4)}$$

Ausziehkraft für Passbolzen:

$$F_{t,d} = \frac{N_{a,d}}{n_R} \cdot \frac{t}{2 \cdot a} = \frac{189/2}{4} \cdot \frac{(140-8)/2}{2 \cdot 80} = 9,75 \text{ kN} \qquad \textit{Gl. (7.5)}$$

$\Rightarrow$ Ausziehkraft pro Passbolzen (U-Scheibe): $F_{t,d,1} = 9,75 / 2 = 4,87$ kN

Aufnehmbare Kraft:

M12: $R_{c,90,d} = 0,692 \cdot 10,33 = 7,15$ kN   *Tab A-8.2*

$F_{t,d,1} = 4,87$ kN $< R_{c,90,d} = 7,15$ kN   ($\eta = 0,68 < 1,0$)

Beispiel 13-10

Gegeben: Schräganschluss ($\gamma = 45°$) eines einteiligen Zugstabes ($b/h = 120/220$ mm) an einen zweiteiligen Obergurt ($2 \times b/h = 2 \times 80/260$ mm).
$F_{g,k} = 30,0$ kN, $F_{s,k} = 45,0$ kN (H über NN ≤ 1000 m).
Material: GL 30h (Verfügbarkeit nachfragen!), NKL 2.

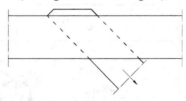

Gesucht: a) Dimensionierung des Anschlusses unter Verwendung von Stabdübeln $\varnothing$ 16 mm (S 235).
   b) Spannungsnachweis im Zugstab.

Lösung:

a) Dimensionierung des Anschlusses:

Maßgebende LK: g+s:

$N_d = 1,35 \cdot 30,0 + 1,5 \cdot 45,0 = 108$ kN

- Mindestholzdicken: *Tab. A-13.1 u. A-13.2*

  SH: $t_{SH,req} = 90 \cdot 0{,}902 = 81{,}20$ mm > 80 mm ($\to$ Abminderung von $F_{v,Rd}^{0}$)

  MH: $t_{MH,req} = 60 \cdot 0{,}902 = 54{,}1$ mm < 120 mm ✓

- Tragfähigkeit: Abminderung von $F_{v,Rd}^{0}$ mit $\dfrac{80}{81{,}20} = 0{,}985$

  $F_{v,Rd}^{0} = 0{,}818 \cdot 9{,}90 \cdot 0{,}985 \cdot 1{,}108 = 8{,}84$ kN pro Scherfuge   *Tab. A-13.1 u. A-13.2*

  Stabdübel: kein Einhängeeffekt $\to F_{v,Rd} = F_{v,Rd}^{0} = 8{,}84$ kN pro SF

  $F_{v,Rd,1} = 2 \cdot 8{,}84 = 17{,}68$ kN pro SDü

- Erforderliche Anzahl von Verbindungsmitteln:

  $$erf\ n \geq \frac{N_d}{F_{v,Rd,1}} = \frac{108}{17{,}68} = 6{,}11 \ \text{SDü}$$

- Verbindungsmittelabstände: *Tab. A-13.4*

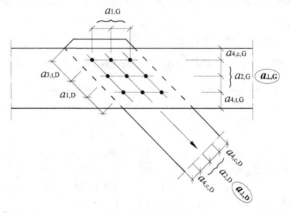

Anschlusswinkel $\gamma = 45°$ Durchmesser $\quad d = 16$ mm		Gurt: $\alpha_G = 45°$	Diagonale: $\alpha_D = 0°$
untereinander	*min a_1*	71 mm	80 mm
	min $a_1 \cdot \sin \gamma$	50 mm	57 mm
	min a_2	48 mm	48 mm
	$\to$ *min $a_\perp$*	57 mm	50 mm
‖ zum Rand	*min $a_{3,c}$*		
	min $a_{3,t}$		112 mm
$\perp$ zum Rand	*min $a_{4,c}$*	48 mm	48 mm
	min $a_{4,t}$	55 mm	
α = Winkel zwischen Kraft- und Faserrichtung im Gurt bzw. der Diagonale			

- Mögliche Anzahl nebeneinander liegender VM-Reihen: *Tab. 11.7*

Diagonale:

$$n_n \leq \frac{h - 2 \cdot a_{4,c}}{a_{\perp,D}} + 1$$ *Tab. 11.7*

$a_{\perp,D} = \max(50; 48) = 50$ mm

→ $n_n \leq \dfrac{220 - 2 \cdot 48}{50} + 1 = 3,48$

Untergurt:

$$n_n \leq \frac{h - a_{4,t} - a_{4,c}}{a_{\perp,G}} + 1$$ *Tab. 11.7*

$a_{\perp,G} = \max(57; 48) = 57$ mm

→ $n_n \leq \dfrac{260 - 55 - 48}{57} + 1 = 3,75$

⇒ gewählt 3 Reihen à 3 SDü   (→ 3·3 = 9 SDü)

- Anschlussbild

Gewählte VM-Abstände:

Anschlusswinkel $\gamma = 45°$ Durchmesser $d = 16$ mm		Gurt: $\alpha_G = 45°$	Diagonale: $\alpha_D = 0°$
untereinander	**min a_1**	71	80
	min $a_1 \cdot \sin \gamma$	50	57
	min a_2	48	48
	→ min $a_\perp$	57 → 70 mm	50 → 60 mm
‖ zum Rand	**min $a_{3,c}$**		
	min $a_{3,t}$		112 → 120 mm
⊥ zum Rand	**min $a_{4,c}$**	48 → 50 mm	48 → 50 mm
	min $a_{4,t}$	55 → 70 mm	
α = Winkel zwischen Kraft- und Faserrichtung im Gurt bzw. der Diagonale			

Anschlussbild:

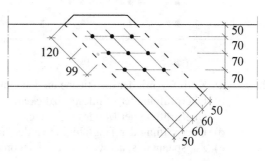

- Anzahl *wirksamer* Verbindungsmittel/Nachweis:

  Diagonale ist maßgebend, da Kraft $\parallel$ zur Faser!

  $a_{1,D} = a_{\perp,G} / \sin\gamma = 70 / \sin 45° = 99{,}0$ mm

  $n_h = 3$ und $a_{1,D} / d = 99{,}0/16 = 6{,}19$ $\rightarrow$ $k_{h,ef,0} = 0{,}744$ (interpoliert)   *Tab. A-11.2*

  $\rightarrow n_{ef} = 0{,}744 \cdot 3 \cdot 3 = 6{,}70 > 6{,}11 = \text{erf } n$ ✓   ($\eta = 0{,}91 < 1{,}00$)   *Gl. (11.11)*

b) Spannungsnachweis für Diagonale: *Abschn. 7.1 u. 7.2*

$A_n = 120 \cdot 220 - 3 \cdot 16 \cdot 120 = 20640$ mm² $= 206{,}4$ cm²

$$\sigma_{t,0,d} = 10 \cdot \frac{N_d}{A_n} = 10 \cdot \frac{108}{206{,}4} = 5{,}23 \text{ N/mm}^2 \qquad\qquad \textit{Gl. (7.3)}$$

$f_{t,0,d} = 0{,}692 \cdot 24{,}0 = 16{,}61$ N/mm²   *Tab. A-3.6*

GL 30h: $h = 220$ mm < 240 mm $\Rightarrow$ $k_h = 1{,}1$ *Tab. A-3.6*

Innenliegender Zugstab $\Rightarrow k_{t,e} = 1{,}0$

$$\Rightarrow \eta = \frac{\sigma_{t,0,d}}{k_{t,e} \cdot k_h \cdot f_{t,0,d}} = \frac{5{,}23}{1{,}0 \cdot 1{,}1 \cdot 16{,}61} = 0{,}29 < 1{,}0$$

Beispiel 13-11

Gegeben: Fachwerkknoten mit zwei eingeschlitzten Blechen. Stabdübeln $\varnothing$ 8 mm (S 235). $\gamma = 45°$. Alle Stäbe $b/h = 160/160$ mm, GL 30h (Verfügbarkeit nachfragen!). $D_d = 79{,}2$ kN, $Z_d = 112{,}0$ kN (NKL = 2, KLED = mittel).

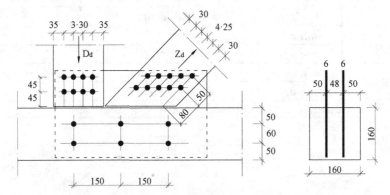

Gesucht: a) Kraft U_d, mit der die Bleche an den Untergurt anzuschließen sind.
               b) Überprüfung der Mindestholzdicken.
               c) Überprüfung der Mindestabstände.
               d) Überprüfung der Tragfähigkeiten der Anschlüsse.
               e) Zugspannungsnachweis für die Diagonale.

Lösung:

a) *Kraft U_d nach Pythagoras:*

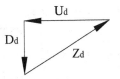

$$U_d = \sqrt{Z_d^2 - D_d^2} = \sqrt{112,0^2 - 79,2^2} = 79,2 \text{ kN}$$

parallel zum Untergurt

$\Rightarrow$ somit wirkt in jedem Stab die jeweilige Kraft parallel zur Faser.

b) *Mindestholzdicken:*

$t_{req} = 50 \cdot 0,902 = 45,1 \text{ mm} < 48 \text{ bzw. } 50 \text{ mm}$ ✓   *Tab. A-13.3 u. A-13.2*

c) *Mindestabstände:*   *Tab. A-13.4*

Bei allen Stäben $\alpha = 0°$

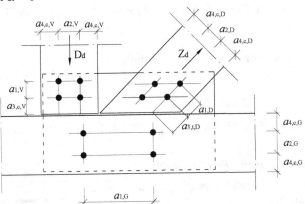

Durchmesser $d = 8$ mm		Gurt: $a_G = 0°$	Diagonale: $a_D = 0°$	Pfosten: $a_P = 0°$
untereinander	*min a_1*	$40 \leq 150$ mm ✓	$40 \leq 50$ mm ✓	$40 \leq 45$ mm ✓
	min a_2	$24 \leq 60$ mm ✓	$24 \leq 25$ mm ✓	$24 \leq 30$ mm ✓
$\parallel$ zum Rand	*min $a_{3,c}$*			$24 \leq 45$ mm ✓
	min $a_{3,t}$		$80 \leq 80$ mm ✓	
$\perp$ zum Rand	*min $a_{4,c}$*	$24 \leq 50$ mm ✓	$24 \leq 30$ mm ✓	$24 \leq 35$ mm ✓
	min $a_{4,t}$			
α = Winkel zwischen Kraft- und Faserrichtung im Gurt bzw. der Diagonale				

$\rightarrow$ Alle Mindestabstände eingehalten

d) *Tragfähigkeit des Anschlusses:*

$F_{v,Rd} = 4,51 \cdot 0,727 \cdot 1,108 = 3,63 \text{ kN pro Scherfuge}$ *Tab. A-13.4 u. A-13.3*

$\Rightarrow F_{v,Rd,1} = 4 \cdot 3,63 = 14,53 \text{ kN pro SDü}$ (4-schnittige Verbindung)

Diese Tragfähigkeit pro SDü ist in allen Stäben gleich groß, weil in allen Stäben die Kraft $\parallel$ Faser wirkt.

- Vertikalstab:

  Effektiv wirksame Anzahl Verbindungsmittel:

  $n_h = 2$ und $a_1 / d = 45/8 = 5,63$ → $k_{h,ef,0} = 0,757$ (interpoliert)　　　*Tab. A-11.2*

  → $n_{ef} = 0,757 \cdot 2 \cdot 4 = 6,056$ Stabdübel　　　*Gl. (11.11)*

  $F_{v,Rd,ges} = 6,056 \cdot 14,53 = 88,00$ kN $> D_d = 79,2$ kN　$(\eta = 0,90 < 1)$

- Diagonale:

  Effektiv wirksame Anzahl Verbindungsmittel:

  $n_h = 2$ und $a_1 / d = 50/8 = 6,25$ → $k_{h,ef,0} = 0,7765$ (interpoliert)　　*Tab. A-11.2*

  → $n_{ef} = 0,7765 \cdot 2 \cdot 5 = 7,765$ Stabdübel　　　*Gl. (11.11)*

  $F_{v,Rd,ges} = 7,765 \cdot 14,53 = 112,82$ kN $\approx Z_d = 112,0$ kN　$(\eta = 0,993 < 1)$

- Untergurt:

  Effektiv wirksame Anzahl Verbindungsmittel:

  $n_h = 3$ und $a_1 / d = 150/8 = 18,75$ → $k_{h,ef,0} = 1,0$　　　*Tab. A-11.2*

  → $n_{ef} = 1,0 \cdot 3 \cdot 2 = 6,0$ Stabdübel　　　*Gl. (11.11)*

  $F_{v,Rd,ges} = 6,0 \cdot 14,53 = 87,18$ kN $> U_d = 79,2$ kN　$(\eta = 0,91 < 1)$

e) *Zugspannungsnachweis für die Diagonale:*

Die äußeren Teile des Anschlusses (SH) werden einseitig beansprucht:

$\Rightarrow$ Nachweis mit $1/4 \cdot Z_d$ und $k_{t,e}$

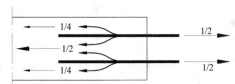

Das Mittelholz (MH) wird zentrisch beansprucht:

$\Rightarrow$ Nachweis mit $1/2 \cdot Z_d$ und $k_{t,e} = 1,0$

- Nachweis MH:

  $$A_{n,MH} = 48 \cdot (160 - 5 \cdot 8) = 5760 \, \text{mm}^2 = 57,6 \, \text{cm}^2$$

  $$N_d = \frac{Z_d}{2} = \frac{112}{2} = 56 \, \text{kN}$$

  $$\sigma_{t,0,d} = 10 \cdot \frac{N_d}{A_n} = 10 \cdot \frac{56}{57,6} = 9,72 \, \text{N/mm}^2$$

  $$f_{t,0,d} = 0,615 \cdot 24,0 = 14,76 \, \text{N/mm}^2$$　　　*Tab. A-3.6*

  GL 30h: $h = 160$ mm < 240 mm $\Rightarrow k_h = 1,1$　　　*Tab. A-3.6*

  $$\Rightarrow \eta = \frac{\sigma_{t,0,d}}{k_h \cdot f_{t,0,d}} = \frac{9,72}{1,1 \cdot 14,76} = 0,60 < 1,0$$

- Nachweis SH:

$$A_{n,SH} = 50 \cdot (160 - 5 \cdot 8) = 6000\,\text{mm}^2 = 60\ \text{cm}^2$$

$$N_d = \frac{Z_d}{4} = \frac{112}{4} = 28\ \text{kN}$$

$$\sigma_{t,0,d} = 10 \cdot \frac{N_d}{A_n} = 10 \cdot \frac{28}{60} = 4,67\ \text{N/mm}^2$$

Keine Verhinderung einer Verkrümmung durch Passbolzen o. ä.

$$\Rightarrow k_{t,e} = 0,4 \qquad\qquad\qquad\qquad\qquad\qquad\quad \textit{Tab. A-7.1}$$

$$f_{t,0,d} = 0,615 \cdot 24,0 = 14,76\ \text{N/mm}^2 \qquad\qquad\qquad \textit{Tab. A-3.6}$$

GL 30 h: $h = 220$ mm < 240 mm $\Rightarrow k_h = 1,1$ $\qquad\qquad$ *Tab. A-3.6*

$$\Rightarrow \eta = \frac{\sigma_{t,0,d}}{k_{t,e} \cdot k_h \cdot f_{t,0,d}} = \frac{4,67}{0,4 \cdot 1,1 \cdot 14,76} = 0,72 < 1,0$$

14 Nagelverbindungen

Beispiel 14-1

Gegeben: Anschluss einer innen liegenden Diagonale an einen zweiteiligen Untergurt mittels
Nägeln 3,8 × 100 vb (vorgebohrt). Material: Diagonale und Untergurt C 24.

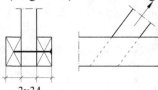

3x34

Gesucht: a) Überprüfung der Mindestholzdicken und Mindesteinschlagtiefe.

b) Bemessungswert der Tragfähigkeit $F_{v,Rd}$ eines Nagels
   (NKL = 1, KLED = mittel) per „Handrechnung" und per Tabelle.

Lösung:

Mit Handrechnung:

- Scherfuge I:

   Mindestholzdicken: t_{req}= 9 · d_n = 9 · 3,8 = 34,2 mm > 34 mm = t_{vorh} *Gl. (14.6)*

   $\Rightarrow$ Abminderung von $F^0_{v,Rk}$ für die Scherfuge I mit dem Faktor 34/34,2 = 0,994   *Gl. (14.9)*

- Scherfuge II:

   Mindestholzdicke (wie bei SF I):

   t_{req}= 34,2 mm > 34 mm = t_{vorh} $\Rightarrow$ Abminderung von $F^0_{v,Rk}$ mit dem Faktor 0,994

   Mindesteinschlagtiefe:

   $t_{E,req}$ = 9 · d_n = 34,2 mm > 100 – 34 – 34 = 32 mm = $t_{E,vorh}$ > min $t_{E,req}$ = 4 · d = 15,2 mm

   $\Rightarrow$ Abminderung von $F^0_{v,Rk}$ mit dem Faktor 32/34,2 = 0,936   *Gl. (14.10)*

   Für die Scherfuge II wird der kleinere Faktor maßgebend: 0,936   *Gl. (14.9)*

   Anzahl der wirksamen Scherfugen: 0,994 (SF I) + 0,936 (SF II) = 1,93

   $\Rightarrow$ Es liegt eine 1,93-schnittige Verbindung vor.

Tragfähigkeit:

$f_{h,k}$ = 27,61 N/mm² $\qquad$ $M_{y,Rk}$ = 5790 Nmm   *Tab. A-12.4*

$F^0_{v,Rk} = \sqrt{2 \cdot M_{y,Rk} \cdot f_{h,k} \cdot d} = \sqrt{2 \cdot 5790 \cdot 27,61 \cdot 3,8} = 1102$ N pro Scherfuge   *Gl. (14.8)*

Vorgebohrter Nagel: kein Einhängeeffekt $\rightarrow$ $\Delta F_{v,Rk} = 0$ *Tab. A-12.1*

$\Rightarrow F = F^0_{v,Rk} = 1102$ N pro SF   *Gl. (14.11a)*

$\Rightarrow F = 0,8/1,1 \cdot 1102 = 801,5$ N pro SF   *Gl. (14.11b)*

$\Rightarrow F = 1,93 \cdot 801,5 = 1547$ N pro Nagel

Mit Tabelle A-14.2:

Fuge I: $t_{req} = 35$ mm > 34 mm = t_{vorh} $\Rightarrow$ Abminderung mit Faktor 34 / 35 = 0,971

Fuge II: $t_{E,req} = 35$ mm > 32 mm = $t_{E,vorh}$ > min $t_{E,req} = 16$ mm

$\Rightarrow$ Abminderung mit Faktor 32 / 35 = 0,914

Vorgebohrter Nagel: kein Einhängeeffekt $\rightarrow$ $F = F_{v,Rk}^{0} = 1102$ N pro Scherfuge

$\Rightarrow F = 0,727 \cdot 1102 = 801$ N pro Scherfuge

$\Rightarrow F = (0,971 + 0,914) \cdot 801 = 1510$ N pro Nagel

---

Beispiel 14-2

Gegeben: Anschluss einer innen liegenden Diagonale an einen zweiteiligen Untergurt mittels
Nägeln 5,0 × 140. Material: Diagonale GL 24h, Untergurt C 24.

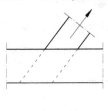

3x80

Gesucht: a) Überprüfung der Mindestholzdicken und Mindesteinschlagtiefe.
b) Bemessungswert der Tragfähigkeit $F_{v,Rd}$ eines Nagels
(NKL = 1, KLED = kurz) per „Handrechnung" und per Tabelle.

Lösung:

Mit Handrechnung:

- Mindestholzdicken:

Vollwertige Scherfuge: $t_{req} = 9 \cdot d_n = 9 \cdot 5,0 = 45,0$ mm < 80 mm = t_{vorh} *Gl. (14.6)*

wegen Spaltgefahr: $t_{Sp,req} = \max \begin{cases} 14 \cdot d \\ (13 \cdot d - 30) \cdot \rho_k / 200 \end{cases}$ *Gl. (14.1)*

Diagonale: $t_{2Sp,req} = \max \begin{cases} 14 \cdot 5,0 = 70 \text{ mm} < 80 \text{ mm} \\ (13 \cdot 5,0 - 30) \cdot 385 / 200 = 67,4 \text{ mm} < 80 \text{ mm} \end{cases}$

Untergurt: $t_{1Sp,req} = \max \begin{cases} 14 \cdot 5,0 = 70 \text{ mm} < 80 \text{ mm} \\ (13 \cdot 5,0 - 30) \cdot 350 / 200 = 61,3 \text{ mm} < 80 \text{ mm} \end{cases}$

- Mindesteinschlagtiefe:

$t_{E,req} = 9 \cdot d_n = 45,0$ mm < 140 – 80 = 60 mm = $t_{E,vorh}$ *Gl. (14.7)*

- Tragfähigkeit:

$f_{h,k} = 19,48$ N/mm²   *Tab. A-12.4*

(Der größere Wert für ρ_k bzw. die höhere Sortierklasse darf verwendet werden.)

$M_{y,Rk} = 11820$ Nmm

Tab. A-12.4

$$F^0_{v,Rk} = \sqrt{2 \cdot M_{y,Rk} \cdot f_{h,k} \cdot d} = \sqrt{2 \cdot 11820 \cdot 19,48 \cdot 5,0} = 1517 \text{ N pro Scherfuge}$$

Gl. (14.8)

Glattschaftiger Nagel: kein Einhängeeffekt → $\Delta F = 0$

Tab. A-12.1

$\Rightarrow F = F^0_{v,Rk} = 1517$ N pro SF

$\Rightarrow F = 0{,}9/1{,}1 \cdot 1517 = 1241$ N pro Scherfuge (= pro Nagel)

Gl. (14.11b)

Mit Tabelle A-14.2:

Wegen Spaltgefahr: Diagonale: $t_{Sp,req} = 70$ mm < 80 mm = t_{vorh} ✓

Untergurt: $t_{Sp,req} = 70$ mm < 80 mm = t_{vorh} ✓

Vollwertige Scherfuge: $t_{req} = 45$ mm < 80 mm

Mindesteinschlagtiefe $t_{E,req} = 45$ mm < 60 mm = $t_{E,vorh}$

$\Rightarrow$ keine Abminderung der Tragfähigkeit

Glattschaftiger Nagel: kein Einhängeeffekt → $F = F^0_{v,Rk} = 1517$ N pro Scherfuge

$\Rightarrow F_{v,Rd} = 0{,}818 \cdot 1517 = 1241$ N pro Scherfuge (= pro Nagel)

Beispiel 14-3

Gegeben: Anschluss einer zweiteiligen Diagonalen an einen innenliegenden Untergurt mittels Nägeln SoNa 6,0 × 80 – 3 vb. Material: Diagonale GL 28c, Untergurt GL 24h.

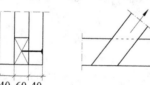

40 60 40

Gesucht: a) Überprüfung der Mindestholzdicken und Mindesteinschlagtiefe.
b) Bemessungswert der Tragfähigkeit $F_{v,Rd}$ eines Nagels
(NKL = 2, KLED = mittel) per „Handrechnung" und per Tabelle.

Lösung:

Mit Handrechnung:

- Mindestholzdicken:

$t_{req} = 9 \cdot d_n = 9 \cdot 6{,}0 = 54$ mm > 40 mm = t_{vorh}

Gl. (14.6)

$\Rightarrow$ Abminderung von $F^0_{v,Rk}$ mit dem Faktor 40/54 = 0,741

Gl. (14.9)

- Mindesteinschlagtiefe:

$t_{E,req} = 9 \cdot d_n = 54$ mm > $80 - 40 = 40$ mm = $t_{E,vorh}$ > min $t_{E,req} = 4 \cdot d = 24$ mm

$\Rightarrow$ Abminderung von $F^0_{v,Rk}$ mit dem Faktor 40/54 = 0,741

Bezüglich der Abminderung von $F_{v,Rk}^0$ wird der kleinere Faktor maßgebend, im vorliegenden Fall sind jedoch beide gleich groß.

- Tragfähigkeit:

$f_{h,k}$ = 30,06 N/mm² (die höhere Sortierklasse darf verwendet werden)   *Tab. A-12.4*

$M_{y,Rk}$ = 18990 Nmm   *Tab. A-12.4*

$$F_{v,Rk}^0 = \sqrt{2 \cdot M_{y,Rk} \cdot f_{h,k} \cdot d}$$ *Gl. (14.8)*

$$\Rightarrow F_{v,Rk}^0 = \sqrt{2 \cdot 18990 \cdot 30,06 \cdot 6,0} = 2617 \text{ N pro Scherfuge}$$

Abgemindert: $F_{v,Rk}^0$ = 0,741 · 2617 = 1939 N pro Scherfuge

Profilierter Nagel: Einhängeeffekt bei Holz-Holz-Verbindung nach NA vernachlässigt

→ $\Delta F = 0$ *Tab. A-12.1*

$$\Rightarrow F = F_{v,Rk}^0 = 1939 \text{ N pro SF}$$

$$\Rightarrow F = 0,8/1,1 \cdot 1939 = 1410 \text{ N pro Scherfuge (= Nagel)}$$ *Gl. (14.11b)*

Mit Tabelle A-14.2:

t_{req} = 54 mm > 40 mm = t_{vorh} $\Rightarrow$ Abminderung mit Faktor 40/54 = 0,741

$t_{E,req}$ = 54 mm > 40 mm = $t_{E,vorh}$ > 4d = 24 mm $\Rightarrow$ Abminderung mit Faktor 40/54 = 0,741

Profilierter Nagel: Einhängeeffekt bei Holz-Holz-Verbindung nach NA vernachlässigt

→ $F = F_{v,Rk}^0 = 0,741 \cdot 2617 = 1939$ N pro Scherfuge

→ $F = 0,727 \cdot 1939 = 1410$ N pro Scherfuge (= pro Nagel)

Beispiel 14-4

Gegeben: Zugstoß eines zweiteiligen Untergurtes eines Fachwerkträgers (Nagelbrettbinder) mit Holzlaschen und glattschaftigen Nägeln 4,2 × 120 vb. NKL 2. Alle Stäbe b/h = 33/100 mm, C 24.
$F_{g,k}$ = 10,2 kN, $F_{s,k}$ = 21,0 kN (H über NN ≤ 1000 m).

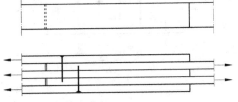

Gesucht: a) Dimensionierung des Anschlusses (Anzahl der Verbindungsmittel, Anschlussbild) für die LK g+s.
         b) Spannungsnachweise für Zugstab und Laschen.

Lösung:

Maßgebende Schnittgröße: $F_d = 1,35 \cdot 10,2 + 1,5 \cdot 21,0 = 45,27$ kN   (KLED = kurz)

a) Dimensionierung des Anschlusses: *Tab. A-14.2*

- Mindestholzdicken:

$t_{req}= 38$ mm > 33 mm $= t_{vorh}$

$\Rightarrow$ Abminderung der 1. und 2. Scherfuge mit dem Faktor $\dfrac{33}{38} = 0,868$

- Mindesteinschlagtiefe für 3. Scherfuge:

$t_{E,vorh} = 120 - 33 - 33 - 33 = 21$ mm $< t_{E,req} = 38$ mm

aber: $t_{E,vorh} = 21$ mm $> \min t_{E,req} = 17$ mm ✓

$\Rightarrow$ Abminderung der 3. Scherfuge mit dem Faktor $\dfrac{21}{38} = 0,553$

- Anzahl der wirksamen Scherfugen pro Nagel:

$n_{SF} = 0,868 + 0,868 + 0,553 = 2,289$ Scherfugen pro Nagel

- Tragfähigkeit:

Glattschaftige Nägel: kein Einhängeeffekt: $\Delta F_{v,Rk} = 0$

→ $F = F_{v,Rd}^0 = 0,818 \cdot 1317 = 1077$ N pro Scherfuge *Tab. A-14.2*

→ $F = 2,289 \cdot 1077 = 2465$ N $= 2,46$ kN pro Nagel

- Erforderliche Anzahl von Verbindungsmitteln:

$$erf\ n = \frac{F_d}{F_{v,Rd,1}} = \frac{45,27}{2,46} = 18,40 \text{ Nägel} \qquad \textit{Gl. (14.12)}$$

- Verbindungsmittelabstände: *Tab. A-14.4c*

  – Übergreifen der Nägel:

Nägel durchdringen die Mittellasche vollständig

→ keine gegenüberliegende Nagelung möglich.

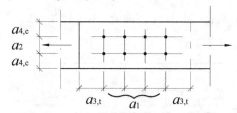

Anschlusswinkel $\gamma = 0°$ Durchmesser $d = 4,2$ mm		$\alpha = 0°$
untereinander	*min a_1*	21 mm
	min a_2	13 mm
‖ zum Rand	*min $a_{3,c}$*	
	min $a_{3,t}$	51 mm
⊥ zum Rand	*min $a_{4,c}$*	13 mm
	min $a_{4,t}$	
α = Winkel zwischen Kraft und Faserrichtung		

- Mögliche Anzahl nebeneinander liegender VM-Reihen:

$$n_n \leq \frac{h - 2 \cdot a_{4,c}}{a_2} + 1 = \frac{100 - 2 \cdot 13}{13} + 1 = 6,69 \qquad \textit{Tab 11.7}$$

$\Rightarrow$ 6 Verbindungsmittel-Reihen nebeneinander sind möglich.

Anzahl VM nebeneinander: *gewählt*: n_n = 4 Nägel

Anzahl VM hintereinander: *gewählt*: n_h = 5 Nägel

- Anzahl *wirksamer* Verbindungsmittel/Nachweis:

Nägel werden versetzt zur Faserrichtung angeordnet $\rightarrow$ $n_{ef} = n$ *Gl. (14.13)*

$n_{ef} = 4 \cdot 5 = 20 > 18,4 = erf\ n$

- Anschlussbild:
  - Gewählte Abstände:

Anschlusswinkel $\gamma = 0°$ Durchmesser $d = 4,2$ mm		$\alpha = 0°$
untereinander	*min a_1*	21 → 25 mm ✓
	min a_2	13 → 20 mm ✓
‖ zum Rand	*min $a_{3,c}$*	
	min $a_{3,t}$	51 → 60 mm ✓
⊥ zum Rand	*min $a_{4,c}$*	13 → 20 mm ✓
	min $a_{4,t}$	
α = Winkel zwischen Kraft und Faserrichtung		

Anschlussbild:

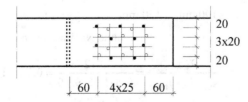

119

b) Spannungsnachweise: *nach Abschn. 7.1 u. 7.2*

Querschnittsschwächung durch Nägel, da vorgebohrt

$\Rightarrow A_n = A_b - \Delta A_{Nä} = 100 \cdot 33 - (4 \cdot 33 \cdot 4,2) = 2745,6 \text{ mm}^2 = 27,46 \text{ cm}^2$

Die Kraft verteilt sich entsprechend der Wirksamkeit der Scherfugen:

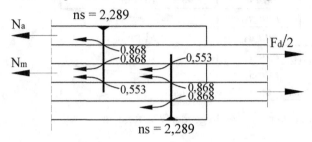

Zugstab: $F_d/2 = 45,27/2 = 22,64 \text{ kN}$

Mittellasche: $N_{m,d} = 2 \cdot \dfrac{(0,868 + 0,553)}{2,289} \cdot \dfrac{F_d}{2} = 2 \cdot \dfrac{1,421}{2,289} \cdot \dfrac{45,27}{2} = 28,10 \text{ kN}$

Außenlasche: $N_{a,d} = \dfrac{0,868}{2,289} \cdot \dfrac{F_d}{2} = \dfrac{0,868}{2,289} \cdot \dfrac{45,27}{2} = 8,58 \text{ kN}$

<u>Zugstab:</u> $\sigma_{t,0,d} = 10 \cdot \dfrac{F_{t,0,d}}{A_n} = 10 \cdot \dfrac{22,64}{27,46} = 8,24 \text{ N/mm}^2$

$f_{t,0,d} = 0,692 \cdot 14,0 = 9,69 \text{ N/mm}^2$ *Tab. A-3.5*

$h = 100 \text{ mm} < 150 \text{ mm} \Rightarrow k_h = 1,08$ *Tab. A-3.5*

$\Rightarrow \dfrac{\sigma_{t,0,d}}{k_h \cdot f_{t,0,d}} = \dfrac{8,24}{1,08 \cdot 9,69} = 0,79 < 1$ *Gl. (7.3)*

<u>Mittellasche:</u> $\sigma_{t,0,d} = 10 \cdot \dfrac{N_{a,d}}{A_n} = 10 \cdot \dfrac{28,10}{27,46} = 10,23 \text{ N/mm}^2$

$h = 100 \text{ mm} < 150 \text{ mm} \Rightarrow k_h = 1,08$ *Tab. A-3.5*

$\Rightarrow \dfrac{\sigma_{t,0,d}}{k_h \cdot f_{t,0,d}} = \dfrac{10,23}{1,08 \cdot 9,69} = 0,98 < 1$

<u>Außenlaschen:</u> (einseitig beansprucht → Nachweis mit $k_{t,e}$):

$\sigma_{t,0,d} = 10 \cdot \dfrac{F_{t,0,d}}{A_n} = 10 \cdot \dfrac{8,58}{27,46} = 3,12 \text{ N/mm}^2$

$h = 100 \text{ mm} < 150 \text{ mm} \Rightarrow k_h = 1,08$ *Tab. A-3.5*

$k_{t,e} = 0,4$ (ohne Nachweis von $F_{t,d}$) *Tab. A-7.1*

$\Rightarrow \dfrac{\sigma_{t,0,d}}{k_{t,e} \cdot k_h \cdot f_{t,0,d}} = \dfrac{3,12}{0,4 \cdot 1,08 \cdot 9,69} = 0,74 < 1$ *Gl. (7.4)*

Beispiel 14-5

Gegeben: Schräganschluss ($\alpha = 45°$) eines zweiteiligen Zugstabes ($2 \times b/h = 2 \times 80/220$ mm) an einen innen liegenden Obergurt ($b/h = 100/280$ mm) mittels Nägel 6,0 × 180 vb. Material C 24, NKL 2.
$F_{g,k} = 28,0$ kN, $F_{s,k} = 38,0$ kN (H über NN ≤ 1000 m).

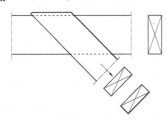

Gesucht: a) Dimensionierung des Anschlusses für LK g+s
              (Anzahl der Verbindungsmittel, Anschlussbild).
          b) Spannungsnachweis für den Zugstab.

Lösung:

Maßgebende Schnittgröße: $F_d = 1,35 \cdot 28,0 + 1,5 \cdot 38,0 = 94,8$ kN   (KLED = kurz)

a) Dimensionierung des Anschlusses: Tab. A-14.2

• Mindestholzdicken/Mindesteinschlagtiefen:

t_{req} = 54 mm < 80 mm (Zugstab) bzw. 100 mm (Obergurt) = t_{vorh} ✓
$t_{E,req}$ = 54 mm < 180 – 80 = 100 mm = $t_{E,vorh}$ ✓

   $\Rightarrow$ keine Abminderung von $F_{v,Rk}^0$ erforderlich

• Anzahl wirksamer Scherfugen pro Nagel:
Einschnittige Verbindung → $n = 1,0$

• Tragfähigkeit:
Nägel vorgebohrt → kein Einhängeeffekt   Tab. A-12.1

→ $F_{v,Rd} = F_{v,Rd}^0 = 0,818 \cdot 2479$ N = 2028 N = 2,03 kN pro Scherfuge   Tab. A-14.2

→ $F_{v,Rd,1} = 2,03$ kN pro Nagel (einschnittige Verbindung)

• Erforderliche Anzahl von Verbindungsmitteln:

$erf\ n = \dfrac{F_d}{F_{v,Rd,1}} = \dfrac{94,8}{2,03} = 46,7$ Nägel insgesamt → 24 Nägel je Seite

- Verbindungsmittelabstände: *Tab. A-14.4c*
  - Übergreifen der Nägel (*Abschnitt 14.3.3.2*):

  Abstand der Nagelspitze von der nächsten Scherfuge = 0 mm
  → Nägel dürfen sich nicht übergreifen
  → versetzte Nagelung erforderlich

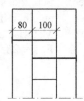

  - Mindestabstände:

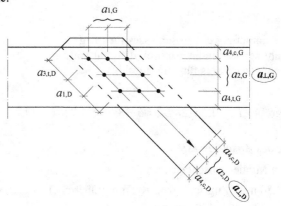

Anschlusswinkel $\gamma = 45°$ Durchmesser $d = 5,0$ mm		Gurt: $\alpha_G = 45°$	Diagonale: $\alpha_D = 0°$
untereinander	*min a_1*	29 mm	30 mm
	min $a_1 \cdot \sin \gamma$	20,5 mm	21,2 mm
	min a_2	23 mm	18 mm
	→ *min $a_\perp$*	23 mm	20,5 mm
‖ zum Rand	*min $a_{3,c}$*		
	min $a_{3,t}$		72 mm
⊥ zum Rand	*min $a_{4,c}$*	18 mm	18 mm
	min $a_{4,t}$	35 mm	
α = Winkel zwischen Kraft- und Faserrichtung im Gurt bzw. der Diagonale			

  - Mögliche Anzahl nebeneinander liegender VM-Reihen: *Abschn. 11.8, Tab. 11.7*

Diagonale:

$$n_{n,D} \leq \frac{h_D - 2 \cdot a_{4,c}}{a_{\perp,D}} + 1$$

Tab. 11.7

$a_{\perp,D} = \max(20,5;\ 18) = 20,5 \text{ mm}$

$\rightarrow n_{n,D} \leq \frac{220 - 2 \cdot 18}{20,5} + 1 = 8,98 \rightarrow$ 8 Reihen möglich

Untergurt:

$$n_{n,G} \leq \frac{h_G - a_{4,t} - a_{4,c}}{a_{\perp,G}} + 1$$

Tab. 11.7

$a_{\perp,G} = \max(21,2;\ 23) = 23 \text{ mm}$

$\rightarrow n_{n,G} \leq \frac{280 - 35 - 18}{23} + 1 = 9,9 \rightarrow$ 9 Reihen möglich

$\rightarrow$ Gewählt: $n_{n,D} = 6$ Reihen und $n_{n,G} = 8$ Reihen $\rightarrow$ 6 × 8 = 48 Nägel je Seite

- Anzahl *wirksamer* Verbindungsmittel/Nachweis:
  Nägel werden versetzt zur Faserrichtung angeordnet $\rightarrow n_{ef} = n$ Gl. (14.13)
  $n_{ef} = 48 > 46,7 = erf\, n$

- Anschlussbild:
  – Gewählte VM-Abstände:

Anschlusswinkel $\gamma = 45°$ Durchmesser $d = 5,0$ mm		Gurt: $\alpha_G = 45°$	Diagonale: $\alpha_D = 0°$
untereinander	min a_1	29 mm	30 mm
	min $a_1 \cdot \sin \gamma$	20,5 mm	21,2 mm
	min a_2	23 mm	18 mm
	$\rightarrow$ min $a_\perp$	23 $\rightarrow$ 30 mm	20,5 $\rightarrow$ 30 mm
|| zum Rand	min $a_{3,c}$		
	min $a_{3,t}$		72 $\rightarrow$ 80 mm
$\perp$ zum Rand	min $a_{4,c}$	18 $\rightarrow$ 30 mm	18 $\rightarrow$ 35 mm
	min $a_{4,t}$	35 $\rightarrow$ 40 mm	

α = Winkel zwischen Kraft- und Faserrichtung im Gurt bzw. der Diagonale

Anschlussbild:

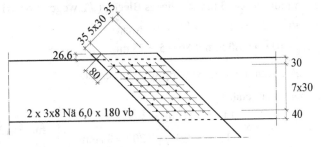

2 x 3x8 Nä 6,0 x 180 vb

b) Spannungsnachweis für den Zugstab:

nach Abschn. 7.1 u. 7.2

- ohne ausziehfeste Nägel

  Nägel vorgebohrt $\Rightarrow$ Querschnittsschwächung

  $A_n = b \cdot h - n_n \cdot d \cdot b = 80 \cdot 220 - 7 \cdot 6{,}0 \cdot 80 = 14240 \text{ mm}^2 = 142{,}4 \text{ cm}^2$

  $$F_{t,0,d} = \frac{F_d}{2} = \frac{94{,}8}{2} = 47{,}4 \text{ kN}$$

  $$\sigma_{t,0,d} = 10 \cdot \frac{F_{t,0,d}}{A_n} = 10 \cdot \frac{47{,}4}{142{,}4} = 3{,}33 \text{ N/mm}^2$$

  $f_{t,0,d} = 0{,}692 \cdot 14{,}0 = 9{,}69 \text{ N/mm}^2$ *Tab. A-3.5*

  $h = 220 \text{ mm} > 150 \text{ mm} \Rightarrow k_h = 1{,}0$ *Tab. A-3.5*

  $$\Rightarrow \eta = \frac{\sigma_{t,0,d}}{k_{t,e} \cdot k_h \cdot f_{t,0,d}} = \frac{3{,}33}{0{,}4 \cdot 1{,}0 \cdot 9{,}69} = 0{,}86 \le 1$$

Beispiel 14-6

Gegeben: Anschluss einer Diagonalen (b/h = 120/160 mm) an einen Untergurt mittels Bär-Ankernägeln $6 \times 80 - 3$ und außen liegendem Stahlblech, $t_S = 5$ mm.

                Material: Diagonale und Untergurt C 24.

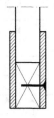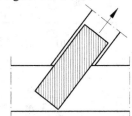

Gesucht: a) Überprüfung der Mindestholzdicken und Mindesteinschlagtiefe.

             b) Bemessungswert der Tragfähigkeit eines Nagels $F_{v,Rd}$ unter Abscher-beanspruchung für NKL = 2 und KLED = mittel.

Lösung:

Mit Handrechnung:

- Mindestholzdicken, Mindesteinschlagtiefen:

  $t_S = 5 \text{ mm} > d/2 = 3 \text{ mm} \Rightarrow$ dickes Blech   ($d/2$ wegen SoNa 3)   *Tab. 12.4*

  $t_{req} = 10 \cdot d = 60 \text{ mm} < 120 \text{ mm} = t_{vorh}$ ✓   *Tab. 14.5*

  $t_{E,req} = 10 \cdot d = 60 \text{ mm} < 80 - 5 = 75 \text{ mm} = t_{E,vorh}$ ✓

  $\Rightarrow$ keine Abminderung von $F_{v,Rk}^0$ erforderlich

  Wegen Spaltgefahr:

  $$t_{Sp,req} = \max \begin{cases} 14 \cdot d = 84 \text{ mm} \\ (13 \cdot d - 30) \cdot \rho_k / 200 = 84 \text{ mm} \end{cases} = 84 \text{ mm} < 120 \text{ mm} \quad ✓$$

- Tragfähigkeit:

$f_{h,k} = 16{,}77 \text{ N/mm}^2$, $M_{y,k} = 18990 \text{ Nmm}$ *Tab. A-12.4*

$$F_{v,Rk}^0 = 1{,}4 \cdot \sqrt{2 \cdot M_{y,Rk} \cdot f_{h,,k} \cdot d} = 1{,}4 \cdot \sqrt{2 \cdot 18990 \cdot 16{,}77 \cdot 6}$$ *Gl. (14.16) u. Tab. 14.5*

$$= 2737 \text{ N pro Scherfuge/Nagel}$$

Einschnittige Stahlblech-Holz-Nagelverbindung mit SoNa-3:

Erhöhung von $F_{v,Rk}$ um den Wert $\Delta F_{v,Rk}$:   *Tab. A-12.1*

$$\Delta F_{v,Rk} = \min \begin{Bmatrix} 0{,}25 \cdot F_{ax,Rk} \\ 0{,}5 \cdot F_{v,Rk}^0 \end{Bmatrix} \quad \text{mit} \quad F_{ax,Rk} = \min \begin{Bmatrix} f_{ax,k} \cdot d \cdot \ell_{ef} \\ f_{head,k} \cdot d_h^2 \end{Bmatrix}$$

(Kopfdurchziehen entfällt bei außenliegenden Stahlblechen)

$\min \ell_{ef} = 8 \cdot d = 48 \text{ mm}$

$$\ell_{ef} = \min \begin{cases} 80 - 5 = 75 \text{ mm} \\ \ell_g = 62 \text{ mm} \end{cases}$$ *Tab. A-14.1*

$\Rightarrow F_{ax,Rk} = 55 \cdot 10^{-6} \cdot 350^2 \cdot 6 \cdot 62 = 2506 \text{ N}$ *Tab. 14.7*

$$\Delta F_{v,Rk} = \min \begin{Bmatrix} 0{,}25 \cdot 2506 = 627 \\ 0{,}5 \cdot 2737 = 1369 \end{Bmatrix} = 627 \text{ N}$$

$\Rightarrow F_{v,Rk} = F_{v,Rk} + \Delta F_{v,Rk} = 2737 + 627 = 3364 \text{ N pro SF}$

$\Rightarrow F_{v,Rd} = 0{,}8/1{,}1 \cdot 3364 = 2447 \text{ N} = 2{,}45 \text{ kN pro Scherfuge (= pro Nagel)}$

Mit Tabellenrechnung: *Tab. A-14.2*

t_{req} $= 54 \cdot 1{,}111 = 60 \text{ mm} < 120 \text{ mm} = t_{vorh}$

$t_{Sp,req}$ $= 84 \text{ mm} < 120 \text{ mm} = t_{vorh}$ (Spaltgefahr)

$t_{E,req}$ $= 54 \cdot 1{,}111 = 60 \text{ mm} < 80 - 5 = 75 \text{ mm} = t_{E,vorh}$

$F_{v,Rd}^0$ $= 0{,}727 \cdot 1955 \cdot 1{,}4 = 1990 \text{ N} = 1{,}99 \text{ kN pro Scherfuge (= pro Nagel)}$ $(\gamma_M = 1{,}1)$

$$\min \ell_{ef} = 8 \cdot d = 48 \text{ mm} < \min \begin{cases} 80 - 5 = 75 \text{ mm} \\ \ell_g = 62 \text{ mm} \end{cases}$$ *Tab. A-14.1*

$F_{ax,Rd} = F_{ax,Rd}^\ell = 0{,}615 \cdot 2{,}51 = 1{,}54 \text{ kN}$ $(\gamma_M = 1{,}3)$ *Tab. A-14.6*

$$\Delta F_{v,Rd} = \min \begin{Bmatrix} 0{,}25 \cdot F_{ax,Rd} = 0{,}25 \cdot 1{,}54 = 0{,}39 \\ 0{,}5 \cdot F_{v,Rd}^0 = 0{,}5 \cdot 1{,}99 = 1{,}00 \end{Bmatrix} = 0{,}39 \text{ kN}$$

$\Rightarrow F_{v,Rd} = 1{,}99 + 0{,}39 = 2{,}38 \text{ kN pro Scherfuge (= pro Nagel)}$

Dieser Wert liegt auf der sicheren Seite, weil der Tabellenwert für $F_{ax,Rd}$ mit $\gamma_M = 1{,}3$ berechnet wurde, und nicht − wie in diesem Fall möglich − mit $\gamma_M = 1{,}1$ (siehe Anmerkung *Abschnitt 14.5.1*).

Beispiel 14-7

Gegeben: Anschluss einer Stabdiagonalen mit Stahlformteil (t_S = 5 mm) und mit Bär-Ankernägeln 4,0 × 100 – 3. Material C 24, NKL 2.

Beanspruchung in [kN]		g	s H über NN ≤ 1000 m	w
Abscheren	$F_{v,Ek}$	1,20	1,70	0,80
Herausziehen	$F_{ax,Ek}$	0,80	1,09	0,55

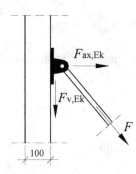

Gesucht: Anzahl der erforderlichen Nägel für die LK g+s+w.

Lösung:

- Maßgebende Schnittgrößen:

  $F_{v,Ed}$ = 1,35 · 1,20 + 1,5 · 1,70 + 0,6 · 1,5 · 0,80 = 4,89 kN

  $F_{ax,Ed}$ = 1,35 · 0,80 + 1,5 · 1,09 + 0,6 · 1,5 · 0,55 = 3,21 kN

- Tragfähigkeiten:

  t_S = 5 mm > $d/2$ = 2 mm ⇒ dickes Blech ($d/2$ wegen SoNa 3) *Tab. 12.4*

  t_{req} = 36 · 1,111 = 40 mm < 100 mm = t_{vorh} ✓ *Tab. A-14.2*

  $t_{Sp,req}$ = 56 mm < 100 mm (Spaltgefahr) ✓

  $t_{E,req}$ = 36 · 1,111 = 40 mm < 100 – 5 = 95 mm = $t_{E,vorh}$ ✓

  $F_{v,Rd}^0$ = 0,909 · 1001 · 1,4 = 1274 N = 1,27 kN pro SF (= pro Nagel) *Tab. A-14.2*

  min ℓ_{ef} = 8 · d = 32 mm *Tab. A-14.5*

  $\ell_{ef} = \min \begin{cases} 100-5=95 \text{ mm} \\ \ell_g = 69 \text{ mm} \end{cases}$ *Tab. A-14.1*

  ⇒ $F_{ax,Rd}$ = $F_{ax,Rd}^{\ell}$ = 0,769 · 1,86 = 1,43 kN (γ_M = 1,3) *Tab. A-14.6*

  $\Delta F_{v,Rd} = \min \begin{cases} 0,25 \cdot F_{ax,Rd} = 0,25 \cdot 1,43 = 0,36 \\ 0,5 \cdot F_{v,Rd}^0 = 0,5 \cdot 1,27 = 0,64 \end{cases} = 0,36 \text{ kN}$

  ⇒ $F_{v,Rd}$ = 1,27 + 0,36 = 1,63 kN pro SF (= pro Nagel)

Dieser Wert liegt auf der sicheren Seite, weil der Tabellenwert für $F_{ax,Rd}$ mit $\gamma_M = 1,3$ berechnet wurde, und nicht – wie in diesem Fall möglich – mit $\gamma_M = 1,1$ (siehe Anmerkung *Abschnitt 14.5.1*).

• Nachweis auf kombinierte Beanspruchung: *Gl. (14.21)*

$$erf\ n \geq \left[\left(\frac{F_{ax,Ed}}{F_{ax,Rd}} \right)^m + \left(\frac{F_{v,Ed}}{F_{v,Rd}} \right)^m \right]^{1/m} = \left[\left(\frac{3,21}{1,43} \right)^2 + \left(\frac{4,89}{1,63} \right)^2 \right]^{1/2} = 3,75\ \text{Nägel}$$

Beispiel 14-8

Gegeben: Zugstoß eines zweiteiligen Untergurtes ($2 \times b/h = 2 \times 30/100$ mm) eines Fachwerkträgers (Nagelbrettbinder) mit innen liegendem Stahlblech ($t_s = 5$ mm) und Nägeln $3,0 \times 60$ vb. Material: C 24, NKL 2.
Belastung: $F_{g,k} = 13,3$ kN, $F_{s,k} = 26,6$ kN (H über NN ≤ 1000 m).

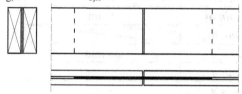

Gesucht: a) Dimensionierung des Anschlusses für LK g+s (Anzahl der Verbindungsmittel, Anschlussbild).
b) Zeigen Sie, dass der Spannungsnachweis für den Zugstab auch bei Anordnung von ausziehfesten Verbindungsmitteln nicht eingehalten ist.

Lösung:

a) Dimensionierung des Anschlusses:

Maßgebende LK g+s: $F_d = 1,35 \cdot 13,3 + 1,5 \cdot 26,6 = 57,86$ kN

• Mindestholzdicken/Mindesteinschlagtiefen: *Tab. A-14.2*

$t_{req}\ \ = 27 \cdot 1,111 = 30$ mm $= 30$ mm
$t_{E,req}\ = 27 \cdot 1,111 = 30$ mm $> 60 - 5 - 30 = 25$ mm

$\Rightarrow$ Abminderung von $F_{v,Rk}^0$ der letzten Scherfuge mit dem Faktor $\dfrac{25}{30} = 0,833$

• Anzahl der wirksamen Scherfugen pro Nagel:

$n_{ef} = 1 + 0,833 = 1,833 \quad \Rightarrow \quad 1,833$-schnittige Verbindung

• Tragfähigkeit:

Glattschaftige Nägel: kein Einhängeeffekt $\rightarrow$ $F_{v,Rd} = F_{v,Rd}^0$

$F_{v,Rd} = 0,818 \cdot 723 \cdot 1,4 = 828$ N pro SF *Tab. A-14.2*

$\rightarrow F_{v,Rd,1} = 1,833 \cdot 828 = 1518$ N $= 1,518$ kN pro Nagel

- erf. Anzahl von Verbindungsmitteln:

$$erf\ n \geq \frac{F_d}{F_{v,Rd}} = \frac{57,86}{1,518} = 38,1\ \text{Nägel}$$ *Gl. (14.12)*

- Verbindungsmittelabstände: *Tab. A-14.4c*

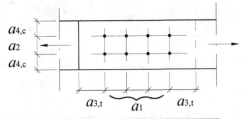

Anschlusswinkel $\gamma = 0°$ Durchmesser $\quad d = 3,0$ mm		$\alpha = 0°$
untereinander	*min a_1*	15 mm
	min a_2	9 mm
|| zum Rand	*min $a_{3,c}$*	
	min $a_{3,t}$	36 mm
⊥ zum Rand	*min $a_{4,c}$*	9 mm
	min $a_{4,t}$	
α = Winkel zwischen Kraft und Faserrichtung		

- Mögliche Anzahl von VM-Reihen nebeneinander:

$$n_n \leq \frac{h - 2 \cdot a_{4,c}}{a_2} + 1 = \frac{100 - 2 \cdot 9}{9} + 1 = 10,1$$ *Tab. 11.7*

$\Rightarrow$ gewählte Anordnung: $n_n \cdot n_h = 10 \times 4$ Nägel

- Anzahl *wirksamer* Verbindungsmittel/Nachweis:

Versetzte Nagelanordnung $\rightarrow$ $n_{ef} = n = 10 \cdot 4 = 40 > 38,1 = $ erf n *Gl. (14.13)*

- Anschlussbild:
  - Gewählte Verbindungsmittelabstände:

Anschlusswinkel $\gamma = 0°$ Durchmesser $\quad d = 3,0$ mm		$\alpha = 0°$
untereinander	*min a_1*	15 $\rightarrow$ 30 mm
	min a_2	9 $\rightarrow$ 9 mm
|| zum Rand	*min $a_{3,c}$*	
	min $a_{3,t}$	36 $\rightarrow$ 40 mm
⊥ zum Rand	*min $a_{4,c}$*	9 $\rightarrow$ 9 mm
	min $a_{4,t}$	
α = Winkel zwischen Kraft und Faserrichtung		

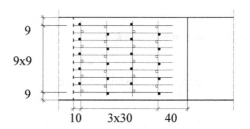

Anschlussbild:

9

9x9

9

10   3x30   40

b) Spannungsnachweis für Zugstab: *nach Abschn. 7.1 u. 7.2*

$A_n = 30 \cdot 100 - 30 \cdot 10 \cdot 3,0 = 2100 \text{ mm}^2 = 21,0 \text{ cm}^2$

$\sigma_{t,0,d} = 10 \cdot \dfrac{F_d/2}{A_n} = 10 \cdot \dfrac{57,86/2}{21,0} = 13,78 \text{ N/mm}^2$ *Gl. (7.3)*

Vorgebohrte Nägel: $k_{t,e} = 0,4$ *Tab. A-7.1*

$f_{t,0,d} = 0,692 \cdot 14,0 = 9,69 \text{ N/mm}^2$ *Tab. A-3.5*

$h = 100 \text{ mm} < 150 \text{ mm} \Rightarrow k_h = 1,08$

$\Rightarrow \dfrac{13,78}{0,4 \cdot 1,08 \cdot 9,69} = 3,30 \gg 1 \ !$

Annahme: ausziehfeste Verbindungsmittel: $k_{t,e} = 2/3$ *Tab. A-7.1*

$h = 100 \text{ mm} < 150 \text{ mm} \Rightarrow k_h = 1,08$ *Tab. A-3.5*

$\Rightarrow \dfrac{13,78}{2/3 \cdot 1,08 \cdot 9,69} = 1,97 \gg 1 \ !$

Hinweis: Vorgebohrte glattschaftige Nägel dürfen nicht auf Herausziehen beansprucht
werden.

Beispiel 14-9

Gegeben: Anschluss eines zweiteiligen Diagonalstabes (Zugkraft) $(2 \times b/h = 2 \times 65/120 \text{ mm})$
an innen liegenden Untergurt $(b/h = 100/180 \text{ mm})$ mit Nägeln $7,0 \times 200$ vb unter
einem Winkel von $\gamma = 45°$.
Material: Diagonale und Untergurt C 24, NKL 2.
Belastung: $F_{g,k} = 12,0 \text{ kN}$, $F_{s,k} = 20,0 \text{ kN}$ (H über NN ≤ 1000 m).

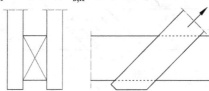

Gesucht: a) Dimensionierung des Anschlusses für LK g+s (Anzahl der Nägel,
Anschlussbild).
b) Spannungsnachweis für die Diagonale.

Lösung:

a) Dimensionierung des Anschlusses:

Maßgebende LK g+s: $F_d = 1,35 \cdot 12 + 1,5 \cdot 20 = 46,2$ kN

- Mindestholzdicken/Mindesteinschlagtiefen:

Scherfuge I:

$t_{req} = 63$ mm < 65 mm bzw. < 100 mm ✓   *Tab. A-14.2*

Scherfuge II:

$t_{E,req} = 63$ mm > 200 – 65 – 100 = 35 mm > 28 mm (= min $t_{E,req}$)   *Tab. A-14.2*

$\Rightarrow$ Abminderung der 2. Scherfuge mit dem Faktor $\dfrac{35}{63} = 0,556$

- Anzahl der wirksamen Scherfugen pro Nagel:

$n_{ef} = 1 + 0,556 = 1,556 \quad \Rightarrow \quad$ 1,556-schnittige Verbindung

- Tragfähigkeit:

Vorgebohrte glattschaftige Nägel: kein Einhängeeffekt → $F_{v,Rd} = F_{v,Rd}^0$

$F_{v,Rd} = 0,818 \cdot 3255 = 2663$ N pro SF   *Tab. A-14.2*

$F_{v,Rd,1} = 1,556 \cdot 2663 = 4144$ N = 4,144 kN pro Nagel

- erf. Anzahl von Verbindungsmitteln:

$$erf\ n \geq \frac{F_d}{F_{v,Rd,1}} = \frac{46,2}{4,144} = 11,2 \text{ Nägel}$$ *Gl. (14.12)*

- Verbindungsmittelabstände:

  – Übergreifen der Nägel:

Nägel durchdringen Gurt → keine gegenüberliegende Nagelung möglich.

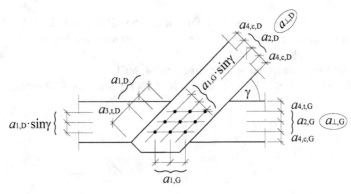

Anschlusswinkel $\gamma = 45°$ Durchmesser $d = 7{,}0$ mm		Gurt: $\alpha_G = 45°$	Diagonale: $\alpha_D = 0°$
untereinander	*min a_1*	33 mm	35 mm
	min a_1 · sin γ	24 mm	25 mm
	min a_2	26 mm	21 mm
	→ *min $a_\perp$*	26 mm	24 mm
‖ zum Rand	*min $a_{3,c}$*		
	min $a_{3,t}$		84 mm
⊥ zum Rand	*min $a_{4,c}$*	21 mm	21 mm
	min $a_{4,t}$	41 mm	
α = Winkel zwischen Kraft- und Faserrichtung im Gurt bzw. der Diagonale			

– Mögliche Anzahl nebeneinander liegender VM-Reihen: *Abschn. 11.8, Tab. 11.7*

Diagonale:

$$n_{n,D} \leq \frac{h_D - 2 \cdot a_{4,c}}{a_{\perp,D}} + 1 \qquad\qquad \textit{Tab. 11.7}$$

$a_{\perp,D} = \max(24; 21) = 24$ mm

$$\rightarrow n_{n,D} \leq \frac{120 - 2 \cdot 21}{24} + 1 = 4{,}25$$

$\Rightarrow$ 4 Verbindungsmittel-Reihen in der Diagonale sind möglich

Untergurt:

$$n_{n,G} \leq \frac{h_G - a_{4,t} - a_{4,c}}{a_{\perp,G}} + 1 \qquad\qquad \textit{Tab. 11.7}$$

$a_{\perp,G} = \max(25; 26) = 26$ mm

$$\rightarrow n_{n,G} \leq \frac{180 - 41 - 21}{26} + 1 = 5{,}54$$

$\Rightarrow$ 5 Verbindungsmittel-Reihen im Gurt sind möglich

$\rightarrow$ Gewählt: $n_{n,D} = 3$ Reihen und $n_{n,G} = 4$ Reihen

$\rightarrow$ 3 × 4 = 12 Nägel (nicht gegenüber genagelt)

- Anzahl *wirksamer* Verbindungsmittel/Nachweis:

Nägel werden versetzt zur Faserrichtung angeordnet $\rightarrow n_{ef} = n$ *Gl. (14.13)*

$n_{ef} = 3 \cdot 4 = 12 > 11{,}2 = $ erf n

- Anschlussbild:
  - Gewählte VM-Abstände:

Anschlusswinkel $\gamma = 45°$ Durchmesser $d = 7,0$ mm		Gurt: $\alpha_G = 45°$	Diagonale: $\alpha_D = 0°$
untereinander	$min\ a_1$	33 mm	35 mm
	$min\ a_1 \cdot \sin \gamma$	24 mm	25 mm
	$min\ a_2$	26 mm	21 mm
	$\rightarrow min\ a_\perp$	26 $\rightarrow$ 30 mm	24 $\rightarrow$ 30 mm
‖ zum Rand	$min\ a_{3,c}$		
	$min\ a_{3,t}$		84 $\rightarrow$ 90 mm
$\perp$ zum Rand	$min\ a_{4,c}$	21 $\rightarrow$ 30 mm	21 $\rightarrow$ 30 mm
	$min\ a_{4,t}$	41 $\rightarrow$ 60 mm	
α = Winkel zwischen Kraft- und Faserrichtung im Gurt bzw. der Diagonale			

Anschlussbild:

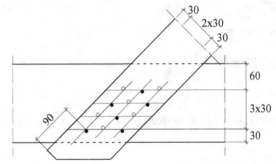

b) Spannungsnachweis für Diagonale: *Abschn. 7.1 u. 7.2*

$A_n = 65 \cdot 120 - 3 \cdot 65 \cdot 7,0 = 6435 \text{ mm}^2 = 64,35 \text{ cm}^2$

$\sigma_{t,0,d} = 10 \cdot \dfrac{F_d/2}{A_n} = 10 \cdot \dfrac{46,2/2}{64,35} = 3,59 \text{ N/mm}^2$

$k_{t,e} = 0,4$ (vorgebohrte Nägel)   *Tab. A-7.1*

$f_{t,0,d} = 0,692 \cdot 14,0 = 9,69 \text{ N/mm}^2$ *Tab. A-3.5*

$h = 120 \text{ mm} < 150 \text{ mm} \Rightarrow k_h = 1,05$

$\Rightarrow \eta = \dfrac{3,59}{0,4 \cdot 1,05 \cdot 9,69} = 0,88 < 1$

Beispiel 14-10

Gegeben: Stoß eines zweiteiligen Zugstabes mit Holzlaschen und Nägeln 4,2 × 100.
          Alle Stäbe und Laschen $b/h = 40/120$ mm.
          Material: Stäbe und Laschen C 24, NKL 2.
          Belastung: $F_{g,k} = 8,5$ kN, $F_{s,k} = 17,5$ kN (H über NN ≤ 1000 m).

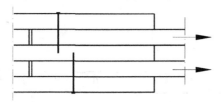

Gesucht: a) Dimensionierung des Anschlusses für die LK g+s
              (Anzahl der Verbindungsmittel, Anschlussbild).
          b) Spannungsnachweis für Zugstab und Laschen.

Hinweis: Wegen der Spaltgefahr sind größere Abstände zum seitlichen Rand ($a_{4,c}$)
          einzuhalten (siehe *Abschnitt 14.1.2*).

Lösung:

a) *Dimensionierung des Anschlusses:*

Maßgebender LK g+s: $F_d = 1,35 \cdot 8,5 + 1,5 \cdot 17,5 = 37,73$ kN

- Mindestholzdicken/Mindesteinschlagtiefen: *Tab. A-14.2*
  Spaltgefahr: $t_{Sp,req} = 59$ mm > 40 mm $= t_{vorh}$
  Bei Randabständen von $a_{4,c} > 10 \cdot d = 42$ mm darf die halbe Holzdicke angesetzt werden
  (*Abschnitt 14.1.2*): $t_{Sp,req} = 59/2 = 29,5$ mm < 40 mm ✓
  Scherfuge I:
      „Vollwertige" Scherfuge: $t_{req} = 38$ mm < 40 mm $= t_{vorh}$ ✓
  Scherfuge II:
      $t_{E,req} = 38$ mm $> 100 - 40 - 40 = 20$ mm > 17 mm $= t_{E,min}$

  $\Rightarrow$ Abminderung von $F_{v,Rk}^0$ mit dem Faktor $\dfrac{20}{38} = 0,526$ (maßgebend)

- Anzahl der wirksamen Scherfugen pro Nagel:
  $n_{ef} = 1 + 0,526 = 1,526$ → 1,526-schnittige Verbindung

- Tragfähigkeit:
  Glattschaftige Nägel: kein Einhängeeffekt → $F_{v,Rd} = F_{v,Rd}^0$

  $F_{v,Rd} = 0,818 \cdot 1085 = 888$ N pro SF   *Tab. A-14.2*

  $F_{v,Rd,1} = 1,526 \cdot 888 = 1355$ N $= 1,355$ kN pro Nagel

- erf. Anzahl von Verbindungsmitteln:

$$erf \; n \geq \frac{F_d}{F_{v,Rd,1}} = \frac{37,73}{1,355} = 27,8 \; \text{Nägel}$$ *Gl. (14.12)*

- Verbindungsmittelabstände: *Tab. A-14.4a*
  - Übergreifen der Nägel in Mittellasche:
  Abstand der Nagelspitze von der nächsten Scherfuge: *Abschn. 14.3.3.2*
  $3 \cdot 40 - 100 = 20 > 4 \cdot d = 17$ mm $\rightarrow$ gegenüberliegende Nagelung möglich

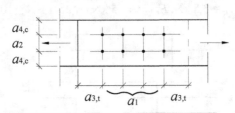

Anschlusswinkel $\gamma = 0°$ Durchmesser $d = 4,2$ mm		$\alpha = 0°$
untereinander	*min a_1*	42 mm
	min a_2	21 mm
‖ zum Rand	*min $a_{3,c}$*	
	min $a_{3,t}$	63 mm
⊥ zum Rand	*min $a_{4,c}$*	42 mm
	min $a_{4,t}$	
α = Winkel zwischen Kraft und Faserrichtung		

- Mögliche Anzahl von VM-Reihen nebeneinander: *Tab. 11.7*

min $a_{4,c}$ = 42 mm   (wegen Spaltgefahr beim Nageln, siehe oben)

$$n_\mathrm{n} \le \frac{h - 2 \cdot a_{4,c}}{a_2} + 1 = \frac{120 - 2 \cdot 42}{21} + 1 = 2,71 \quad \rightarrow \quad 2 \text{ Reihen nebeneinander möglich}$$

$\Rightarrow$ gewählte Anordnung: $2 \times 2 \times 7 = 28$ Nägel

- Anzahl *wirksamer* Verbindungsmittel/Nachweis:
  Nägel werden versetzt zur Faserrichtung angeordnet $\rightarrow n_\mathrm{ef} = n$ *Gl. (14.13)*
  $n_\mathrm{ef} = 2 \cdot 2 \cdot 7 = 28 > 27,9 = $ erf n

- Anschlussbild:
  - Gewählte Verbindungsmittelabstände:

Anschlusswinkel $\gamma = 0°$ Durchmesser $d = 3,0$ mm		$\alpha = 0°$
untereinander	*min a_1*	42 $\rightarrow$ 50 mm
	min a_2	21 $\rightarrow$ 30 mm
‖ zum Rand	*min $a_{3,c}$*	
	min $a_{3,t}$	63 $\rightarrow$ 65 mm
⊥ zum Rand	*min $a_{4,c}$*	42 $\rightarrow$ 45 mm
	min $a_{4,t}$	
α = Winkel zwischen Kraft und Faserrichtung		

Anschlussbild:

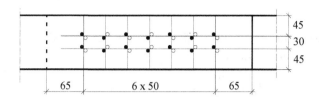

$$65 \qquad 6 \times 50 \qquad 65$$

b) *Spannungsnachweise:* *Abschn. 7.1 u. 7.2*

keine Querschnittsschwächung, da $d_n \leq 6$ mm

$A_n = A_b = 40 \cdot 120 = 4800$ mm^2 = 48 cm^2

$f_{t,0,d} = 0,692 \cdot 14,0 = 9,69$ N/mm^2 *Tab. A-3.5*

$h = 120$ mm < 150 mm $\Rightarrow k_h = 1,05$

Kraftaufteilung:

Zugstab: $F_d/2 = 18,87$ kN

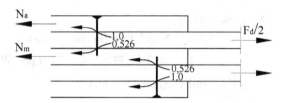

Mittellasche: $2 \cdot \dfrac{0,526}{1,526} \cdot \dfrac{F_d}{2} = 13,0$ kN

Außenlasche: $\dfrac{1,0}{1,526} \cdot \dfrac{F_d}{2} = 12,37$ kN

- Nachweise:

Zugstab: $\sigma_{t,0,d} = 10 \cdot \dfrac{18,87}{48,00} = 3,93$ N/mm^2 $\qquad \eta = \dfrac{3,93}{1,05 \cdot 9,69} = 0,39 < 1,0$

Mittellasche: $\sigma_{t,0,d} = 10 \cdot \dfrac{13}{48,00} = 2,71$ N/mm^2 $\qquad \eta = \dfrac{2,71}{1,05 \cdot 9,69} = 0,27 < 1,0$

Außenlasche: $k_{t,e} = 2/3$ ohne Nachweis von F_{ax} *Tab. A-7.1*

$\sigma_{t,0,d} = 10 \cdot \dfrac{12,37}{48,00} = 2,58$ N/mm^2 $\qquad \eta = \dfrac{2,58}{2/3 \cdot 1,05 \cdot 9,69} = 0,38 < 1$

Beispiel 14-11

Gegeben: Biegesteifer Anschluss eines Balkens ($b/h = 80/180$ mm) mittels Decklaschen ($2 \times b/h = 2 \times 50/180$ mm) und Nägeln $3,4 \times 90$.
Material: Balken und Laschen GL 24h, NKL 2.
Belastung: $M_{g,k} = 1,6$ kNm, $M_{s,k} = 3,2$ kNm (H über NN ≤ 1000 m).

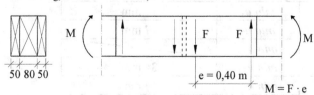

$$50\ 80\ 50 \qquad e = 0,40\ \text{m}$$
$$M = F \cdot e$$

Gesucht: Dimensionierung des Anschlusses für die LK g+s
(Anzahl der Verbindungsmittel, Anschlussbild).

Lösung:

- Maßgebende LK g+s: $M_d = 1,35 \cdot 1,6 + 1,5 \cdot 3,2 = 6,96$ kNm
- Von den Nägeln aufzunehmende Kraft:

$$M_d = e \cdot F_d \quad \Rightarrow F_d = \frac{6,96}{0,4} = 17,4 \text{ kN}$$

- Mindestholzdicken/Mindesteinschlagtiefen: *Tab. A-14.2*

  Spaltgefahr: $t_{Sp,req} = 48$ mm < 50 mm $= t_{vorh}$ ✓

  „Vollwertige" Scherfuge: $t_{req} = 31$ mm < 50 mm $= t_{vorh}$ ✓

  $t_{E,req} = 31$ mm $< 90 - 50 = 40$ mm $= t_{vorh}$ ✓

- Anzahl wirksamer Scherfugen pro Nagel:

  Einschnittige Verbindung → $n = 1,0$

- Tragfähigkeit:

  Glattschaftige Nägel: kein Einhängeeffekt → $F_{v,Rd} = F_{v,Rd}^0$

  $F_{v,Rd} = 0,818 \cdot 803 = 657$ N $= 0,657$ kN pro SF (= pro Nagel)   *Tab. A-14.2*

- erf. Anzahl Verbindungsmittel:

$$erf\ n \geq \frac{F_d}{F_{v,Rd}} = \frac{17,4}{0,657} = 26,5 \text{ Nägel}$$

- Verbindungsmittelabstände: *Tab. A-14.4a*

  – Übergreifen der Nägel im Mittelholz:

  Abstand der Nagelspitze von der nächsten Scherfuge: *Abschn. 14.3.3.2*

  $50 + 80 - 90 = 40 > 4 \cdot d = 13,6$ mm→   gegenüberliegende Nagelung möglich

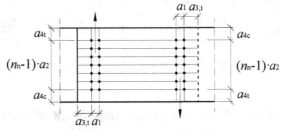

Anschlusswinkel $\gamma = 0°$ Durchmesser $\quad d = 3,4$ mm		$\alpha = 90°$
untereinander	*min a_1*	17 mm
	min a_2	17 mm
‖ zum Rand	*min $a_{3,c}$*	
	min $a_{3,t}$	34 mm
⊥ zum Rand	*min $a_{4,c}$*	17 mm
	min $a_{4,t}$	24 mm
α = Winkel zwischen Kraft und Faserrichtung		

- Mögliche Anzahl von VM-Reihen nebeneinander: *Tab. 11.7*

$$n_{\mathrm{n}} = \frac{h - a_{4,\mathrm{c}} - a_{4,\mathrm{t}}}{a_2} + 1 = \frac{180 - 17 - 24}{17} + 1 = 9{,}2 \quad \rightarrow \quad 9 \text{ Nägel nebeneinander möglich}$$

$\Rightarrow$ gewählte Anordnung: $2 \times 2 \times 7 = 28$ Nägel

- Anzahl *wirksamer* Verbindungsmittel/Nachweis:
  Kraft rechtwinklig zur Faserrichtung ($\alpha = 90°$) $\rightarrow$ $n_{\mathrm{ef}} = n$ *Gl. (14.13)*
  $n_{\mathrm{ef}} = 28 > 26{,}5 = \text{erf } n$

- Anschlussbild
  - Gewählte Verbindungsmittelabstände:

Anschlusswinkel $\gamma = 0°$ Durchmesser $d = 3{,}4$ mm		$\alpha = 90°$
untereinander	min a_1	17 → 20 mm
	min a_2	17 → 20 mm
‖ zum Rand	min $a_{3,\mathrm{c}}$	
	min $a_{3,\mathrm{t}}$	34 → 40 mm
⊥ zum Rand	min $a_{4,\mathrm{c}}$	17 → 30 mm
	min $a_{4,\mathrm{t}}$	24 → 30 mm
α = Winkel zwischen Kraft und Faserrichtung		

Anschlussbild:

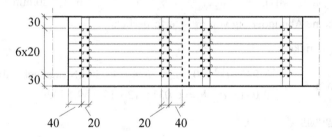

137

15 Dübel besonderer Bauart

Beispiel 15-1

Gegeben: Anschluss einer innen liegenden Diagonale (b = 80 mm) an einen zweiteiligen Untergurt (2 × b = 2 × 60 mm) unter einem Winkel γ = 30° mittels Dübel $\varnothing$ 126 Typ A1 mit Bolzen M12 (4.6).
Material: Diagonale GL 28c, Untergurt C 24.

 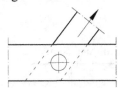

Gesucht: Überprüfung der Mindestholzdicken und Bemessungswert der Tragfähigkeit einer Verbindungseinheit $F_{v,Rd}^{j}$ (Dübel + Bolzen) für NKL = 1 und KLED = mittel.
Annahme: alle k_i-Werte = 1,0 mit Ausnahme von k_3 (Einfluss Rohdichte).

Lösung:

Mit Handrechnung:

- Mindestholzdicken:

Gurt (SH): $t_{1,req} = 3 \cdot h_e = 3 \cdot 15 = 45$ mm < 60 mm ✓

Diagonale (MH): $t_{2,req} = 5 \cdot h_e = 5 \cdot 15 = 75$ mm < 80 mm ✓

$\Rightarrow$ keine Abminderung von $F_{v,Rk}$ erforderlich

- Tragfähigkeit:

$$F_{v,0,Rk}^{c} = \min \begin{cases} 0,035 \cdot d_c^{1,5} = 0,035 \cdot 126^{1,5} = 49,50 \text{ kN (maßgebend)} \\ 0,0315 \cdot d_c \cdot h_e = 0,0315 \cdot 126 \cdot 15 = 59,54 \text{ kN} \end{cases} \qquad Gl.\ (15.3a)$$

Diagonale (GL 28c):

$$\rho_k = 390 \text{ kg/m}^3 \quad \Rightarrow \quad k_3 = \frac{\rho_k}{350} = \frac{390}{350} = 1,114 \le 1,75 \qquad Gl.\ (15.8a)$$

$\rightarrow F_{v,0,Rk}^{c} = 1,114 \cdot 49,5 = 55,15$ kN pro Dübel

Winkel Kraft/Faser: $\alpha = 0° \Rightarrow k_{\alpha,c} = 1,0$ *Tab. A-15.3 u. Gl. (15.11)*

Bolzen trägt nicht mit

$\Rightarrow F_{v,0,Rk}^{j} = 1,0 \cdot F_{v,0,Rk}^{c} = 55,15$ kN pro Verbindungseinheit VE in der Diagonalen

Gurt (C 24):

$$\rho_k = 350 \text{ kg/m}^3 \Rightarrow k_3 = \frac{\rho_k}{350} = \frac{350}{350} = 1,0 \le 1,75 \qquad Gl.\ (15.3a)$$

$\rightarrow F_{v,0,Rk}^{c} = 1,0 \cdot 49,5 = 49,5$ kN pro Dübel

Winkel Kraft/Faser: $\alpha = 30°$:

$$k_{30,c} = \frac{1}{(1,3 + 0,001 \cdot d_c) \cdot \sin^2 \alpha + \cos^2 \alpha} \qquad \text{Gl. (15.11)}$$

$$= \frac{1}{(1,3 + 0,001 \cdot 126) \cdot \sin^2 30 + \cos^2 30} = 0,904$$

Bolzen trägt nicht mit

$$\Rightarrow F_{v,30,Rk}^{j} = F_{v,30,Rk}^{c} = 0,904 \cdot F_{v,0,Rk}^{c} = 0,904 \cdot 49,50 = 44,75 \text{ kN pro VE im Gurt}$$

Maßgebend wird die geringere Tragfähigkeit im Gurt mit $F_{v,30,Rk}^{j} = 44,75$ kN:

$$\Rightarrow F_{v,30,Rd}^{j} = 0,8/1,3 \cdot 44,75 = 27,54 \text{ kN pro VE} \qquad \text{Gl. (15.12)}$$

Mit Tabelle: *Tab. A-15.2*

Gurt (Seitenholz)	Diagonale (MH)
$t_{SH,req} = 45$ mm < 60 mm ✓	$t_{MH,req} = 75$ mm < 80 mm ✓
C 24: $\alpha = 30°$	GL 28c: $\alpha = 0°$
$F_{v,0,Rd}^{c} = 0,615 \cdot 49,50 = 30,44$ kN	$F_{v,0,Rd}^{c} = 0,615 \cdot 55,16 = 33,92$ kN
$k_{30,c} = 0,904$ (*Tab. A-15.3*)	$k_{0,c} = 1,0$
→ $F_{v,30,Rd}^{j} = 0,904 \cdot 30,44 = 27,52$ kN pro VE	→ $F_{v,0,Rd}^{j} = 33,92$ kN pro VE

→ maßgebend: Gurt mit $F_{v,0,Rd}^{j} = 27,52$ kN pro VE

→ $F_{v,30,Rd}^{j} = 2 \cdot 27,52 = 55,04$ kN pro Dübelachse (= 2 VE)

Beispiel 15-2

Gegeben: Anschluss einer zweiteiligen Diagonale ($2 \times b = 2 \times 60$ mm) an einen innen liegenden Untergurt ($b = 100$ mm) unter einem Winkel $\gamma = 75°$ mittels Dübel $\varnothing$ 140 – C1, M24 (4.6).
Material: Diagonale GL 28c, Untergurt GL 24h.

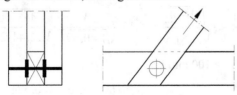

Gesucht: Überprüfung der Mindestholzdicken und Bemessungswert der Tragfähigkeit einer Verbindungseinheit $F_{v,Rd}^{j}$ (Dübel + Bolzen) für NKL = 2 und KLED = kurz. Annahme: alle k_i-Werte = 1,0 mit Ausnahme von k_3 (Einfluss Rohdichte).

Lösung:

Mit Handrechnung:

Dübel 140 – C1:

- Mindestholzdicken:

  Diagonale (SH): $t_{1,\text{req}} = 3 \cdot h_e = 3 \cdot 14,7 = 44,1$ mm < 60 mm ✓

  Gurt (MH): $t_{2,\text{req}} = 5 \cdot h_e = 5 \cdot 14,7 = 73,5$ mm < 100 mm ✓

- Tragfähigkeit:

$$F_{v,0,\text{Rk}}^c = 0,018 \cdot d_c^{1,5} = 0,018 \cdot 140^{1,5} = 29,82 \text{ kN} \qquad \textit{Gl. (15.3b)}$$

Rohdichte:

$$\rho_k = \min \begin{cases} \text{GL 24 h: } 385 \text{ kg/m}^3 \\ \text{GL 28 c: } 390 \text{ kg/m}^3 \end{cases} \Rightarrow k_3 = \frac{\rho_k}{350} = \frac{385}{350} = 1,10 \qquad \textit{Gl. (15.8b)}$$

Typ C1 → Winkel Kraft/Faser hat keinen Einfluss

$$\Rightarrow F_{v,\alpha,\text{Rk}}^c = 1,10 \cdot 29,82 = 32,80 \text{ kN pro Dübel (= pro VE)}$$

$$\Rightarrow F_{v,\alpha,\text{Rd}}^c = 0,9/1,3 \cdot 32,80 = 22,71 \text{ kN pro Dübel (= pro VE)} \qquad \textit{Gl. (15.12)}$$

Bolzen: M24 (Güte 4.6):

- Mindestholzdicken:

  Diagonale (SH): $f_{h,1,k} = 24,30$ N/mm^2 *Tab. A-12.3*

  Gurt (MH): $f_{h,2,k,75} = k_\alpha \cdot f_{h,0,k} = 0,602 \cdot 23,99 = 14,44$ N/mm^2 *Tab. A-12.3*

$$\beta = \frac{f_{h,2,k}}{f_{h,1,k}} = \frac{14,44}{24,30} = 0,594$$

$M_{y,\text{Rk}} = 465300$ Nmm   *Tab. A-12.3*

SH: $t_{1,\text{req}} = 1,15 \cdot \left(2 \cdot \sqrt{\dfrac{\beta}{1+\beta}} + 2\right) \cdot \sqrt{\dfrac{M_{y,\text{Rk}}}{f_{h,1,k} \cdot d}} = 1,15 \cdot \left(2 \cdot \sqrt{\dfrac{0,594}{1+0,594}} + 2\right) \cdot \sqrt{\dfrac{465300}{24,30 \cdot 24}}$

$\qquad t_{1,\text{req}} = 104,6$ mm > 60 mm !   *Gl. (12.20a)*

MH: $t_{2,\text{req}} = 1,15 \cdot \dfrac{4}{\sqrt{1+\beta}} \cdot \sqrt{\dfrac{M_{y,\text{Rk}}}{f_{h,2,k} \cdot d}} = 1,15 \cdot \dfrac{4}{\sqrt{1+0,594}} \cdot \sqrt{\dfrac{465300}{14,44 \cdot 24}}$

$\qquad t_{2,\text{req}} = 133,5$ mm > 100 mm !   *Gl. (12.20b)*

Abminderung von $F_{v,75,\text{Rk}}^b$ mit Faktor $\min \begin{cases} 60/104,6 = 0,574 \\ 100/133,5 = 0,749 \end{cases}$

- Tragfähigkeit:

$$F_{v,75,Rk}^{b} = 0,574 \cdot \sqrt{\frac{2 \cdot \beta}{1+\beta}} \cdot \sqrt{2 \cdot M_{y,Rk} \cdot f_{h,1,k} \cdot d}$$

$$= 0,574 \cdot \sqrt{\frac{2 \cdot 0,594}{1+0,594}} \cdot \sqrt{2 \cdot 465300 \cdot 24,30 \cdot 24}$$

$$= 11544 \text{ N} = 11,54 \text{ kN pro Scherfuge} \hspace{2cm} Gl. (12.19)$$

Einhängeeffekt Bolzen: *Tab. A-12.1*

Mindestholzdicken nicht eingehalten → kein Einhängeeffekt:

$$\Rightarrow F_{v,75,Rk}^{b} = 1,0 \cdot 11,54 = 11,54 \text{ kN pro Scherfuge} \hspace{1cm} Gl. (15.13) \text{ u. } (12.22)$$

$$\Rightarrow F_{v,75,Rd}^{b} = 0,9 \cdot 11,54 / 1,1 = 9,44 \text{ kN pro Scherfuge} \hspace{1cm} Gl. (15.13) \text{ u. } (12.22)$$

Verbindungseinheit (VE):

$$F_{v,75,Rd}^{j} = F_{v,0,Rd}^{c} + F_{v,75,Rd}^{b} = 22,71 + 9,44 = 32,15 \text{ kN pro VE}$$

Tragfähigkeit pro Dübelachse:

$$F_{v,75,Rd,1}^{j} = 2 \cdot 32,15 = 64,30 \text{ kN pro Dübelachse}$$

Mit Tabellen:

- Dübel $\varnothing$ 140 − C1 *Tab. A-15.2*

  SH: $t_{1,req} = 45$ mm < 60 mm ✓ MH: $t_{2,req} = 74$ mm < 100 mm ✓

  Typ C1: Kein Einfluss des Winkels Kraft/Faser → GL 24h wegen geringerer Rohdichte maßgebend:

  GL 24h: $F_{v,0,Rd}^{c} = 0,692 \cdot 32,80 = 22,70$ kN pro Dübel

- Bolzen M24 (4.6): $\alpha_{SH} = 0°$, $\alpha_{MH} = 75°$ *Tab. A-13.1 u. A-13.2*

  $$F_{v,75,Rd}^{b} = 18,15 \cdot 0,818 \cdot \min(1,106 \; ; \; 1,113) = 16,42 \text{ kN pro SF}$$

  $$t_{SH,req} = 105 \cdot 0,999 = 104,89 \text{ mm} > 60 \text{ mm} \; !$$

  $$t_{MH,req} = 133 \cdot 1,005 = 133,66 \text{ mm} > 100 \text{ mm} \; !$$

  Abminderung von $F_{v,75,Rd}^{b}$ mit dem Faktor $\min \begin{cases} 60 / 104,89 = 0,572 \\ 100 / 133,66 = 0,748 \end{cases}$

  $$F_{v,75,Rd}^{b} = 0,572 \cdot 16,42 = 9,39 \text{ kN pro SF}$$

- Tragfähigkeit pro Verbindungseinheit: $\quad F_{v,75,Rd}^{j} = 22,70 + 9,39 = 32,09 \text{ kN}$

- Tragfähigkeit pro Dübelachse: $\quad F_{v,75,Rd,1}^{j} = 2 \cdot 32,09 = 64,18 \text{ kN}$

Beispiel 15-3

Gegeben: Schräganschluss eines zweiteiligen Zugstabes ($2 \times b/h = 2 \times 80/180$ mm) an einen innen liegenden Gurt ($b/h = 100/180$ mm) unter einem Winkel $\gamma = 45°$ mittels Dübel $\varnothing$ 50 – C10, M12 (4.6). Material: Diagonale und Obergurt C 24, NKL 2.

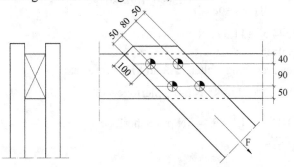

Gesucht: a) Überprüfung der Mindestabstände und Holzabmessungen.
b) Bemessungswert der Tragfähigkeit der Verbindung bei <u>kurzer</u> Lasteinwirkungsdauer.
c) Spannungsnachweis für die Diagonale für $F_d = 85$ kN.

Lösung:

a) Überprüfung der Mindestabstände und Holzabmessungen:

- Mindestholzdicken:

$$\text{Bolzen:} \quad \left.\begin{array}{l} \alpha_{SH} = \ 0° \\ \alpha_{MH} = 45° \end{array}\right\} \rightarrow \begin{cases} t_{SH,req} = 58 \cdot 1,054 = 61,2\,\text{mm} < 80\,\text{mm} \\ t_{MH,req} = 59 \cdot 1,054 = 62,2\,\text{mm} < 100\,\text{mm} \end{cases} \qquad \textit{Tab. A-13.1 u. A-13.2}$$

→ keine Abminderung der Bolzentragfähigkeit $F_{v,45,Rd}^{b}$ erforderlich.

Dübel: $t_{SH,req} = 36$ mm < 80 mm ✓; $t_{MH,req} = 60$ mm < 100 mm ✓   *Tab. A-15.2*

→ keine Abminderung der Dübeltragfähigkeit $F_{v,45,Rd}^{c}$ erforderlich.

- Mindestabstände: *Tab. A-13.5 u. Tab. A-15.4b*

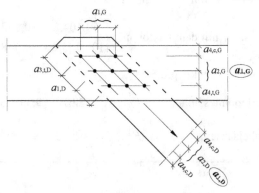

Anschlusswinkel $\gamma = 45°$ Durchmesser: $\quad d = 12$ mm (Bo) $\quad d = 50$-C10 (Dü)		Diagonale: $\quad \alpha_D = 0°$	Gurt: $\quad \alpha_G = 45°$
untereinander	*min* a_1	Bolzen: 60 mm ⎫ Dübel: 100 mm ⎬ → 100 mm	Bolzen: 57 mm ⎫ Dübel: 89 mm ⎬ → 89 mm
	min $a_1 \cdot \sin \gamma$	71 mm	63 mm
	min a_2	Bolzen: 48 mm ⎫ Dübel: 60 mm ⎬ → 60 mm	Bolzen: 48 mm ⎫ Dübel: 60 mm ⎬ → 60 mm
	→ *min* $a_\perp$	63 ≤ 80 mm ✓	71 ≤ 90 mm ✓
‖ zum Rand	*min* $a_{3,c}$		
	min $a_{3,t}$	Bolzen: 84 mm ⎫ Dübel: 100 mm ⎬ → 100 ≤ 100 mm ✓	
⊥ zum Rand	*min* $a_{4,c}$	Bolzen: 36 mm ⎫ Dübel: 30 mm ⎬ → 36 ≤ 50 mm ✓	Bolzen: 36 mm ⎫ Dübel: 30 mm ⎬ → 36 ≤ 40 mm ✓
	min $a_{4,t}$		Bolzen: 41 mm ⎫ Dübel: 38 mm ⎬ → 41 ≤ 50 mm ✓
α = Winkel zwischen Kraft- und Faserrichtung im Gurt bzw. der Diagonale			

→ Alle Mindestabstände eingehalten.

b) Bemessungswerte der Tragfähigkeit:

Dübel: $\quad F_{v,\alpha,Rd}^c = F_{v,0,Rd}^c = 0{,}692 \cdot 8{,}84 = 6{,}12$ kN pro Dübel $\qquad$ *Tab. A-15.2*

Bolzen: $\quad \alpha_{SH} = 0°, \quad \alpha_{MH} = 45°$

$\quad \rightarrow \quad F_{v,45,Rd}^b = 0{,}818 \cdot 1{,}054 \cdot 1{,}25 \cdot 6{,}08 = 6{,}55$ kN pro SF $\quad$ *Tab. A-13.1 u. A-13.2*

Tragfähigkeit pro Verbindungseinheit (VE):

$$F_{v,45,Rd}^j = F_{v,0,Rd}^c + F_{v,45,Rd}^b = 6{,}12 + 6{,}55 = 12{,}67 \text{ kN pro VE}$$

$\rightarrow \quad F_{v,45,Rd,1}^j = 2 \cdot 12{,}67 = 25{,}34$ kN pro Dübelachse

Anzahl *wirksamer* Verbindungsmittel (Dübelachsen):

$n_h = 2 \; \Rightarrow \; k_{h,ef,0} = 1{,}0 \; \Rightarrow \; n_{ef} = n_n \cdot n_h \cdot k_{h,ef,0} = 2 \cdot 2 \cdot 1 = 4 \quad$ *Gl. (15.16) u. Tab. A-11.2*

Tragfähigkeit des Anschlusses:

$$F_{v,45,Rd,ges}^j = n_{ef} \cdot F_{v,45,Rd,1}^j = 4 \cdot 25{,}34 = 101{,}36 \text{ kN} > F_d = 85 \text{ kN}$$

c) Spannungsnachweis für die Diagonale:

$k_{t,e} = 0,4$ (da keine zusätzlichen Bolzen zur Aufnahme von $F_{t,d}$)   Tab. A-7.1

$A_n = b \cdot h - 2 \cdot \Delta A_{Dü} - 2 \cdot \Delta A_{bo} = 80 \cdot 180 - 2 \cdot 460 - 2 \cdot (12+1) \cdot (80-12) = 11712$ mm²

$$F_{t,0,d} = \frac{F_d}{2} = \frac{85}{2} = 42,5 \text{ kN}$$

$$\sigma_{t,0,d} = 10 \cdot \frac{F_{t,0,d}}{A_n} = 10 \cdot \frac{42,5}{117,12} = 3,63 \text{ N/mm}^2$$

$h = 180$ mm > 150 mm $\Rightarrow k_h = 1,0$ Tab. A-3.5

$f_{t,0,d} = 0,692 \cdot 14,0 = 9,69$ N/mm²

$$\Rightarrow \eta = \frac{\sigma_{t,0,d}}{k_{t,e} \cdot k_h \cdot f_{t,0,d}} = \frac{3,63}{0,4 \cdot 1,0 \cdot 9,69} = 0,937 < 1$$ Gl. (7.4)

Beispiel 15-4

Gegeben: Anschluss des Zugstabes und des Druckstabes über ein außen liegendes Knotenblech an einen Gurt mittels Dübel $\varnothing$ 80 – B1, M 12 (4.6).
Material: Zug-, Druckstab, Gurt C 30 (Verfügbarkeit nachfragen!), NKL 2.
$D_{g,k} = 20,0$ kN, $D_{s,k} = 30,0$ kN (H über NN $\leq$ 1000 m).

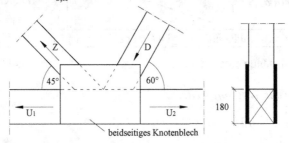

beidseitiges Knotenblech

Gesucht: a) Anzahl der Verbindungsmittel und Mindestholzabmessungen für LK g+s.
b) Wahl der Querschnitte für die Zug- und Druckdiagonalen über die Spannungsnachweise im Anschlussbereich.
c) Anschlussbild.

Lösung:

• **Anzuschließende Kräfte:**

Druckstab an Knotenblech: $D_d = 1,35 \cdot 20,0 + 1,5 \cdot 30,0 = 72,0$ kN

Zugstab an Knotenblech:

$$Z_{V,d} = D_{V,d} \Rightarrow \frac{Z_d}{\sin 60°} = \frac{D_d}{\sin 45°} \Rightarrow Z_d = \frac{D_d \cdot \sin 60°}{\sin 45°} = 88,2 \text{ kN}$$

Knotenblech an Untergurt: $\Delta U_d = Z_{H,d} + D_{H,d} = Z_d \cdot \cos 45° + D_d \cdot \cos 60° = 98,4$ kN

Alle anzuschließenden Kräfte wirken parallel zur Faserrichtung des jeweiligen Holzes!

- **Mindestholzdicke**:

  MH: $t_{2,req}$ = 75 mm ⇒ gewählt: 80 mm   *Tab. A-15.2*

- **Tragfähigkeit** eines Dübels (Bolzen trägt nicht mit):

  Typ B1 bei Stahlblech-Holz-Verbindung

  → Faktor k_4 = 1,1   *Abschn. 15.3.2.5*, Fußnote *Tab. A-15.2*

  Tragfähigkeit eines Dübels für C 30 nicht in Tab. A-15.2 angegeben

  → per „Hand" (Beiwert k_3 siehe *Tab. A-15.1*):

  $$F^c_{v,0,R\,k}(C30) = F^c_{v,0,R\,k}(C24) \cdot k_3 = 25,04 \cdot \frac{380}{350} = 27,19 \text{ kN}$$ k_3 siehe *Tab. A-15.1*

  $$F^c_{v,0,Rd} = 0,692 \cdot 1,1 \cdot 27,19 = 20,70 \text{ kN} \text{ pro Dübel}$$ *Tab. A-15.2*

- **Verbindungsmittelabstände**:   *Tab. A-15.4a*

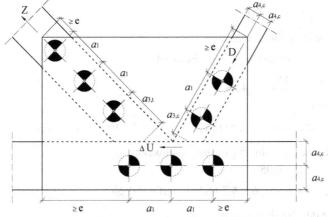

Durchmesser	d = 80-B1	Gurt: $\alpha_G = 0°$	Zugstab: $\alpha_Z = 0°$	Druckstab: $\alpha_D = 0°$
untereinander	*min a_1*		160 mm	
	min a_2		96 mm	
‖ zum Rand	*min $a_{3,c}$*		96 mm	
	min $a_{3,t}$		160 mm	
⊥ zum Rand	*min $a_{4,c}$*		48 mm	
	min $a_{4,t}$		48 mm	
α = Winkel zwischen Kraft- und Faserrichtung im Gurt bzw. der Diagonale				

Abstände zum Blechrand:

Typ B1: $e \geq 2 \cdot d_3 = 2 \cdot 22,5 = 45$ mm (mind. $d_c/2 = 40$ mm)   *Tab. 15.7*

Anschluss Druckstab an Knotenblech:

- Erforderliche Anzahl von Verbindungsmitteln:

  $$erf \; n = \frac{D_d}{F^c_{v,0,Rd}} = \frac{72,0}{20,70} = 3,48$$ *Gl. (15.15)*

  ⇒ gewählt: 4 Dü ∅ 80 – B1, M12 ($2 \cdot n_n \cdot n_h = 2 \cdot 1 \cdot 2 = 4$ Dübel)

- Anzahl *wirksamer* Verbindungsmittel/Nachweis:

$n_h = 2$ → $k_{h,ef,0} = 1,0$ *Tab. A-11.2*

→ $n_{ef} = 1,0 \cdot n = 1,0 \cdot 4 = 4$ Dübel > erf $n = 3,48$ *Gl. (15.16)*

- Mindesthöhe der Druckdiagonalen:

Aus VM-Abständen:

$h_D \geq 2 \cdot a_{4,c} = 2 \cdot 48$ mm $= 96$ mm

Aus Spannungsnachweis:

$$\sigma_{c,0,d} = 10 \cdot \frac{D_d}{A_n} \leq f_{c,0,d} \quad \Rightarrow \quad A_n \geq \frac{10 \cdot D_d}{f_{c,0,d}} = \frac{10 \cdot 72,0}{0,692 \cdot 23,0} = 45,23 \text{ cm}^2 = 4523 \text{ mm}^2$$

$$A_n = A_b - \Delta A_{Bo} = 80 \cdot h_D - (12+1) \cdot 80 \geq 4523 \text{ mm}^2 \Rightarrow h_D \geq 69,5 \text{ mm}$$

$\Rightarrow$ gewählt: $b/h = 80/100$ mm

Anschluss Zugstab an Knotenblech:

- Erforderliche Anzahl von Verbindungsmitteln:

$$erf\ n = \frac{Z_d}{F_{v,0,Rd}^c} = \frac{88,2}{20,70} = 4,26$$

$\Rightarrow$ gewählt: 6 Dü $\varnothing$ 80 – B1, M12 ($2 \cdot n_n \cdot n_h = 2 \cdot 1 \cdot 3 = 6$ Dübel)

- Anzahl *wirksamer* Verbindungsmittel/Nachweis:

$n_h = 3$ → $k_{h,ef,0} = 0,95$ *Tab. A-11.2*

→ $n_{ef} = 0,95 \cdot n = 0,95 \cdot 6 = 5,7$ Dübel > erf $n = 4,26$ *Gl. (15.16)*

- Mindesthöhe der Zugdiagonalen:

Aus VM-Abständen:

$h_Z \geq 2 \cdot a_{4,c} = 2 \cdot 48$ mm $= 96$ mm (wie bei Druckstab)

Aus Spannungsnachweis:

$$\sigma_{t,0,d} = 10 \cdot \frac{Z_d}{A_n} \leq f_{t,0,d} \quad \Rightarrow \quad A_n \geq \frac{10 \cdot Z_d}{f_{t,0,k}} = \frac{10 \cdot 88,2}{0,692 \cdot 18,0} = 70,81 \text{ cm}^2 = 7081 \text{ mm}^2$$

$$A_n = A_b - 2 \cdot \Delta A_{Dü} - \Delta A_{Bo} = 80 \cdot h_Z - 2 \cdot 1200 - (12+1) \cdot (80 - 2 \cdot 15) \geq 7081 \text{ mm}^2$$

$\Rightarrow h_Z \geq 126,6$ mm

$\Rightarrow$ gewählt: $b/h = 80/160$ mm

Anschluss Knotenblech am Untergurt:

- Erforderliche Anzahl von Verbindungsmitteln:

$$erf\ n = \frac{\Delta U_d}{F_{v,0,Rd}^c} = \frac{98,4}{20,70} = 4,75$$

$\Rightarrow$ gewählt: 6 Dü $\varnothing$ 80 – B1, M12 ($2 \cdot n_n \cdot n_h = 2 \cdot 1 \cdot 3 = 6$ Dübel)

- Anzahl *wirksamer* Verbindungsmittel/Nachweis:

  $n_h = 3$ → $k_{h,ef,0} = 0,95$ *Tab. A-11.2*

  → $n_{ef} = 0,95 \cdot n = 0,95 \cdot 6 = 5,7$ Dübel > erf $n = 4,75$ *Gl. (15.16)*

- Mindesthöhe des Untergurtes:

  Aus VM-Abständen:

  $h_U \geq 2 \cdot a_{4,c} = 2 \cdot 48$ mm $= 96$ mm (wie bei Druckstab)

  ⇒ gewählt: $b/h = 80/180$ mm

Anschlussbild:

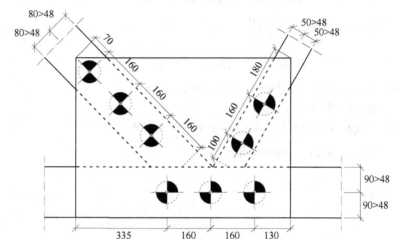

Beispiel 15-5

Gegeben: Zugstoß eines Stabes ($b/h = 100/220$ mm) mit beidseitigen Laschen ($2 \times b/h = 2 \times 80/220$ mm) mittels 2×4 Dübel $\varnothing$ 80 – A1, M12 (4.6) und zusätzlichen Klemmbolzen.

Material: alle Stäbe GL 24h, NKL 2.

$Z_{g,k} = 30,0$ kN, $Z_{s,k} = 70,0$ kN (H über NN ≤ 1000 m).

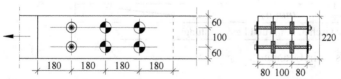

Gesucht: a) Überprüfung des Anschlusses hinsichtlich Querschnittsabmessungen, Tragfähigkeit und Anschlussbild.

  b) Spannungsnachweise im Zugstab und in den Laschen.

Lösung:

Maßgebender LK g+s: $Z_d = 1,35 \cdot 30 + 1,5 \cdot 70 = 145,50$ kN (KLED = kurz)

a) Überprüfung des Anschlusses:

- Mindestholzdicken: *Tab. A-15.2*

  SH: $t_{1,req} = 45$ mm < 80 mm   ✓

  MH: $t_{2,req} = 75$ mm < 100 mm   ✓

- Tragfähigkeit:

$$F^c_{v,0,Rd} = 0,692 \cdot 27,55 = 19,06 \text{ kN}$$

- Erforderliche Anzahl von Verbindungsmitteln:

$$erf \; n \geq \frac{Z_d}{F^c_{v,0,Rd}} = \frac{145,50}{19,06} = 7,63 \qquad\qquad Gl. \; (15.15)$$

⇒ gewählt: 8 Dü ∅ 80 – A1, M12   ($2 \cdot n_n \cdot n_h = 2 \cdot 2 \cdot 2 = 8$ Dübel)

- Anzahl *wirksamer* Verbindungsmittel/Nachweis:

  $n_h = 2$ → $k_{h,ef,0} = 1,0$ *Tab. A-11.2*

  → $n_{ef} = 1,0 \cdot n = 1,0 \cdot 8 = 8$ Dübel > erf $n = 7,63$ *Gl. (15.16)*

- Verbindungsmittelabstände: *Tab. A-15.4a*

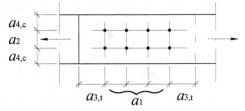

Anschlusswinkel $\gamma = 0°$ Durchmesser $d = 80$-A1		$\alpha = 0°$
untereinander	*min a_1*	160 < 180 mm ✓
	min a_2	96 < 100 mm ✓
‖ zum Rand	*min $a_{3,c}$*	
	min $a_{3,t}$	160 < 180 mm ✓
⊥ zum Rand	*min $a_{4,c}$*	48 < 60 mm ✓
	min $a_{4,t}$	
α = Winkel zwischen Kraft und Faserrichtung		

⇒ Anschluss ist in Ordnung

b) Spannungsnachweis: *Abschn. 7.1 u. 7.2*

$f_{t,0,d} = 0,692 \cdot 19,2 = 13,29$ N/mm²   *Tab. A-3.6*

$h = 220$ mm < 240 mm ⇒ $k_h = 1,1$ *Tab. A-3.6*

Zugstab: $A_n = A_b - 4 \cdot \Delta A_{Dü} - 2 \cdot \Delta A_{Bo}$

$= 100 \cdot 220 - 4 \cdot 1200 - 2 \cdot (100 - 2 \cdot 15) \cdot (12 + 1) = 15380$ mm² $= 153,8$ cm²

$$\sigma_{t,0,d} = 10 \cdot \frac{Z_d}{A_n} = 10 \cdot \frac{145,50}{153,80} = 9,46 \text{ N/mm}^2 \quad \Rightarrow \quad \eta = \frac{9,46}{1,1 \cdot 13,29} = 0,65 < 1,0 \qquad Gl.\ (7.3)$$

Laschen: $\quad A_n = A_b - 2 \cdot \Delta A_{Dü} - 2 \cdot \Delta A_{Bo}$

$$= 80 \cdot 220 - 2 \cdot 1200 - 2 \cdot (80 - 15) \cdot (12 + 1) = 13510 \text{ mm}^2 = 135,10 \text{ cm}^2$$

$$\sigma_{t,0,d} = 10 \cdot \frac{Z_d / 2}{A_n} = 10 \cdot \frac{145,50 / 2}{135,10} = 5,38 \text{ N/mm}^2$$

Zusätzlichen Bolzen zur Aufnahme von $F_{ax,d}$ ➔ $k_{t,e} = 2/3$ *Tab. A-7.1*

$$\Rightarrow \eta = \frac{5,38}{2/3 \cdot 1,1 \cdot 13,29} = 0,55 < 1 \qquad Gl.\ (7.4)$$

Ausziehkraft für Klemmbolzen:

$$F_{t,d} = \frac{N_{a,d}}{n_R} \cdot \frac{t}{2 \cdot a} = \frac{145,5 / 2}{2} \cdot \frac{80}{2 \cdot 180} = 8,08 \text{ kN} \qquad Gl.\ (7.5)$$

$\Rightarrow$ Ausziehkraft pro Bolzen (U-Scheibe): $\quad F_{t,d,1} = 8,08/2 = 4,04 \text{ kN}$

Aufnehmbare Kraft: *Tab. A-8.2*

M12: $R_{c,90,d} = 0,692 \cdot 18,66 = 12,91 \text{ kN} \gg 4,04 \text{ kN} = F_{t,d,1}$

Beispiel 15-6

Gegeben: Anschlüsse einer Stütze ($2 \times b/h = 2 \times 80/200$ mm) und einer Strebe ($2 \times b/h = 2 \times 100/220$ mm) an einen Brettschichtholzriegel ($b/h = 140/800$ mm) mittels Dübel $\varnothing$ 65 – A1, M12.
Material: Stütze/Strebe C 24, Brettschichtholzträger GL 28c, NKL 2.
$Z_{g,k} = 22,5$ kN, $Z_{s,k} = 34,0$ kN (H über NN $\leq$ 1000 m),
$S_{g,k} = -53,0$ kN, $S_{s,k} = -70,0$ kN (H über NN $\leq$ 1000 m).

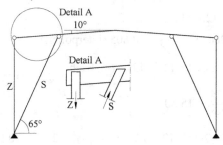

Gesucht: a) Überprüfung der Mindestholzdicken.
b) Anzahl der jeweils erforderlichen Verbindungsmittel.
c) Anschlussbild für Stütze und Strebe.
d) Spannungsnachweise für Stütze und Strebe im Anschlussbereich.

Lösung:

- Maßgebende LK g+s: KLED = kurz

$Z_d = 1{,}35 \cdot 22{,}5 + 1{,}5 \cdot 34 = 81{,}38$ kN (Zug)

$S_d = 1{,}35 \cdot 53 + 1{,}5 \cdot 70 = 176{,}55$ kN (Druck)

a) *Mindestholzdicken:*   *Tab. A-15.2*

Riegel (MH): $t_{2,\mathrm{req}} = 75$ mm < 140 mm ✓

Stütze (SH): $t_{1,\mathrm{req}} = 45$ mm < 80 mm ✓

Strebe (SH): $t_{1,\mathrm{req}} = 45$ mm < 100 mm ✓

b) *Erfoderliche Anzahl von Verbindungsmitteln:*

- Anschluss Stütze – Riegel:

Stütze: $\alpha = 0°$, C 24

$F_{v,0,Rd}^{c} = 0{,}692 \cdot 18{,}34 = 12{,}69$ kN   *Tab. A-15.2*

Riegel: $\alpha = 80°$, GL 28c   → $k_{80,c} = 0{,}742$ (interpoliert)   *Tab. A-15.3*

$F_{v,80,Rd}^{c} = 0{,}742 \cdot 0{,}692 \cdot 20{,}44 = 10{,}49$ kN   (maßgebend)

$$erf\ n \geq \frac{Z_d}{F_{v,80,Rd}^{c}} = \frac{81{,}38}{10{,}49} = 7{,}76 \qquad\qquad \textit{Gl. (15.15)}$$

$\Rightarrow$ gewählt: 8 Dü $\varnothing$ 65 – A1, M12   ($2 \cdot n_n \cdot n_h = 2 \cdot 2 \cdot 2 = 8$ Dübel)

Anzahl *wirksamer* Verbindungsmittel/Nachweis:

$n_h = 2$ → $k_{h,ef,0} = 1{,}0$ *Tab. A-11.2*

→ $n_{ef} = 1{,}0 \cdot n = 1{,}0 \cdot 8 = 8$ Dübel $>$ erf $n = 7{,}76$ *Gl. (15.16)*

- Anschluss Strebe – Riegel:

Strebe: $\alpha = 0°$, C 24

$F_{v,0,Rd}^{c} = 0{,}692 \cdot 18{,}34 = 12{,}69$ kN   *Tab. A-15.2*

Riegel: $\alpha = 55°$, GL 28c   → $k_{55,c} = 0{,}805$ (interpoliert)   *Tab. A-15.3*

$F_{v,55,Rd}^{c} = 0{,}805 \cdot 0{,}692 \cdot 20{,}44 = 11{,}39$ kN   (maßgebend)

$$erf\ n \geq \frac{S_d}{F_{v,55,Rd}^{c}} = \frac{176{,}55}{11{,}39} = 15{,}50 \qquad\qquad \textit{Gl. (15.15)}$$

$\Rightarrow$ gewählt: 20 Dü $\varnothing$ 65 – A1, M12   ($2 \cdot n_n \cdot n_h = 2 \cdot 2 \cdot 5 = 20$ Dübel)

Anzahl *wirksamer* Verbindungsmittel/Nachweis:

$n_h = 5$ → $k_{h,ef,0} = 0{,}85$ *Tab. A-11.2*

→ $n_{ef} = 0{,}85 \cdot n = 0{,}85 \cdot 20 = 17$ Dübel $>$ erf $n = 15{,}50$ *Gl. (15.16) c)* ***Verbindungsmittelabstände:*** *Tab. A-15.4a*

Anschluss Stütze – Riegel (Zuganschluss):

Anschlusswinkel $\gamma = 80°$ Durchmesser $d = 65$-A1		Riegel: $\alpha_G = 80°$	Stütze: $\alpha_Z = 0°$
untereinander	*min a₁*	88 mm	130 mm
	min a₁ · sin γ	87 mm	128 mm
	min a₂	78 mm	78 mm
	→ *min a⊥*	128 → 130 mm	87 → 100 mm
‖ zum Rand	*min a₃,c*	128 → 130 mm	
	min a₃,t		130 → 140 mm
⊥ zum Rand	*min a₄,c*	39 → 180 mm	39 → 50 mm
	min a₄,t	52 → 490 mm	
α = Winkel zwischen Kraft- und Faserrichtung im Gurt bzw. der Diagonale			

Anschluss Strebe – Riegel (Druckanschluss):

Anschlusswinkel $\gamma = 55°$ Durchmesser $d = 65$-A1		Riegel: $\alpha_G = 55°$	Strebe: $\alpha_D = 0°$
untereinander	*min a₁*	108 mm	130 mm
	min a₁ · sin γ	89 mm	107 mm
	min a₂	78 mm	78 mm
	→ *min a⊥*	107 → 110 mm	89 → 100 mm
‖ zum Rand	*min a₃,c*		78 → 80 mm
	min a₃,t		
⊥ zum Rand	*min a₄,c*	39 → 60 mm	39 → 60 mm
	min a₄,t	51 → 300 mm	
α = Winkel zwischen Kraft- und Faserrichtung im Gurt bzw. der Diagonale			

Anschlussbild:

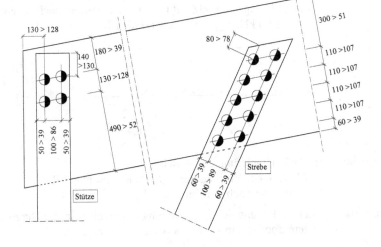

d) Spannungsnachweise: *Abschn. 7.1 u. 7.2*

- Stütze: Zugkraft

$A_n = 80 \cdot 200 - 2 \cdot 980 - 2 \cdot (80 - 15) \cdot (12 + 1) = 12350 \text{ mm}^2 = 123,5 \text{ cm}^2$

$$\sigma_{t,0,d} = 10 \cdot \frac{Z_d/2}{A_n} = 10 \cdot \frac{81,38/2}{123,5} = 3,29 \text{ N/mm}^2$$

$f_{t,0,d} = 0,692 \cdot 14,0 = 9,69 \text{ N/mm}^2$ *Tab. A-3.5*

$h = 200 \text{ mm} > 150 \text{ mm}$ → $k_h = 1,0$ *Tab. A-3.5*

Keine zusätzlichen Bolzen zur Aufnahme von $F_{ax,d}$ *Tab. A-7.1*

→ $k_{t,e} = 0,4$

→ $\eta = \dfrac{\sigma_{t,0,d}}{k_{t,e} \cdot k_h \cdot f_{t,0,d}} = \dfrac{3,29}{0,4 \cdot 1,0 \cdot 9,69} = 0,849 < 1$ *Gl. (7.4)*

- Strebe: Druckkraft!!

$A_n = 100 \cdot 220 - 2 \cdot 100 \cdot (12+1) = 19400 \text{ mm}^2 = 194,0 \text{ cm}^2$

$$\sigma_{c,0,d} = 10 \cdot \frac{S_d/2}{A_n} = 10 \cdot \frac{176,55/2}{194,0} = 4,55 \text{ N/mm}^2$$

$f_{c,0,d} = 0,692 \cdot 21,0 = 14,53 \text{ N/mm}^2$ *Tab. A-3.5*

→ $\eta = \dfrac{\sigma_{c,0,d}}{f_{c,0,d}} = \dfrac{4,55}{14,53} = 0,31 < 1$ *Gl. (7.6)*

Zusätzlich Knicknachweis erforderlich!

Beispiel 15-7

Gegeben: Schräganschluss ($\gamma = 45°$) eines zweiteiligen Zugstabes ($2 \times b/h = 2 \times 80/160$ mm) an ein innen liegendes Gurtholz ($b/h = 100/300$ mm) mittels Dübel $\varnothing$ 50 – C10, M12 (4.6).
Material: Zugstab und Gurt C 30 (Verfügbarkeit nachfragen!), NKL 2.
$F_{g,k} = 35,0$ kN, $F_{s,k} = 55,0$ kN (H über NN ≤ 1000 m).

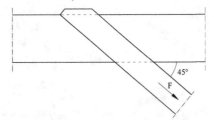

Gesucht: a) Dimensionierung des Anschlusses
           (Anzahl der Verbindungsmittel und Anschlussbild).
          b) Spannungsnachweis im Zugstab.

Hinweis: Zur Einhaltung des Zugspannungsnachweises in der Diagonalen sind zusätzliche Klemmbolzen am Ende des Anschlusses erforderlich.

Lösung:

Maßgebende Zugkraft: $Z_d = 129{,}75$ kN

a) Dimensionierung des Anschlusses:

- Mindestholzdicken:

Bolzen: $\left. \begin{array}{l} \alpha_{SH} = \ \ 0° \\ \alpha_{MH} = 45° \end{array} \right\}$ $\rightarrow$ $\begin{cases} t_{SH,req} = 58 \cdot 1{,}012 = 58{,}7 \text{ mm} < 80 \text{ mm} \\ t_{MH,req} = 59 \cdot 1{,}012 = 59{,}7 \text{ mm} < 100 \text{ mm} \end{cases}$ *Tab. A-13.1 u. A-13.2*

$\rightarrow$ keine Abminderung der Bolzentragfähigkeit $F_{v,45,Rd}^b$ erforderlich.

Dübel: $t_{SH,req} = 36$ mm < 80 mm; $t_{MH,req} = 60$ mm < 100 mm   *Tab. A-15.2*

$\rightarrow$ keine Abminderung der Dübeltragfähigkeit $F_{v,45,Rd}^c$ erforderlich.

- Tragfähigkeit:

Dübel: C 24: $F_{v,0,Rk}^c = 8{,}84$ kN   *Tab. A-15.2*

C 30: $F_{v,0,Rk}^c = 8{,}84 \cdot k_3 = 8{,}84 \cdot \dfrac{380}{350} = 9{,}60$ kN   *Gl. (15.8) u. Tab. A-15-1*

$F_{v,\alpha,Rd}^c = F_{v,0,Rd}^c = 0{,}692 \cdot 9{,}60 = 6{,}64$ kN pro Dübel   *Tab. A-15.2*

Bolzen: $\alpha_{SH} = 0°$, $\alpha_{MH} = 45°$

$\rightarrow$ $F_{v,45,Rd}^b = 0{,}818 \cdot 1{,}098 \cdot 1{,}25 \cdot 6{,}08 = 6{,}83$ kN pro SF *Tab. A-13.1 u. A-13.2*

Tragfähigkeit pro Verbindungseinheit (VE):

$F_{v,45,Rd}^j = F_{v,0,Rd}^c + F_{v,45,Rd}^b = 6{,}64 + 6{,}83 = 13{,}47$ kN pro VE

$\rightarrow$ $F_{v,45,Rd,1}^j = 2 \cdot 13{,}47 = 26{,}94$ kN pro Dübelachse

- erf. Anzahl Verbindungseinheiten:

$erf \ n \geq \dfrac{Z_d}{F_{v,45,Rd,1}^j} = \dfrac{129{,}75}{13{,}47} = 9{,}63$ VE (= 4,82 Dübelachsen)   *Gl. (15.15)*

$\Rightarrow$ gewählt: 12 Dü $\varnothing$ 50 – C10 ($2 \cdot n_n \cdot n_h = 2 \cdot 2 \cdot 3 = 12$ Dübel)

- Anzahl *wirksamer* Verbindungsmittel/Nachweis:

$n_h = 3$ $\rightarrow$ $k_{h,ef,0} = 0{,}95$ *Tab. A-11.2*

$\rightarrow$ $n_{ef} = 0{,}95 \cdot n = 0{,}95 \cdot 12 = 11{,}4$ Dübel $> erf \ n = 9{,}63$ *Gl. (15.16)*

- Verbindungsmittelabstände:

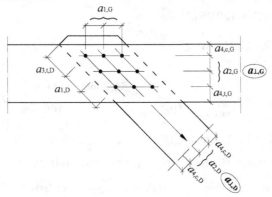

Anschlusswinkel $\gamma = 45°$ Durchmesser: $d = 12$ mm (Bo) $d = 50$-C10 (Dü)		Diagonale: $\alpha_D = 0°$	Gurt: $\alpha_G = 45°$
untereinand.	*min a_1*	Bolzen: 60 mm } → 100 mm Dübel: 100 mm	Bolzen: 57 mm } → 89 mm Dübel: 89 mm
	min $a_1 \cdot \sin \gamma$	71 mm	63 mm
	min a_2	Bolzen: 48 mm } → 60 mm Dübel: 60 mm	Bolzen: 48 mm } → 60 mm Dübel: 60 mm
	→ min $a_\perp$	63 → 80 mm ✓	71 → 71 mm ✓
‖ zum Rand	*min $a_{3,c}$*		
	min $a_{3,t}$	Bolzen: 84 mm } Dübel: 100 mm → 100 → 100 mm ✓	
⊥ zum Rand	*min $a_{4,c}$*	Bolzen: 36 mm } Dübel: 30 mm → 36 → 40 mm ✓	Bolzen: 36 mm } Dübel: 30 mm → 36 → 37 mm ✓
	min $a_{4,t}$		Bolzen: 41 mm } Dübel: 38 mm → 41 → 50 mm ✓
α = Winkel zwischen Kraft- und Faserrichtung im Gurt bzw. der Diagonale			

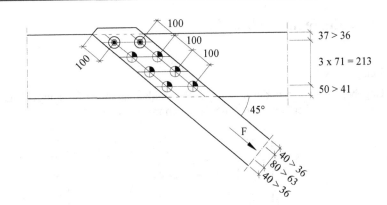

Anschlussbild:

b) Spannungsnachweis: *Abschn. 7.1 u. 7.2*

$A_n = 80 \cdot 160 - 2 \cdot 460 - 2 \cdot (80 - 12) \cdot (12 + 1) = 10112 \text{ mm}^2 = 101,12 \text{ cm}^2$

$\sigma_{t,0,d} = 10 \cdot \dfrac{Z_d / 2}{A_n} = 10 \cdot \dfrac{129,75 / 2}{101,12} = 6,42 \text{ N/mm}^2$

$f_{t,0,d} = 0,692 \cdot 18,0 = 12,46 \text{ N/mm}^2$ *Tab. A-3.5*

$h = 160 \text{ mm} > 150 \text{ mm} \;\rightarrow\; k_h = 1,0$ *Tab. A-3.5*

Zusätzliche Klemmbolzen $\rightarrow k_{t,e} = 2/3$ *Tab. A-7.1*

$\Rightarrow \eta = \dfrac{\sigma_{t,0,d}}{k_{t,e} \cdot k_h \cdot f_{t,0,d}} = \dfrac{6,42}{2/3 \cdot 1,0 \cdot 12,46} = 0,77 < 1$ *Gl. (7.4)*

Ausziehkraft für Klemmbolzen:

$F_{t,d} = \dfrac{N_{a,d}}{n_R} \cdot \dfrac{t}{2 \cdot a} = \dfrac{129,75 / 2}{3} \cdot \dfrac{80}{2 \cdot 100} = 8,65 \text{ kN}$ *Gl. (7.5)*

$\rightarrow$ Ausziehkraft pro Klemmbolzen (U-Scheibe): $F_{t,d,1} = 8,65/2 = 4,33 \text{ kN}$

Aufnehmbare Kraft (auf der sicheren Seite mit C 24 gerechnet): *Tab. A-8.2*

M12: $R_{c,90,d} = 0,692 \cdot 18,66 = 12,91 \text{ kN} \gg 4,33 \text{ kN} = F_{t,d,1}$

16 Vollgewindeschrauben

Beispiel 16-1

Gegeben: Balken, der mittels VG-Schrauben an eine Pfette angehängt werden soll.
Geplant sind VG-Schrauben mit $d = 8$ mm.

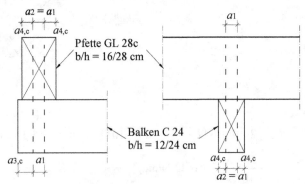

Gesucht: Mögliches Anschlussbild (Anzahl Schrauben, Abstände)

Lösung:

Pfette: $B = 160$ mm $\rightarrow$ max $n_n = 3$ (mit $a_{4,c} = 4 \cdot d$)   *Tab. A-16.3*

Balken: $B = 120$ mm $\rightarrow$ max $n_n = 2$ *Tab. A-16.3*

$\rightarrow$ $2 \times 3 = 6$ Schrauben möglich

Gewählte Abstände:

Pfette:

$a_{4,c} = 40$ mm > 32 mm ✓

$a_2 = 40$ mm $= 40$ mm ✓

Balken:

$a_{4,c} = 40$ mm > 32 mm ✓

$a_2 = 40$ mm $= 40$ mm ✓

$a_{3,c} = 40$ mm $= 40$ mm ✓
(d. h. Balken kann bündig
abschließen)

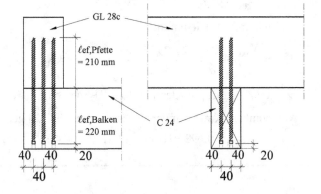

Beispiel 16-2 (siehe Abhängung Beispiel 16-1)

Gegeben: Abhängung aus *Beispiel 16-1*
gewählt: 2×3 VG-Schrauben $\varnothing$ 8 mm, L_S = 430 mm, 20 mm versenkt

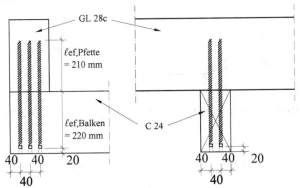

Gesucht: Tragfähigkeit des Anschlusses.

Lösung:

Schrauben $\varnothing$ 8 mm $\rightarrow$ $R_{u,d}$ = 14,4 kN   *Tab. A-16.5*

Pfette (GL 28c): ℓ_{ef} = 210 mm

$$F_{ax,90,Rd} = 2x3 \cdot \min \begin{cases} f_{ax,90,d} \cdot d \cdot \ell_{ef} \\ R_{u,d} \end{cases}$$ *Gl. (16.2)*

$f_{ax,d}$ = 0,615 $\cdot$ 9,80 = 6,03 N/mm^2 *Tab. A-16.5*

$$F_{ax,90,Rd} = 6 \cdot \min \begin{cases} 6,03 \cdot 8 \cdot 210 \cdot 10^{-3} = 10,12 \text{ kN} \\ 14,4 \text{ kN} \end{cases}$$

$\rightarrow$ $F_{ax,Rd,Pfette}$ = 6 $\cdot$ 10,12 = 60,75 kN

Balken (C 24): ℓ_{ef} = 220 mm

$$F_{ax,90,Rd} = 6 \cdot \min \begin{cases} 6,03 \cdot 8 \cdot 220 \cdot 10^{-3} = 10,61 \text{ kN} \\ 14,4 \text{ kN} \end{cases}$$

$\rightarrow$ $F_{ax,Rd,Balken}$ = 6 $\cdot$ 10,61 = 63,66 kN

$\rightarrow$ Maßgebend: Pfette mit $F_{ax,Rd,Pfette}$ = 60,75 kN

Beispiel 16-3

Gegeben: Ausgeklinkter Träger C 24 mit einer Belastung von:
$V_{g,k} = 3,8$ kN, $V_{p,k} = 4,9$ kN, NKL = 2, KLED = kurz

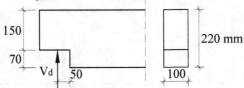

Gesucht: Nachweis der Verstärkung unter Verwendung von VG-Schrauben $\varnothing$ 10 mm.

Lösung:

Bemessungswert der Auflagerkraft: $\qquad V_d = 1,35 \cdot 3,8 + 1,5 \cdot 4,9 = 12,5$ kN

Tragfähigkeit des Restquerschnittes: $\qquad \max V_d = \dfrac{2}{3} \cdot b \cdot h_{ef} \cdot f_{v,d}$ $\qquad$ *Gl. (8.29)*

mit $f_{v,d} = 0,692 \cdot k_{cr} \cdot f_{v,k} = 0,692 \cdot 0,5 \cdot 4,0 = 1,38$ N/mm² $\qquad$ *Tab. A-3.5*

$\rightarrow \max V_d = \dfrac{2}{3} \cdot 100 \cdot 150 \cdot 1,38 = 13840$ N $= 13,84$ kN $> 12,5$ kN $\checkmark$

Querzugkraft: $\quad \alpha = 15 / 22 = 0,682 \quad \rightarrow \quad k_\alpha = 0,314$ $\qquad$ *Tab. A-8.5*

$\rightarrow F_{ax,Ed} = k_\alpha \cdot V_d = 0,314 \cdot 12,5 = 3,93$ kN $\qquad$ *Gl. (8.30)*

$\varnothing$ 10 mm: Schraubenlänge gewählt: $L_S = 200$ mm

$\ell_{ef,1} = 70$ mm $\qquad \ell_{ef,2} = 130$ mm $\geq \ell_{ef,1}$

$f_{ax,d} = 0,692 \cdot 9,80 = 6,78$ N/mm² $\qquad$ *Tab. A-16.5*

$$F_{ax,Rd} = \min \begin{cases} f_{ax,90,d} \cdot d \cdot \ell_{ef} = 6,78 \cdot 10 \cdot 70 \cdot 10^{-3} = 4,75 \text{ kN} \\ R_{u,d} = 22,6 \text{ kN} \end{cases}$$ $\qquad$ *Gl. (16.2)*

$F_{ax,Rd} = 4,75$ kN $> F_{ax,Ed} = 3,93$ kN

Abstand zum seitlichen Rand: $\qquad \min a_{4,c} = 4 \cdot d = 40$ mm $\qquad$ *Tab. A-16.4*

$\rightarrow$ gewählt: 50 mm (mittig einschrauben)

Abstand zur einspringenden Ecke: $\qquad a_{3,c} = 5 \cdot d = 50$ mm

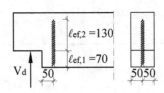

Beispiel 16-4

Gegeben: Zugstoß mit SDü ∅ 16 mm (S235). Belastung N_d = 85,0 kN.
Material C24, NKL 1, KLED = mittel

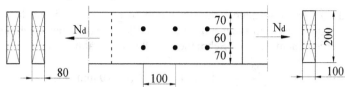

Gesucht: Querzugverstärkung (Spaltbewehrung) mittels durchgehender Schrauben
∅ 8 mm mit Senkkopf

Lösung:

- Nachweis des Anschlusses

  Bemessungswert der Tragfähigkeit pro Scherfuge (siehe *Kapitel 13*):

  $t_{req,SH}$ = 77 mm < 80 mm ✓   *Tab. A-13.1*

  $t_{req,MH}$ = 64 mm < 100 mm ✓

  $F_{v,Rd}$ = 0,727 · 10,61 = 7,71 kN pro SF

  → $F_{v,Rd}$ = 2 · 7,71 = 15,42 kN pro SDü

  Hintereinander liegende SDü → Abminderung:

  n_h = 3 a_1/d = 100/16 = 6,25   → $k_{h,ef,0}$ = 0,746   *Tab. A-11.2*

  → $F_{v,Rd,ges}$ = 0,746 · 6 · 15,42 = 69,02 kN < $F_{v,Ed}$ = 85,0 kN

  → Querzugverstärkung erforderlich

- Kraft pro Scherfuge

  Vorhandene Abscherkraft pro Scherfuge und VM:

  $$F_{v,Ed,SF} = \frac{F_{v,Ed}}{n_{SF}} = \frac{85,0}{2\cdot 6} = 7,08 \text{ kN}$$

- Kraft pro Schraube

  Spaltkraft pro Scherfuge und VM:

  Im SH: $N_{\perp,d} = n_{SF}\cdot 0,3\cdot F_{v,Ed,SF} = 1\cdot 0,3\cdot 7,08 = 2,12$ kN   *Gl. (16.12)*

  Im MH: $N_{\perp,d} = n_{SF}\cdot 0,3\cdot F_{v,Ed,SF} = 2\cdot 0,3\cdot 7,08 = 4,24$ kN   *Gl. (16.12)*

- Verstärkung im **MH** (größere Spaltkraft):

  Wahl der Schraube

  $f_{ax,90,d}$ = 0,615 · 9,80 = 6,03 N/mm²   *Tab. A-16.5*

  $$erf\ \ell_{ef} = \frac{N_{\perp,d}}{f_{ax,90,d}\cdot d} = \frac{4,24\cdot 10^3}{6,03\cdot 8} = 88 \text{ mm} > a_{4,c,VM} = 70 \text{ mm !}$$ *Gl. (16.14)*

  → mit einer Schraube nicht machbar

Möglichkeiten:

a) 2 Schrauben nebeneinander

b) 1 Schraube $d = 10$ mm

Da im SH die zu übertragenden Kräfte nur halb so groß sind wie im MH, reicht dort 1 Schraube $d = 8$ mm aus. Um nicht mit unterschiedlichen Schraubendurchmessern arbeiten zu müssen, werden nachfolgend 2 Schrauben $d = 8$ mm gewählt.

$$erf\ \ell_{ef} = \frac{N_{\perp,d}/2}{f_{ax,90,d} \cdot d} = \frac{4240}{2 \cdot 6,03 \cdot 8} = 44\ mm\ < a_{4,c,VM} = 70\ mm\ \checkmark \qquad Gl.\ (16.14)$$

gewählt: $L_S = 180$ mm ohne Versenken (v = 0)

$$\ell_{ef,2} = L_S - a_{4,c,VM} - (n_{n,VM} - 1) \cdot a_{2,VM}$$
$$= 180 - 70 - (2-1) \cdot 60 = 50\ mm \geq erf\ \ell_{ef} = 44\ mm \qquad Gl.\ (16.16a)$$

$$\ell_{ef,1} = a_{4,c,VM} = 70\ mm \geq erf\ \ell_{ef} = 44\ mm \qquad Gl.\ (16.16b)$$

Anordnung der Schrauben

Abstände im **MH**:

$a_1 = a_{1,VM} = 100$ mm

$$\rightarrow min\ a_2 = max \begin{cases} \dfrac{25 \cdot d^2}{a_1} = \dfrac{25 \cdot 8^2}{100} = 16\ mm \\ 2,5 \cdot d = 2,5 \cdot 8 = 20\ mm \end{cases} = 20\ mm$$

gewählt:

$a_{4,c}$ zur Kontaktfläche: $a_{4,c} = min\ a_{4,c} = 4 \cdot d = 32$ mm $\checkmark$ *Tab. A-16.2*

$a_2 = b - 2 \cdot a_{4,c} = 100 - 2 \cdot 32 = 36$ mm $> 2,5 \cdot d = 20$ mm $\checkmark$

$a_{3,c} > 5 \cdot d = 40$ mm

- Verstärkung im **SH**:

Da die Spaltkräfte im SH nur halb so groß sind wie im MH, reicht pro SH jeweils eine Schraube $d = 8$ mm, $L_S = 180$ mm zur Übertragung der Spaltkräfte aus.

Abstände im SH:

gewählt:

$a_{4,c}$ zur Kontaktfläche:
    $a_{4,c} = min\ a_{4,c} = = 4 \cdot d = 32$ mm $\checkmark$

$a_{4,c}$ zur gegenüber liegenden Seite:

    $a_{4,c} = b - 32 = 80 - 32 = 48$ mm > 32 mm

$a_{3,c} > 5 \cdot d = 40$ mm

Anordnung der Schrauben jeweils „hinter" den Stabdübeln.

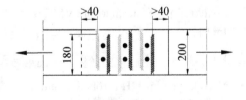

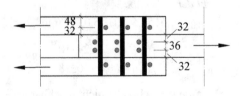

Beispiel 16-5

Gegeben: Auflagerung eines Pfostens auf einer Schwelle, $F_{c,90,d} = 43{,}2$ kN
KLED = mittel, NKL 1, Material: C 24

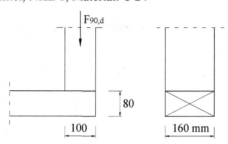

Gesucht:
1. Tragfähigkeit der unverstärkten Auflagerung
2. Tragfähigkeit der verstärkten Auflagerung unter Verwendung von Schrauben
   $\varnothing$ 6 mm, $L_S = 70$ mm

Lösung:

- Tragfähigkeit des unverstärkten Auflagers

$$R_{c,90,d} = k_{c,90} \cdot b \cdot \ell_{A,ef} \cdot f_{c,90,d} \qquad Gl. (16.19)$$

Nächster Pfosten $> 2 \cdot h = 160$ mm entfernt ($\ell_1 > 2 \cdot h$):

VH: $k_{c,90} = 1{,}25$ *Tab. A-8.1*

$\ell_{A,ef} = 100 + 30 = 130$ mm

$f_{c,90,d} = 0{,}615 \cdot 2{,}5 = 1{,}54$ N/mm²   *Tab. A-3.5*

$\rightarrow R_{c,90,d} = 1{,}25 \cdot 160 \cdot 130 \cdot 1{,}54 \cdot 10^{-3} = 40{,}04$ kN $< 43{,}2$ kN

$\rightarrow$ Verstärkung erforderlich

- max. Anzahl von Schrauben

Gewählt (vorgegeben): $\varnothing$ 6 mm, $L_S = 70$ mm

„Harte" Zwischenlage aus Stahlblech, $t = 5$ mm

Maximale Anzahl möglicher Schrauben:

$b = 160$ mm $\rightarrow n_n = 4$ Schrauben nebeneinander   *Tab. A-16.3*

$\ell_A = 100$ mm $\rightarrow n_h = 2$ Schrauben hintereinander   *Tab. A-16.6*

- Schraubentragfähigkeit

$$F_{ax,90,Rd} = \min \begin{cases} f_{ax,90,d} \cdot d \cdot \ell_{ef} \\ R_{ki,d} \end{cases} \qquad Gl. (16.3)$$

$f_{ax,90,d} = 0{,}615 \cdot 9{,}80 = 6{,}03$ N/mm²   *Tab. A-16.5*

$\ell_{ef} = L_S = 70$ mm

$R_{ki,d} = 5{,}5$ kN   *Tab. A-16.5*

$$\rightarrow F_{ax,90,Rd} = \min \begin{cases} 6{,}03 \cdot 6 \cdot 70 \cdot 10^{-3} = 2{,}53 \text{ kN} \\ 5{,}50 \text{ kN} \end{cases} = 2{,}53 \text{ kN}$$

- Anzahl der erforderlichen Schrauben

$$erf\ n_S = \frac{F_{c,90,d} - R_{c,90,d}}{F_{ax,90,Rd}} = \frac{43,2 - 40,04}{2,53} = 1,25 \qquad Gl.\ (16.22)$$

→ gewählt: 2 × 2 Schrauben (wegen verteilter Lasteinleitung)

$$R_{90,d} = R_{c,90,d} + n_S \cdot F_{ax,90,Rd} \qquad Gl.\ (16.20)$$

$$R_{90,d} = 40,04 + 4 \cdot 2,53 = 50,2\ kN\ > 43,2\ kN\ \checkmark$$

- Anordnung der Schrauben $\hfill$ *Tab. A-16.3*

Schraubenabstände:

$a_{3,c} = 30\ mm = min\ a_{3,c}\ \checkmark$

$a_1 = 40\ mm > min\ a_1 = 30\ mm\ \checkmark$

$a_2 = 50 > min\ a_2 = 30\ mm\ \checkmark$

$a_{4,c} = 55\ mm > min\ a_{4,c} = 24\ mm\ \checkmark$

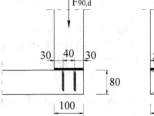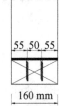

Anmerkung:
Da beim nachfolgenden Nachweis der Querdruckspannung in der Ebene der Schraubenspitzen die wirksame Auflagerlänge $\ell_{A,ef,45}$ maßgeblich vom Abstand a_1 der Schrauben bestimmt wird, wurde dieser mit 40 mm größer gewählt als erforderlich.

- Querdruckspannung in der Ebene der Schraubenspitzen

$$R_{c,90,d} = b \cdot \ell_{A,ef,45} \cdot f_{c,90,d} \qquad Gl.\ (16.25)$$

$f_{c,90,d} = 1,54\ N/mm^2$ (siehe oben)

$$\ell_{A,ef,45} = L_S + (n_h - 1) \cdot a_1 + min\begin{cases} a_{3,c} \\ L_S \end{cases} \qquad Gl.\ (16.23)$$

$$\ell_{A,ef,45} = (2-1) \cdot 40 + 70 + min\begin{cases} 30 \\ 70 \end{cases} = 140\ mm$$

→ $R_{c,90,d} = 160 \cdot 140 \cdot 1,54 \cdot 10^{-3} = 34,50\ kN < 43,2\ kN$!!

Die mit den Schrauben erzielte Verstärkung reicht somit wegen der im Bereich der Schraubenspitzen vorhandenen (zu hohen) Querdruckspannung nicht aus. Die Lastausbreitung ist hierfür angesichts der geringen Schwellenhöhe zu gering.

Damit trägt die verstärkte Auflagerung rechnerisch weniger als die unverstärkte! Die Regelungen der Zulassungen erscheinen diesbezüglich zumindest fraglich.

Beispiel 16-6

Gegeben: Endauflager eines BSH-Trägers auf einer „harten" Unterlage
KLED = kurz, NKL 2. Material: GL 28c

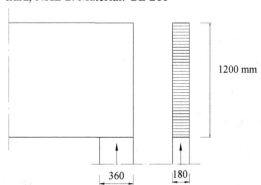

1200 mm

360   180

Gesucht: 1. Tragfähigkeit der unverstärkten Auflagerung.
2. Tragfähigkeit der „maximal" verstärkten Auflagerung unter Verwendung von
Vollgewindeschrauben $\varnothing$ 12 mm.

Lösung:

• Tragfähigkeit des unverstärkten Auflagers

$$R_{c,90,d} = k_{c,90} \cdot b \cdot \ell_{A,ef} \cdot f_{c,90,d} \qquad \text{Gl. (16.19)}$$

Nächstes Auflager > $2 \cdot h$ = 2400 mm entfernt ($\ell_1 > 2 \cdot h$):

→ $k_{c,90}$ = 1,75   *Tab. A-8.1*

$\ell_{A,ef}$ = 360 + 30 = 390 mm

$f_{c,90,d}$ = 0,692·2,5 = 1,73 N/mm²   *Tab. A-3.6*

→ $R_{c,90,d}$ = 1,75 · 180 · 390 · 1,73·10⁻³ = 212,53 kN

• max. Anzahl von Schrauben

Schrauben $\varnothing$ 12 mm, gewählt: L_S = 300 mm

Anmerkung:
Eine längere Schraube wird nicht gewählt, weil das Ausknicken der Schraube ($R_{ki,d}$)
maßgebend wird, und die Tragfähigkeit nicht mehr gesteigert werden kann.

b = 180 mm   → n_n = 2 Schrauben nebeneinander möglich   *Tab. A-16.3*

ℓ_A = 360 mm   → n_h = 5 Schrauben hintereinander möglich   *Tab. A-16.6*

→ max n_S = 2 × 5 = 10 Schrauben

• Schraubentragfähigkeit

$$F_{ax,90,Rd} = \min \begin{cases} f_{ax,90,d} \cdot d \cdot \ell_{ef} \\ R_{ki,d} \end{cases} \qquad \text{Gl. (16.3)}$$

$f_{ax,90,d}$ = 0,692 · 9,80 = 6,78 N/mm²   *Tab. A-16.5*

ℓ_{ef} = L_S = 300 mm

$R_{ki,d}$ = 23,4 kN   *Tab. A-16.5*

$$\rightarrow F_{ax,90,Rd} = \min \begin{cases} 6,78 \cdot 12 \cdot 300 \cdot 10^{-3} = 24,41 \text{ kN} \\ 23,4 \text{ kN} \end{cases} = 23,4 \text{ kN}$$

- Tragfähigkeit der verstärkten Auflagerung

$$R_{90,d} = R_{c,90,d} + n_S \cdot F_{ax,90,Rd} \qquad \qquad Gl. \ (16.20)$$

$$R_{90,d} = 212,53 + 10 \cdot 23,4 = 446,53 \text{ kN} \ >>> \ 212,53 \text{ kN} \ \checkmark$$

- Anordnung der Schrauben   *Tab. A-16.3*

Gewählte Schraubenabstände:

$a_{3,c} = 60$ mm = min $a_{3,c}$ ✓

$a_1 = 60$ mm = min a_1 ✓

$a_2 = 60$ = min a_2 ✓

$a_{4,c} = 60$ mm > min $a_{4,c} = 48$ mm ✓

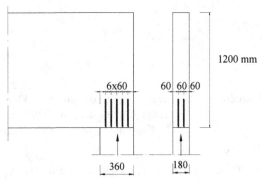

- Querdruckspannung in der Ebene der Schraubenspitzen

$$R_{c,90,d} = b \cdot \ell_{A,ef,45} \cdot f_{c,90,d} \qquad \qquad Gl. \ (16.25)$$

$f_{c,90,d} = 1,73$ N/mm^2 (siehe oben)

$$\ell_{A,ef} = \ell_A + k_A \cdot L_S \qquad \qquad Gl. \ (16.28)$$

$L_S / h = 300/1200 = 0,25 \ \rightarrow \ k_A = 0,570$ *Tab. A-16.7*

$\rightarrow \ \ell_{A,ef} = 360 + 0,570 \cdot 300 = 531$ mm

$\rightarrow \ R_{c,90,d} = 180 \cdot 531 \cdot 1,73 \cdot 10^{-3} = 165,35$ kN $< 212,53$ kN (!)

Dies bedeutet, dass die Tragfähigkeit der verstärkten Auflagerung geringer wäre, als die der unverstärkten!! Die Lastausbreitung ist wegen der geringen Schraubenlänge zu gering!

Lösungsvorschlag: Erhöhung der Schraubenlänge auf $L_S = 600$ mm. Damit kann die Tragfähigkeit der Schrauben selbst zwar nicht erhöht werden, dafür steigt aber die wirksame Auflagerlänge $\ell_{A,ef}$:

$L_S / h = 600/1200 = 0,50 \ \rightarrow \ k_A = 1,302$ *Tab. A-16.7*

$\rightarrow \ \ell_{A,ef} = 360 + 1,302 \cdot 600 = 1141$ mm

$\rightarrow \ R_{c,90,d} = 180 \cdot 1141 \cdot 1,73 \cdot 10^{-3} = 355,31$ kN

Diese Tragfähigkeit ist kleiner als diejenige unter Annahme des Zusammenwirkens des Holzes und der Schrauben ($R_{90,d} = 446,53$ kN). Durch die Verlängerung der Schrauben konnte aber immerhin eine Verstärkung von etwa 67 % erzielt werden (355,31/212,53 = 1,67).

Beispiel 16-7

Gegeben: Anschluss Nebenträger b/h = 120/240 mm an torsionsweichen Hauptträger
b/h = 140/280 mm mit nicht gekreuzten Schrauben ∅ 8 mm.
Beanspruchung: $V_{g,k}$ = 3,0 kN, $V_{p,k}$ = 4,5 kN
NKL 1, KLED = mittel

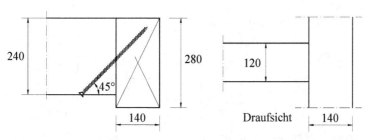

Gesucht: Tragfähigkeit und Abstände.

Lösung:

- Bemessungswert der Auflagerkraft:
  V_d = 1,35 · 3,0 + 1,5·4,5 = 10,80 kN

- Wahl der Schraubenlänge:
  b_{HT} = 140 mm, h_{NT} = 240 mm → max L_S = 339 mm   *Tab. A-16.8*
  → gewählt L_S = 300 mm

- Montagepunkt:
  m = 0,354 · 300 = 106 mm   *Gl. (16.29)*

- Aufnehmbare Auflagerkraft pro Schraube:
  max $V_{d,1}$ = 0,615 · 8,91 = 5,48 kN   *Tab. A-16.9*

- Anzahl der nebeneinander liegenden Schrauben:
  b_{NT} = 120 mm → n_n = 3 wären möglich   *Tab. A-16.10*
  → gewählt n_n = 2
  → $V_{d,ges}$ = 2·5,48 = 10,96 kN > 10,80 kN   (η = 0,99 < 1)

- Abstände: *Tab. A-16.10*
  $a_{4,c}$ = 40 mm > min $a_{4,c}$ = 32 mm ✓
  a_2 = 40 mm > min a_2 = 20 mm ✓

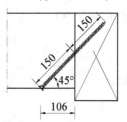

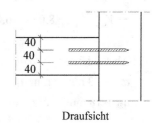

Draufsicht

Beispiel 16-8

Gegeben: Anschluss Nebenträger b/h = 120/240 mm an torsionssteifen Hauptträger b/h = 140/280 mm mit gekreuzten Topix-CC-Schrauben $\varnothing$ 8 mm (mit gewindefreiem Bereich). Beanspruchung: $V_{g,k}$ = 5,0 kN, $V_{p,k}$ = 5,8 kN NKL 1, KLED = mittel

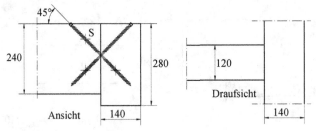

Gesucht: Tragfähigkeit und Abstände

Lösung:

- Bemessungswert der Auflagerkraft:
V_d = 1,35 · 5,0 + 1,5 · 5,8 = 15,45 kN

- Wahl der Schraubenlänge:
b_{HT} = 140 mm, h_{NT} = 240 mm → max L_S = 339 mm   *Tab. A-16.8*
→ gewählt L_S = 300 mm

- Montagepunkt:
m = 0,354 · 300 = 106 mm   *Gl. (16.31)*

- Anzahl der möglichen Schraubenpaare:
b_{NT} = 120 mm → n_P = 3 Schraubenpaare möglich   *Tab. A-16.12*
→ gewählt: n_P = 2

- Tragfähigkeit:
Topix-CC-Schrauben $\varnothing$ 8 mm mit L_S = 300 mm:
→ Gewindelänge ℓ_g = 138 mm   *Tab. A-16.1*
→ Die Tragfähigkeit ist vergleichbar mit einer Schraube L_S = 2 · 138 = 276 mm ≈ 275 mm
→ $V_{d,1P}$ = 0,615 · 13,07 = 8,04 kN   *Tab. A-16.11*
→ $V_{d,ges}$ = 2 · 8,04 = 16,08 kN > 15,45 kN   (η = 0,96 < 1)

- Abstände: *Tab. A-16.12*
$a_{4,c}$ = 33 mm > min $a_{4,c}$ = 32 mm ✓
a_{2k} = 18 mm > min a_{2k} = 12 mm ✓

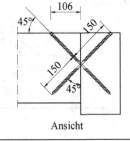

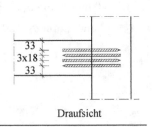

Beispiel 16-9

Gegeben: Einfeldsparren (b/h = 8/16 cm, C 24, Stützweite ℓ = 4,50 m), der im Zuge eines Umbaus zusätzliche Lasten aufnehmen muss.
Folgende Schnittgrößen sind zu erwarten:
M_d = 7,65 kNm, V_d = 5,6 kN (KLED = kurz, NKL 1)
Es ist vorgesehen, den Sparren wie dargestellt von außen (d. h. von oben) zu verstärken. Es sind VG-Schrauben d = 8 mm mit L_S = 300 mm vorgesehen.

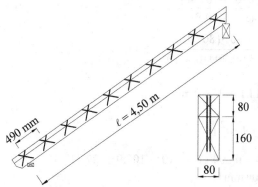

Gesucht: a) Wirksames Trägheitsmoment des zusammengesetzten Trägers.
b) Nachweise der Biegespannungen und der Schubspannung.
c) Nachweis der Schrauben.

Lösung:

a) Wirksames Trägheitsmoment:

Grundwerte für die Berechnung:

A_1 = 80 · 80 = 6,40 · 10^3 mm² I_1 = 80 · 80³ / 12 = 3,413 · 10^6 mm⁴

A_2 = 80 · 160 = 12,80 · 10^3 mm² I_2 = 80 · 160³ / 12 = 27,31 · 10^6 mm⁴

Einschraublängen:

$\ell_{ef,1}$ = 80/cos45° = 113,1 mm

$\ell_{ef,2}$ = $L_S - \ell_{ef,1}$ = 300 – 113,1 = 186,9 mm

- Für die Nachweise der **Gebrauchstauglichkeit** (Durchbiegungen):

Verschiebungsmodul einer Schraube für die Nachweise der Gebrauchstauglichkeit:

$$K_{ser,ax} = \frac{780 \cdot 8^{0,2}}{\dfrac{1}{113,1^{0,4}} + \dfrac{1}{186,9^{0,4}}} = 4310 \text{ N/mm} \qquad Gl. \ (16.7)$$

Verschiebungsmodul in der Fuge:

$$K_{ser,Fuge,45°} = 0,5 \cdot 4310 = 2155 \text{ N/mm} \quad \text{pro Schraube} \qquad Gl. \ (16.9)$$

→ $K_{ser,Fuge}$ = 2 · 2155 = 4310 N/mm pro Schraubenpaar

$E = E_{0,\text{mean}} = 11000 \text{ N/mm}^2$ *Tab. A-3.5*

$s = 490 \text{ mm}$

$\ell = 4{,}50 \text{ m} = 4500 \text{ mm}$

$\gamma_2 = 1{,}0$

$$\gamma_1 = \frac{1}{1 + \pi^2 \cdot \dfrac{11000 \cdot 6{,}4 \cdot 10^3 \cdot 490}{4310 \cdot 4500^2}} = 0{,}204 \qquad \textit{Gl. (16.36)}$$

$$a_2 = \frac{0{,}204 \cdot 6{,}4 \cdot 10^3 \cdot \left(80 + 160\right)}{2 \cdot \left(12{,}8 \cdot 10^3 + 0{,}204 \cdot 6{,}4 \cdot 10^3\right)} = 11{,}1 \text{ mm} \qquad \textit{Gl. (16.34)}$$

$$a_1 = \frac{80 + 160}{2} - 11{,}1 = 108{,}9 \text{ mm} \qquad \textit{Gl. (16.35)}$$

$$I_{\text{ef}} = \sum \left(I_i + \gamma_i \cdot A_i \cdot a_i^2\right) \qquad \textit{Gl. (16.33)}$$

$I_{\text{ef}} = 3{,}413 \cdot 10^6 + 0{,}204 \cdot 6{,}4 \cdot 10^3 \cdot 108{,}9^2 + 27{,}31 \cdot 10^6 + 1{,}0 \cdot 12{,}8 \cdot 10^3 \cdot 11{,}1^2$
$\phantom{I_{\text{ef}}} = 47{,}783 \cdot 10^6 \text{ mm}^4$

Das Trägheitsmoment des verstärkten Trägers ist um 75 % höher als das des unverstärkten Querschnittes 2: $I_{\text{ef}} / I_2 = 47{,}783 \cdot 10^6 / 27{,}31 \cdot 10^6 = 1{,}75$.

- Für die Nachweise der **Tragfähigkeit** (Spannungsnachweise):

Verschiebungsmodul einer Schraube für die Nachweise der Tragfähigkeit:

$$K_{\text{u,Fuge}} = \frac{2}{3} \cdot K_{\text{ser,Fuge}} = \frac{2}{3} \cdot 4310 = 2873 \text{ N/mm} \qquad \textit{Gl. (16.10)}$$

$\gamma_2 = 1{,}0$

$$\gamma_1 = \frac{1}{1 + \pi^2 \cdot \dfrac{11000 \cdot 6{,}4 \cdot 10^3 \cdot 490}{2873 \cdot 4500^2}} = 0{,}146 \qquad \textit{Gl. (16.36)}$$

$$a_2 = \frac{0{,}146 \cdot 6{,}4 \cdot 10^3 \cdot \left(80 + 160\right)}{2 \cdot \left(12{,}8 \cdot 10^3 + 0{,}146 \cdot 6{,}4 \cdot 10^3\right)} = 8{,}2 \text{ mm} \qquad \textit{Gl. (16.34)}$$

$$a_1 = \frac{80 + 160}{2} - 8{,}16 = 111{,}8 \text{ mm} \qquad \textit{Gl. (16.35)}$$

$$I_{\text{ef}} = \sum \left(I_i + \gamma_i \cdot A_i \cdot a_i^2\right) \qquad \textit{Gl. (16.33)}$$

$I_{\text{ef}} = 3{,}413 \cdot 10^6 + 0{,}146 \cdot 6{,}4 \cdot 10^3 \cdot 111{,}8^2 + 27{,}31 \cdot 10^6 + 1{,}0 \cdot 12{,}8 \cdot 10^3 \cdot 8{,}2^2$
$\phantom{I_{\text{ef}}} = 43{,}263 \cdot 10^6 \text{ mm}^4$

b) **Spannungsnachweise:**

C 24: $f_{m,d} = 0,692 \cdot 24 = 16,61$ N/mm² $\quad f_{v,d} = 0,5 \cdot 0,692 \cdot 4,0 = 1,38$ N/mm² *Tab. A-3.5*

Biegerandspannung im Querschnitt 2:

$$\sigma_{m2,R,d} = \frac{7,65 \cdot 10^6}{43,263 \cdot 10^6} \cdot \left(\frac{160}{2} + 8,2 \right) = 15,60 < 16,61 \text{ N/mm}^2 \quad \checkmark \qquad \textit{Gl. (16.37a)}$$

Der ursprüngliche Querschnitt wäre um 35 % überlastet gewesen:

$$\sigma_{m,d} = \frac{7,65 \cdot 10^6}{80 \cdot 160^2 / 6} = 22,41 \gg 16,61 \text{ N/mm}^2 \quad (\eta = 1,35 > 1 \text{ !})$$

Biegerandspannung im angeschlossenen Querschnitt 1:

$$\sigma_{m1,R,d} = \frac{7,65 \cdot 10^6}{43,263 \cdot 10^6} \cdot \left(\frac{80}{2} + 0,146 \cdot 111,8 \right) = 9,96 < 16,61 \text{ N/mm}^2 \quad \checkmark \qquad \textit{Gl. (16.37b)}$$

Schubspannung im Querschnitt 2:

$$\tau_{2,d} = \frac{5,60 \cdot 10^3}{43,263 \cdot 10^6} \cdot \frac{\left(\frac{160}{2} + 8,2 \right)^2}{2} = 0,50 \ll 1,38 \text{ N/mm}^2 \quad \checkmark \qquad \textit{Gl. (16.38)}$$

c) **Schraubennachweise:**

Scherkraft pro Schraubenpaar:

$$F_{v,d} = \frac{5,60 \cdot 10^3}{43,263 \cdot 10^6} \cdot 0,146 \cdot 6,4 \cdot 10^3 \cdot 111,8 \cdot 490 = 6626 \text{ N} = 6,63 \text{ kN} \qquad \textit{Gl. (16.39)}$$

Axiale Kraft pro Schraube:

$$F_{ax,Ed} = \frac{6,63}{2 \cdot \cos 45°} = 4,69 \text{ kN} \quad \text{pro Schraube} \qquad \textit{Gl. (16.40)}$$

Tragfähigkeit pro Schraube:

$$F_{ax,45,Rd} = \min \begin{cases} f_{ax,45,d} \cdot d \cdot \ell_{ef} \\ R_{u,d} \end{cases} \qquad \textit{Gl. (16.2) u. Gl. (16.5)}$$

$f_{ax,45,d} = 0,692 \cdot 8,4 = 5,81$ N/mm² $\qquad$ *Tab. A-16.5*

$d = 8$ mm, $\ell_{ef} = \min(\ell_{ef,1}; \ell_{ef,2}) = 113,1$ mm (siehe oben)

$R_{u,d} = 14,4$ kN $\qquad$ *Tab. A-16.5*

$$\rightarrow F_{ax,45,Rd} = \min \begin{cases} 5,81 \cdot 8 \cdot 113,1 \cdot 10^{-3} = 5,26 \text{ kN} \\ R_{u,d} = 14,4 \text{ kN} \end{cases} = 5,26 \text{ kN}$$

Nachweis:

$$F_{ax,Ed} = 4,69 \text{ kN} \leq F_{ax,Rd} = 5,26 \text{ kN} \quad \checkmark \quad (\eta = 0,89 < 1) \qquad \textit{Gl. (16.41)}$$

Formelsammlung

In dieser Formelsammlung werden – mit Ausnahme der Vollgewindeschrauben – die wichtigsten Formeln für die Bemessung von Holzkonstruktionen zusammengestellt.

Es wird Bezug genommen auf die Erläuterungen des Buches „Holzbau – Grundlagen und Bemessung nach EC 5" sowie die Tabellen im Anhang.

© Springer Fachmedien Wiesbaden GmbH, ein Teil von Springer Nature 2021
F. Colling, *Holzbau – Beispiele*

1 Allgemeines

In diesem Kapitel werden keine Beispiele behandelt.

2 Baustoffeigenschaften

Holzfeuchte ω in [%]

$$\omega = \frac{m_\omega - m_0}{m_0} \cdot 100 = \frac{m_\mathrm{w}}{m_0} \cdot 100$$	m_ω = Masse der feuchten Holzprobe m_0 = Masse der darrtrockenen Holzprobe (ω = 0 %) m_w = Masse des im Holz enthaltenen Wassers

Schwinden/Quellen

$$\Delta B = \alpha \cdot \frac{\Delta \omega}{100} \cdot B$$ $$\Delta H = \alpha \cdot \frac{\Delta \omega}{100} \cdot H$$	α = Schwind-/Quellmaß in [%/%] = 0,25 für Nadelhölzer $\perp$ Faser = 0,01 für Nadelhölzer $\parallel$ Faser $\Delta \omega$ = Änderung der Holzfeuchte in [%] $\Delta B, \Delta H$ = Änderung der Breite bzw. der Höhe B, H = Breite, Höhe

3 Grundlagen der Bemessung

Bemessungswert f_d einer Festigkeit

$$f_\mathrm{d} = \frac{k_\mathrm{mod}}{\gamma_\mathrm{M}} \cdot f_\mathrm{k}$$	f_k = char. Festigkeit (5-%-Quantilwert) k_mod = Modifikationsbeiwert nach **Tabelle A-3.2** γ_M = Teilsicherheitsbeiwert nach **Tabelle A-3.4**

Lastkombinationen

- Nachweis der **Tragfähigkeit:**
  Charakteristische Bemessungssituation: $\quad 1,35 \cdot G_\mathrm{k} + 1,5 \cdot Q_\mathrm{k,1} + 1,5 \cdot \sum_{i \geq 2} \psi_{0,i} \cdot Q_\mathrm{k,i}$

- Nachweis der **Gebrauchstauglichkeit:**
  - Char. (seltene) Kombination: $\quad G_\mathrm{k} + Q_\mathrm{k,1} + \sum_{i \geq 2} \psi_{0,i} \cdot Q_\mathrm{k,i}$ (elastische Verformungen)

  - Quasi-ständige Kombination: $\quad G_\mathrm{k} + \sum \psi_{2,i} \cdot Q_\mathrm{k,i}$ (Kriechverformungen)

mit ψ_0 und ψ_2 nach **Tabelle A-3.9**

4 Tragfähigkeitsnachweise für Querschnitte

Zug in Faserrichtung (Zuganschlüsse siehe Kapitel 7)

$\sigma_{t,0,d} = 10 \cdot \dfrac{F_{t,0,d}}{A_n} \le k_h \cdot f_{t,0,d}$ bzw. $10 \cdot \dfrac{F_{t,0,d}/A_n}{k_h \cdot f_{t,0,d}} \le 1$ *Dimensionierung:* $erf\ A_n \ge 10 \cdot \dfrac{F_{t,0,d}}{k_h \cdot f_{t,0,d}}$	$\sigma_{t,0,d}$ in [N/mm²] $F_{t,0,d}$ in [kN] A_n in [cm²] $f_{t,0,d}$ in [N/mm²] k_h Faktor zur Berücksichtigung der Querschnittsabmessungen (Höhenfaktor)

Druck in Faserrichtung (ohne Knicken)

$\sigma_{c,0,d} = 10 \cdot \dfrac{F_{c,0,d}}{A_n} \le f_{c,0,d}$ bzw. $10 \cdot \dfrac{F_{c,0,d}/A_n}{f_{c,0,d}} \le 1$	$\sigma_{c,0,d}$ in [N/mm²] $F_{c,0,d}$ in [kN] A_n in [cm²] $f_{c,0,d}$ in [N/mm²]

Schub infolge Querkraft (einachsige Biegung)

$\tau_d = 15 \cdot \dfrac{V_d}{k_{cr} \cdot A} \le f_{v,d}$ bzw. $15 \cdot \dfrac{V_d/(k_{cr} \cdot A)}{f_{v,d}} \le 1$ *Dimensionierung:* $erf\ A \ge 15 \cdot \dfrac{V_d}{k_{cr} \cdot f_{v,d}}$	τ_d in [N/mm²] V_d in [kN] A in [cm²] $f_{v,d}$ in [N/mm²] k_{cr} Rissbeiwert

Schub infolge Querkraft (schiefe Biegung)

$15 \cdot \dfrac{V_{res,d}/A}{k_{cr} \cdot f_{v,d}} \le 1$ *Dimensionierung:* $erf\ A \ge 15 \cdot \dfrac{V_{res,d}}{k_{cr} \cdot f_{v,d}}$	$V_{res,d}$ = result. Querkraft in [kN] $= \sqrt{V_{y,d}^2 + V_{z,d}^2}$ A in [cm²] $f_{v,d}$ in [N/mm²] k_{cr} Rissbeiwert

Biegespannung (einachsige Biegung)

$\sigma_{m,d} = 1000 \cdot \dfrac{M_d}{W_n} \le k_h \cdot f_{m,d}$ bzw. $1000 \cdot \dfrac{M_d/W_n}{k_h \cdot f_{m,d}} \le 1$ *Dimensionierung:* $erf\ W_n \ge 1000 \cdot \dfrac{M_d}{k_h \cdot f_{m,d}}$	$\sigma_{m,d}$ in [N/mm²] M_d in [kNm] W_n in [cm³] $f_{m,d}$ in [N/mm²] k_h Faktor zur Berücksichtigung der Querschnittsabmessungen (Höhenfaktor)

k_{cr}		k_h			
VH	**BSH**	**VH**		**BSH** mit liegenden Lamellen	
		$150 \leq h$	$1{,}0$	$600 \leq h$	$1{,}0$
$0{,}5$	$0{,}714$	$40 < h < 150$	$(150/h)^{0,2}$	$240 < h < 600$	$(600/h)^{0,1}$
		$h \leq 40$	$1{,}3$	$h \leq 240$	$1{,}1$

Biegespannung (schiefe Biegung)

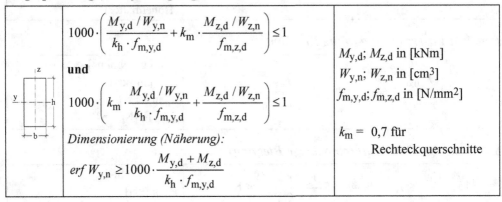

$$1000 \cdot \left(\frac{M_{y,d}/W_{y,n}}{k_h \cdot f_{m,y,d}} + k_m \cdot \frac{M_{z,d}/W_{z,n}}{f_{m,z,d}} \right) \leq 1$$

und

$$1000 \cdot \left(k_m \cdot \frac{M_{y,d}/W_{y,n}}{k_h \cdot f_{m,y,d}} + \frac{M_{z,d}/W_{z,n}}{f_{m,z,d}} \right) \leq 1$$

Dimensionierung (Näherung):

$$erf\ W_{y,n} \geq 1000 \cdot \frac{M_{y,d} + M_{z,d}}{k_h \cdot f_{m,y,d}}$$

$M_{y,d}$; $M_{z,d}$ in [kNm]

$W_{y,n}$; $W_{z,n}$ in [cm^3]

$f_{m,y,d}$; $f_{m,z,d}$ in [N/mm^2]

$k_m = 0{,}7$ für Rechteckquerschnitte

Zug und Biegung

$$10 \cdot \frac{F_{t,0,d}/A_n}{k_h \cdot f_{t,0,d}} + 1000 \cdot \left(\frac{M_{y,d}/W_{y,n}}{k_h \cdot f_{m,y,d}} + k_m \cdot \frac{M_{z,d}/W_{z,n}}{f_{m,z,d}} \right) \leq 1$$

und

$$10 \cdot \frac{F_{t,0,d}/A_n}{k_h \cdot f_{t,0,d}} + 1000 \cdot \left(k_m \cdot \frac{M_{y,d}/W_{y,n}}{k_h \cdot f_{m,y,d}} + \frac{M_{z,d}/W_{z,n}}{f_{m,z,d}} \right) \leq 1$$

$F_{t,0,d}$ in [kN]

$M_{y,d}$; $M_{z,d}$ in [kNm]

A_n in [cm^2]

$W_{y,n}$; $W_{z,n}$ in [cm^3]

$f_{t,0,d}$, $f_{m,y,d}$; $f_{m,z,d}$ in [N/mm^2]

k_h = Höhenfaktor

Druck (ohne Knicken) und Biegung (ohne Kippen)

$$\left(10 \cdot \frac{F_{c,0,d}/A_n}{f_{c,0,d}} \right)^2 + 1000 \cdot \left(\frac{M_{y,d}/W_{y,n}}{k_h \cdot f_{m,y,d}} + k_m \cdot \frac{M_{z,d}/W_{z,n}}{f_{m,z,d}} \right) \leq 1$$

und

$$\left(10 \cdot \frac{F_{c,0,d}/A_n}{f_{c,0,d}} \right)^2 + 1000 \cdot \left(k_m \cdot \frac{M_{y,d}/W_{y,n}}{k_h \cdot f_{m,y,d}} + \frac{M_{z,d}/W_{z,n}}{f_{m,z,d}} \right) \leq 1$$

$F_{c,0,d}$ in [kN]

$M_{y,d}$; $M_{z,d}$ in [kNm]

A_n in [cm^2]

$W_{y,n}$; $W_{z,n}$ in [cm^3]

$f_{c,0,d}$, $f_{m,y,d}$; $f_{m,z,d}$ in [N/mm^2]

k_h = Höhenfaktor

5 Gebrauchstauglichkeit

Verformungsanteile

- Elastische Anfangsverformung infolge q_d: w_{inst}
- Verformungen unter quasi-ständiger Last $q_{qs} = \psi_2 \cdot q_d$:

  $w_{qs} = w_{inst}$ bei ständigen Lasten ($\psi_2 = 1$)

  $w_{qs} = \psi_2 \cdot w_{inst}$ bei veränderlichen Lasten

- Kriechverformungen: $w_{creep} = k_{def} \cdot w_{qs}$

- Endverformung w_{fin}: $w_{fin} = w_{inst} + w_{creep} = w_{inst} + k_{def} \cdot w_{qs}$

- „Durchhang" $w_{net,fin}$: $w_{net,fin} = w_G + \sum w_Q - w_c$

k_{def} = Beiwert nach **Tabelle A-3.3** ψ_2 = quasi-ständiger Beiwert nach **Tabelle A-3.9**

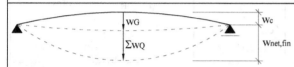

	w_c = Überhöhung
	w_G infolge ständiger Lasten
	$\sum w_Q$ infolge veränderlicher Lasten

Nachweise allgemein

1) Nachweise gegen Schäden: charakteristischen Bemessungssituation!

NW 1a Elastische Durchbiegungen (ohne Kriechen):

$$\sum_{\psi_0} w_{inst} \leq \frac{\ell}{300}$$ (bei Kragträgern: $\leq \frac{\ell_k}{150}$)

NW 1b Enddurchbiegungen (Durchbiegungen einschließlich Kriechen):

$$\sum_{\psi_0} w_{fin} = \sum w_{inst} + \sum w_{creep} \leq \frac{\ell}{200}$$ (bei Kragträgern: $\leq \frac{\ell_k}{100}$)

2) Nachweis gegen optische Beeinträchtigung: quasi-ständige Bemessungssituation!

NW 2 $w_{net,fin} = \sum w_{fin,qs} - w_c \leq \frac{\ell}{300}$ (bei Kragträgern: $\leq \frac{\ell_k}{100}$)

3) Schwingungsnachweise:

NW 3a Nachweis der Frequenz:

$$f_1 = \frac{\pi}{200 \cdot \ell^2} \cdot \sqrt{\frac{EI}{g_k}} \geq f_{grenz} \text{ [Hz]}$$ für einen Einfeldträger

$$f_1 = k_f \cdot \frac{\pi}{200 \cdot \ell^2} \cdot \sqrt{\frac{EI}{g_k}} \geq f_{grenz} \text{ [Hz]}$$ für einen Mehrfeldträger

k_f nach **Tabelle A-5.3**, f_{grenz} nach **Tabelle A-5.2**

NW 3b Nachweis der Steifigkeit:

$$w_{1kN} = \frac{1 \cdot \ell^3}{48 \cdot EI} \leq w_{grenz} \text{ [mm]}$$ w_{grenz} nach **Tabelle A-5.2**

Einfeldträger

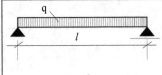

$$w_{inst} = k_w \cdot q_d$$

$$k_w = \frac{5}{384} \cdot \frac{\ell^4}{E_{0,mean} \cdot I}$$

Achtung: Bei den Nachweisen der Gebrauchstauglichkeit gilt:
$$q_d = 1{,}0 \cdot q_k \; !$$

Belastung	q_d	q_{qs} $= \psi_2 \cdot q_d$	ψ_0	ψ_2	
G			1,0	1,0	$\sum_{\psi_0} w_{inst} = k_w \cdot \sum_{\psi_0} q_d$
Q_1					
Q_2					$\sum w_{qs} = k_w \cdot \sum q_{qs}$
$G+Q_1+Q_2$:	$\sum_{\psi_0} q_d$	$\sum q_{qs}$	$k_{def} = \dots\dots$		
$G+Q_2+Q_1$:	$\sum_{\psi_0} q_d$				

NW 1a Elastische Durchbiegung

$$\sum_{\psi_0} w_{inst} \le \frac{\ell}{300} \qquad \text{(bei Kragträgern:} \quad \le \frac{\ell_k}{150}\text{)}$$

Dimensionierung: $\quad erf\ I \ge k_{dim} \cdot \sum_{\psi_0} q_d \cdot \ell^3$

I in [cm⁴]
k_{dim} **Tabelle A-5.4**
ℓ in [m]

NW 1b Enddurchbiegung

$$\sum w_{fin} = \sum_{\psi_0} w_{inst} + k_{def} \cdot \sum w_{qs} \le \frac{\ell}{200} \qquad \text{(bei Kragträgern:} \quad \le \frac{\ell_k}{100}\text{)}$$

Dimensionierung: $\quad erf\ I \ge k_{dim} \cdot \left(\sum_{\psi_0} q_d + k_{def} \cdot \sum q_{qs} \right) \cdot \ell^3$

I in [cm⁴]
k_{dim} **Tabelle A-5.4**
ℓ in [m]

NW 2 Optik ("Durchhang")

$$\sum w_{net,fin} = \sum w_{qs} \cdot (1 + k_{def}) - w_c \le \frac{\ell}{300} \qquad \text{(bei Kragträgern:} \quad \le \frac{\ell_k}{150}\text{)}$$

Dimensionierung: $\quad erf\ I \ge k_{dim} \cdot \sum q_{qs} \cdot (1 + k_{def}) \cdot \ell^3 \cdot \frac{1}{1 + w_c / \max w}$

I in [cm⁴]
k_{dim} **Tabelle A-5.4**
ℓ in [m]

NW 3a Frequenz

$f_1 = \dfrac{\pi}{200 \cdot \ell^2} \cdot \sqrt{\dfrac{EI}{g_k}} \geq f_{grenz}$ [Hz] Dimensionierung: $erf\ I \geq k_{dim,f} \cdot g_k \cdot \ell^4$	I in [cm^4] f_{grenz} **Tabelle A-5.2** $k_{dim,f}$ **Tabelle A-5.4** ℓ in [m]

NW 3b Steifigkeit

$w_{1kN}[\text{mm}] = 2{,}083 \cdot 10^6 \cdot \dfrac{\ell^3}{EI} \leq w_{grenz}$ [mm] Dimensionierung: $erf\ I \geq k_{dim,1kN} \cdot \ell^3$	I in [cm^4] w_{grenz} **Tabelle A-5.2** $k_{dim,1kN}$ **Tab. A-5.4** ℓ in [m]

Durchlaufträger

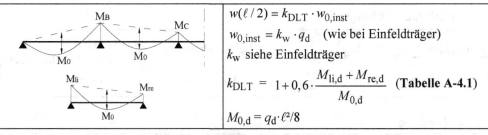

	$w(\ell/2) = k_{DLT} \cdot w_{0,inst}$ $w_{0,inst} = k_w \cdot q_d$ (wie bei Einfeldträger) k_w siehe Einfeldträger $k_{DLT} = 1 + 0{,}6 \cdot \dfrac{M_{li,d} + M_{re,d}}{M_{0,d}}$ (**Tabelle A-4.1**) $M_{0,d} = q_d \cdot \ell^2/8$

Belastung	Ideeller Einfeldträger			Durchlaufträger			
	q_d	q_{qs} $= \psi_2 \cdot q_d$	k_{DLT}	q^*_d $= k_{DLT} \cdot q_d$	q^*_{qs} $= k_{DLT} \cdot q_{qs}$	ψ_0	ψ_2
G						1,0	1,0
Q_1							
Q_2							
$G+Q_1+Q_2$:	$\sum_{\psi_0} w^*_{inst} = k_w \cdot \sum_{\psi_0} q^*_d$			$\sum_{\psi_0} q^*_d$	$\sum q^*_{qs}$	$k_{def} = \ldots\ldots$	
$G+Q_2+Q_1$:	$\sum w^*_{qs} = k_w \cdot \sum q^*_{qs}$			$\sum_{\psi_0} q^*_d$			

NW 1a Elastische Durchbiegung

$$\sum_{\psi_0} w_{\text{inst}}^* \leq \frac{\ell}{300} \qquad \text{(bei Kragträgern: } \leq \frac{\ell_k}{150}\text{)}$$

Dimensionierung: $\quad erf\ I \geq k_{\text{dim}} \cdot \sum_{\psi_0} q_{\text{d}}^* \cdot \ell^3$

I in [cm^4]
k_{dim} **Tabelle A-5.4**
ℓ in [m]

NW 1b Enddurchbiegung

$$\sum w_{\text{fin}}^* = \sum_{\psi_0} w_{\text{inst}}^* + k_{\text{def}} \cdot \sum w_{\text{qs}}^* \leq \frac{\ell}{200} \qquad \text{(bei Kragträgern: } \leq \frac{\ell_k}{100}\text{)}$$

Dimensionierung: $\quad erf\ I \geq k_{\text{dim}} \cdot \left(\sum_{\psi_0} q_{\text{d}}^* + k_{\text{def}} \cdot \sum q_{qs}^* \right) \cdot \ell^3$

I in [cm^4]
k_{dim} **Tabelle A-5.4**
ℓ in [m]

NW 2 Optik („Durchhang")

$$\sum w_{\text{net,fin}}^* = \sum w_{\text{qs}}^* \cdot \left(1 + k_{\text{def}} \right) \leq \frac{\ell}{300} \qquad \text{(bei Kragträgern: } \leq \frac{\ell_k}{150}\text{)}$$

Dimensionierung: $\quad erf\ I \geq k_{\text{dim}} \cdot \sum q_{\text{qs}}^* \cdot \left(1 + k_{\text{def}} \right) \cdot \ell^3$

I in [cm^4]
k_{dim} **Tabelle A-5.4**
ℓ in [m]

NW 3a Frequenz

$$f_1 = k_{\text{f}} \cdot \frac{\pi}{200 \cdot \ell^2} \cdot \sqrt{\frac{EI}{g_k}} \geq f_{\text{grenz}} \quad [Hz]$$

Dimensionierung: $\quad erf\ I \geq \dfrac{k_{\text{dim,f}}}{k_{\text{f}}^2} \cdot g_k \cdot \ell^4$

I in [cm^4]
f_{grenz} **Tabelle A-5.2**
$k_{\text{dim,f}}$ **Tabelle A-5.4**
k_{f} **Tabelle A-5.3**
ℓ in [m]

NW 3b Steifigkeit

$$w_{1\,\text{kN}}[\text{mm}] = 2,083 \cdot 10^6 \cdot \frac{\ell^3}{EI} \leq w_{\text{grenz}} \quad [\text{mm}]$$

Dimensionierung: $\quad erf\ I \geq k_{\text{dim,1kN}} \cdot \ell^3$

I in [cm^4]
w_{grenz} **Tabelle A-5.2**
$k_{\text{dim,1kN}}$ **Tab. A-5.4**
ℓ in [m]

6 Stabilitätsnachweise

Knicken

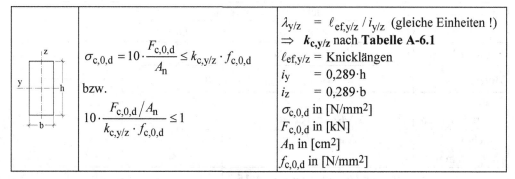

$$\sigma_{c,0,d} = 10 \cdot \frac{F_{c,0,d}}{A_n} \le k_{c,y/z} \cdot f_{c,0,d}$$

bzw.

$$10 \cdot \frac{F_{c,0,d}/A_n}{k_{c,y/z} \cdot f_{c,0,d}} \le 1$$

$\lambda_{y/z} = \ell_{ef,y/z} / i_{y/z}$ (gleiche Einheiten !)
$\Rightarrow k_{c,y/z}$ nach **Tabelle A-6.1**
$\ell_{ef,y/z}$ = Knicklängen
i_y = 0,289·h
i_z = 0,289·b
$\sigma_{c,0,d}$ in [N/mm²]
$F_{c,0,d}$ in [kN]
A_n in [cm²]
$f_{c,0,d}$ in [N/mm²]

Kippen

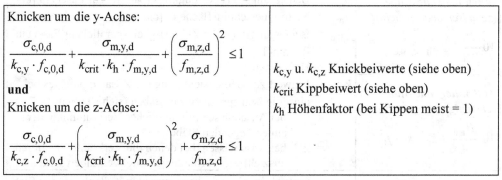

$$\sigma_{m,d} = 1000 \cdot \frac{M_d}{W} \le k_{crit} \cdot k_h \cdot f_{m,d}$$

bzw.

$$1000 \cdot \frac{M_d/W}{k_{crit} \cdot k_h \cdot f_{m,d}} \le 1$$

ℓ_{ef} = Kipplänge
$\ell_{ef} \cdot h / b^2$ (gleiche Einheiten !)
$\Rightarrow k_{crit}$ nach **Tabelle A-6.2**
$\sigma_{m,d}$ in [N/mm²]
M_d in [kNm]
W in [cm³]
$f_{m,d}$ in [N/mm²]
k_h Höhenfaktor (bei Kippen meist = 1)

Knicken und Kippen (Druck und Biegung)

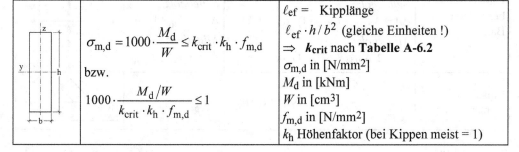

Knicken um die y-Achse:

$$\frac{\sigma_{c,0,d}}{k_{c,y} \cdot f_{c,0,d}} + \frac{\sigma_{m,y,d}}{k_{crit} \cdot k_h \cdot f_{m,y,d}} + \left(\frac{\sigma_{m,z,d}}{f_{m,z,d}}\right)^2 \le 1$$

und

Knicken um die z-Achse:

$$\frac{\sigma_{c,0,d}}{k_{c,z} \cdot f_{c,0,d}} + \left(\frac{\sigma_{m,y,d}}{k_{crit} \cdot k_h \cdot f_{m,y,d}}\right)^2 + \frac{\sigma_{m,z,d}}{f_{m,z,d}} \le 1$$

$k_{c,y}$ u. $k_{c,z}$ Knickbeiwerte (siehe oben)
k_{crit} Kippbeiwert (siehe oben)
k_h Höhenfaktor (bei Kippen meist = 1)

7 Nachweis von Bauteilen im Anschlussbereich

Querschnittsschwächungen (Durchmesser und Holzdicken in mm, Fehlflächen in mm^2)

Verbindungs-mittel	Querschnittsschwächung		
	Zug	Druck	
Stabdübel	$\Delta A_{SDü} = d_{SDü} \cdot a$	–	
Bolzen	$\Delta A_{Bo} = (d_{Bo} + 1\,\text{mm}) \cdot a$		
Nägel – vorgebohrt vb	$\Delta A_{Na} = d_{Na} \cdot a$	–	
– nicht vb $d_n \leq 6$ mm	$\Delta A_{Na} = d_{Na} \cdot a$ –	– –	
Dübel besonderer Bauart	$\Delta A_{Dü}$ *und* h_e *nach* **Tabelle A-15.2** *Seitenholz:* $\Delta A = \Delta A_{Dü} + (d_{Bo}+1) \cdot (a_s - h_e)$ *Mittelholz:* $\Delta A = 2 \cdot \Delta A_{Dü} + (d_{Bo}+1) \cdot (a_m - 2 \cdot h_e)$	*Seitenholz:* $\Delta A = (d_{Bo}+1) \cdot a_s$ *Mittelholz:* $\Delta A = (d_{Bo}+1) \cdot a_m$	
Einseitiger Versatz	$\Delta A_v = t_v \cdot b_v$		

Zuganschlüsse

Innen liegende Stäbe *(zentrisch beansprucht):* $10 \cdot \dfrac{N_{a,d}}{A_n} \leq k_h \cdot f_{t,0,d}$	$N_{a,d}$ = Bemessungswert der Zugkraft (parallel zur Faser) in [kN] A_n = Netto-Querschnittsfläche in [cm^2] $f_{t,0,d}$ = Bemessungswert der Zugfestigkeit (parallel zur Faser) in [N/mm^2] k_h = Höhenfaktor
Außen liegende Stäbe *(einseitig beansprucht):* $10 \cdot \dfrac{N_{a,d}}{A_n} \leq k_{t,e} \cdot k_h \cdot f_{t,0,d}$	$k_{t,e}$ = Beiwert zur Berücksichtigung des Zusatzmomentes bei einseitig beanspruchten Zugstäben (siehe **Tabelle A-7.1**) = 0,4 bei Anschlüssen mit möglicher Verkrümmung der außen liegenden Stäbe = 2/3 bei Anschlüssen, bei denen die Verkrümmung durch ausziehfeste Verbindungsmittel verhindert wird
Ausziehkraft: $F_{ax,d} = \dfrac{N_{a,d}}{n} \cdot \dfrac{t}{2 \cdot a}$	$N_{a,d}$ = Zugkraft im einseitig beanspruchten, außenliegenden Stab n = Anzahl der zur Übertragung der Scherkraft in Kraftrichtung hintereinander liegenden VM ohne die zusätzlichen ausziehfesten Verbindungsmittel (siehe Skizze) t = Dicke des außenliegenden Stabes a = Abstand der auf Herausziehen beanspruchten Verbindungsmittel zur nächsten Verbindungsmittelreihe

Zuganschlüsse (Fortsetzung)

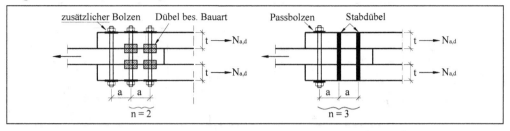

Biegeträger mit Querschnittsschwächung

$1000 \cdot \dfrac{M_\mathrm{d}}{W_\mathrm{n}} \le f_\mathrm{m,d}$ bzw. $1000 \cdot \dfrac{M_\mathrm{d}/W_\mathrm{n}}{f_\mathrm{m,d}} \le 1$	M_d in [kNm] W_n in [cm³] $f_\mathrm{m,d}$ in [N/mm²]

Beispiele zur Berechnung des Netto-Trägheitsmomentes I_n und -Widerstandsmomentes W_n

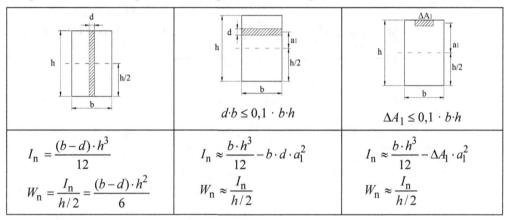

$d \cdot b \le 0{,}1 \cdot b \cdot h$		$\Delta A_1 \le 0{,}1 \cdot b \cdot h$
$I_\mathrm{n} = \dfrac{(b-d)\cdot h^3}{12}$ $W_\mathrm{n} = \dfrac{I_\mathrm{n}}{h/2} = \dfrac{(b-d)\cdot h^2}{6}$	$I_\mathrm{n} \approx \dfrac{b \cdot h^3}{12} - b \cdot d \cdot a_1^2$ $W_\mathrm{n} \approx \dfrac{I_\mathrm{n}}{h/2}$	$I_\mathrm{n} \approx \dfrac{b \cdot h^3}{12} - \Delta A_1 \cdot a_1^2$ $W_\mathrm{n} \approx \dfrac{I_\mathrm{n}}{h/2}$

Planmäßig ausmittige Anschlüsse

Zuganschluss: $10 \cdot \dfrac{F_\mathrm{t,d}/A_\mathrm{n}}{f_\mathrm{t,0,d}} + 1000 \cdot \dfrac{\Delta M_\mathrm{d}/W_\mathrm{n}}{f_\mathrm{m,d}} \le 1$ ***Druckanschluss*** *(ohne Knicken):* $\left(10 \cdot \dfrac{F_\mathrm{c,d}/A_\mathrm{n}}{f_\mathrm{c,0,d}} \right)^2 + 1000 \cdot \dfrac{\Delta M_\mathrm{d}/W_\mathrm{n}}{f_\mathrm{m,d}} \le 1$	$F_\mathrm{t,d}$ = Zugkraft in [kN] $F_\mathrm{c,d}$ = Druckkraft in [kN] ΔM_d = Zusatzmoment in [kNm] $A_\mathrm{n}, W_\mathrm{n}$ = Netto-Querschnittswerte in [cm²] bzw. [cm³] $f_\mathrm{t,0,d}$ = Zugfestigkeit in [N/mm²] $f_\mathrm{c,0,d}$ = Druckfestigkeit in [N/mm²] $f_\mathrm{m,d}$ = Biegefestigkeit in [N/mm²]

Beispiele von Ausmittigkeiten

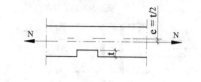

$$\Delta M = N \cdot e = N \cdot \frac{t}{2}$$

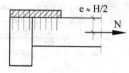

$$\Delta M = N \cdot e \approx N \cdot \frac{H}{2}$$

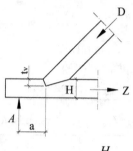

$$\Delta M \approx A \cdot a - Z \cdot \frac{H}{2}$$

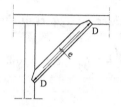

$$\Delta M = D \cdot e$$
(zusätzlich Knicknachweis
erforderlich)

8 Auflagerungen, Kontaktanschlüsse

Druck rechtwinklig zur Faser (Querdruck)

Effektiv wirksame Auflagerfläche: $$A_{ef} = b \cdot \ell_{ef} = b \cdot (\ell_A + \ddot{u}_1 + \ddot{u}_2)$$	b = Breite der Auflagerfläche ℓ_{ef} = wirksame Auflagerlänge in Faserrichtung ℓ_A = Auflagerlänge $\ddot{u}_1, \ddot{u}_2$ = Überstände **in** Faserrichtung $\leq \min (30 \text{ mm}; \ell_A)$
Nachweis: $$\sigma_{c,90,d} = 10 \cdot \frac{F_{c,90,d}}{A_{ef}} \leq k_{c,90} \cdot f_{c,90,d}$$	$F_{c,90,d}$ = Bemessungswert der Kraft rechtwinklig zur Faserrichtung in [kN] A_{ef} = effektiv wirksame Auflagerfläche in [cm²] $k_{c,90}$ = Beiwert für Teilflächenpressung nach **Tabelle A-8.1** $f_{c,90,d}$ = Druckfestigkeit rechtwinklig zur Faserrichtung in [N/mm²]

Druck unter einem Winkel zur Faser

Nachweis: $$\sigma_{c,\alpha,d} = 10 \cdot \frac{F_{c,\alpha,d}}{A_{ef}} \leq f_{c,\alpha,d}^*$$	$F_{c,\alpha,d}$ = Kraft unter einem Winkel zur Faser in [kN] A_{ef} = $b \cdot \ell_{ef}$ = wirksame Auflager-/Kontaktfläche in [cm²] $f_{c,\alpha,d}^*$ = Druckfestigkeit unter einem Winkel α zur Faserrichtung des Holzes in [N/mm²] (nach **Tabelle A-8.3**)

Beispiele zur Berechnung der wirksamen Auflagerlänge (Aufstandslänge) ℓ_{ef} in Faserrichtung

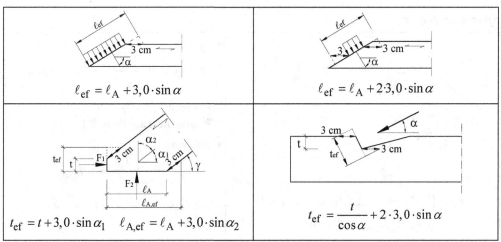

$$\ell_{ef} = \ell_A + 3{,}0 \cdot \sin\alpha$$

$$\ell_{ef} = \ell_A + 2 \cdot 3{,}0 \cdot \sin\alpha$$

$$t_{ef} = t + 3{,}0 \cdot \sin\alpha_1 \quad \ell_{A,ef} = \ell_A + 3{,}0 \cdot \sin\alpha_2$$

$$t_{ef} = \frac{t}{\cos\alpha} + 2 \cdot 3{,}0 \cdot \sin\alpha$$

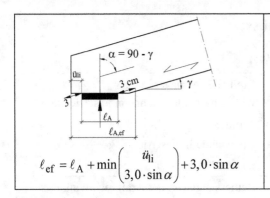

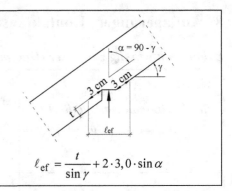

$$\ell_{ef} = \ell_A + \min\left(\frac{\ddot{u}_{li}}{3,0 \cdot \sin\alpha}\right) + 3,0 \cdot \sin\alpha$$

$$\ell_{ef} = \frac{t}{\sin\gamma} + 2 \cdot 3,0 \cdot \sin\alpha$$

Knaggenanschlüsse

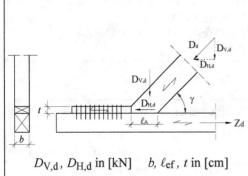

$D_{V,d}$, $D_{H,d}$ in [kN] b, ℓ_{ef}, t in [cm]

$f_{c,90,d}$, $f_{c,\alpha,d}^*$ in [N/mm²]

- **Anschluss von $D_{V,d}$:**
  Schwelle:

$$\sigma_{c,90,d} = 10 \cdot \frac{D_{V,d}}{b \cdot \ell_{ef,S}} \le k_{c,90} \cdot f_{c,90,d}$$

mit $\ell_{ef,S} = \ell_A + 2 \cdot 3,0$ cm

$k_{c,90}$ siehe **Tabelle A-8.1**

- **Anschluss von $D_{H,d}$:**
  Diagonale:

$$\sigma_{c,\alpha,d} = 10 \cdot \frac{D_{H,d}}{b \cdot t_{ef}} \le f_{c,\alpha,d}^*$$

mit $t_{ef} = t + 3,0$ cm$\cdot\sin\gamma$ und $\alpha = \gamma$

$f_{c,\alpha,d}^*$ siehe **Tabelle A-8.3**

Sparrenauflager

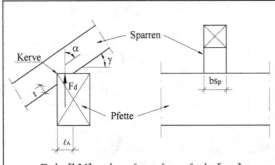

F_d in [kN] b_{Sp}, $\ell_{ef,P}$, $\ell_{ef,S}$, ℓ_A in [cm]

$f_{c,90,d}$, $f_{c,\alpha,d}^*$ in [N/mm²]

- **Pfette:**

$$\sigma_{c,90,d} = 10 \cdot \frac{F_d}{\ell_A \cdot \ell_{ef,P}} \le k_{c,90} \cdot f_{c,90,d}$$

mit $\ell_{ef,P} = b_{Sp} + 2 \cdot 3,0$ cm

$k_{c,90}$ siehe **Tabelle A-8.1**

- **Sparren:**

$$\sigma_{c,\alpha,d} = 10 \cdot \frac{F_d}{b_{Sp} \cdot \ell_{ef,S}} \le f_{c,\alpha,d}^*$$

mit $\ell_{ef,S} = \ell_A + 2 \cdot 3,0$ cm $\cdot \sin\alpha$

und $\alpha = 90 - \gamma$

$f_{c,\alpha,d}^*$ siehe **Tabelle A-8.3**

Versätze

Bemessungsgleichungen für gebräuchliche **Versätze**

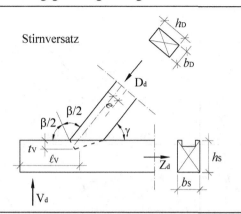

Stirnversatz

$$\alpha_D = \alpha_S = \gamma / 2$$

$$erf\ t_V = 10 \cdot \frac{D_d}{b_D \cdot f_{SV,d}^*}$$

$$erf\ \ell_V = 10 \cdot \frac{D_d}{b_S \cdot f_{v,d}^*} \leq 8 \cdot t_V$$

konstruktiv: $\ell_V \geq 20$ cm

Ausmitte: $e = \dfrac{h_D - t_V}{2}$

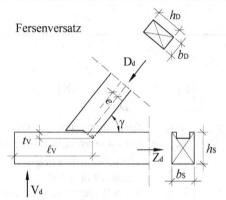

Fersenversatz

$$\alpha_D = 0 \qquad \alpha_S = \gamma$$

$$erf\ t_V = 10 \cdot \frac{D_d}{b_D \cdot f_{FV,d}^*}$$

$$erf\ \ell_V = 10 \cdot \frac{D_d}{b_S \cdot f_{v,d}^*} \leq 8 \cdot t_V$$

konstruktiv: $\ell_V \geq 20$ cm

Ausmitte: $e = \dfrac{h_D - t_V / \cos\gamma}{2}$

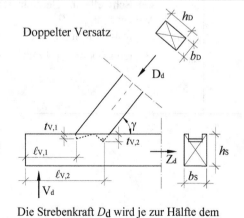

Doppelter Versatz

$$erf\ t_{V,1} = 10 \cdot \frac{D_d / 2}{b_D \cdot f_{SV,d}^*}$$

$$erf\ t_{V,2} = 10 \cdot \frac{D_d / 2}{b_D \cdot f_{FV,d}^*} \geq t_{V1} + 1\,\text{cm}$$

$$erf\ \ell_{V,1} = 10 \cdot \frac{D_d / 2}{b_S \cdot f_{v,d}^*} \leq 8 \cdot t_{V1}$$

$$erf\ \ell_{V,2} = 10 \cdot \frac{D_d}{b_S \cdot f_{v,d}^*} \leq 8 \cdot t_{V2}$$

Die Strebenkraft D_d wird je zur Hälfte dem Stirn- und dem Fersenversatz zugewiesen.

konstruktiv: $\ell_{V,2} \geq 20$ cm
Ausmitte: $e \approx 0$

D_d in [kN] t_V, ℓ_V, b in [cm] $f_{SV,d}^*$, $f_{FV,d}^*$, $f_{v,d}^*$ nach **Tabelle A-8.4** in [N/mm²]

Grenzwerte für die Versatztiefe t_V

einseitiger Einschnitt			zweiseitiger Einschnitt
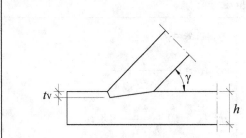			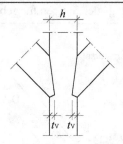
$\gamma \le 50°$	$50° < \gamma \le 60°$	$60° < \gamma$	
$t_V \le \dfrac{h}{4}$	$t_V \le \dfrac{h}{4} \cdot \left(1 - \dfrac{\gamma - 50}{30}\right)$	$t_V \le \dfrac{h}{6}$	$t_V \le \dfrac{h}{6}$

Exzentrizitäten bei Versätzen

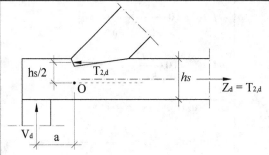

Zusatzmoment in der Schwelle:

$$\Delta M_d \approx V_d \cdot a - T_{2,d} \cdot \frac{h_S}{2}$$

Nachweis der Schwelle:

$$10 \cdot \frac{Z_d / A_{n,S}}{k_h \cdot f_{t,0,d}} + 1000 \cdot \frac{\Delta M_d / W_{n,S}}{k_h \cdot f_{m,d}} \le 1$$

Z_d = Zugkraft in [kN]
   ($= D_d \cdot \cos \gamma$)
ΔM_d = Zusatzmoment in [kNm]
$A_{n,S}$ = Netto-Querschnittsfläche der Schwelle im Bereich des Versatzes in [cm²]
$W_{n,S}$ = Netto-Widerstandsmoment der Schwelle im Bereich des Versatzes in [cm³]
$f_{t,0,d}$ = Zugfestigkeit in [N/mm²]
$f_{m,d}$ = Biegefestigkeit in [N/mm²]

Exzentrizitäten bei Versätzen (Fortsetzung)

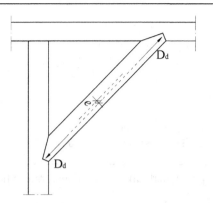

Zusatzmoment in der Diagonale:

$$\Delta M_\mathrm{d} = D_\mathrm{d} \cdot e$$

Nachweis der Diagonale:

$$10 \cdot \frac{D_\mathrm{d} / A_\mathrm{D}}{k_\mathrm{c} \cdot f_{\mathrm{c},0,\mathrm{d}}} + 1000 \cdot \frac{\Delta M_\mathrm{d} / W_\mathrm{D}}{k_\mathrm{h} \cdot f_{\mathrm{m},\mathrm{d}}} \le 1$$

D_d = Strebenkraft in [kN]

ΔM_d = Zusatzmoment in [kNm]

A_D = Querschnittsfläche der Strebe in [cm^2]

W_D = Widerstandsmoment der Strebe in [cm^3]

k_c = Knickbeiwert **Tabelle A-6.1**

$f_{\mathrm{c},0,\mathrm{d}}$ = Druckfestigkeit in [N/mm^2]

$f_{\mathrm{m},\mathrm{d}}$ = Biegefestigkeit in [N/mm^2]

e = Ausmitte nach *Kapitel 7*

Ausklinkungen

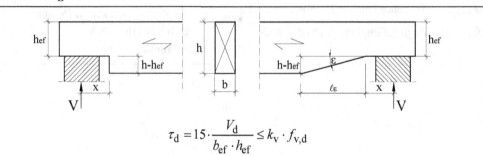

$$\tau_\mathrm{d} = 15 \cdot \frac{V_\mathrm{d}}{b_{\mathrm{ef}} \cdot h_{\mathrm{ef}}} \le k_\mathrm{v} \cdot f_{\mathrm{v},\mathrm{d}}$$

V_d in [kN], h, h_{ef}, b_{ef} in [cm], $f_{\mathrm{v},\mathrm{d}}$ in [N/mm^2]

$b_{\mathrm{ef}} = k_{\mathrm{cr}} \cdot b$ mit k_{cr} nach **Tabelle A-3.5 bzw. A-3.6**

$\alpha = h_{\mathrm{ef}}/h$ (Empfehlung in Anlehnung an DIN 1052: $\alpha \ge 0,5$)

$$k_\mathrm{v} = \min \begin{cases} 1,0 \\ \dfrac{k_\mathrm{n}}{\sqrt{10 \cdot h} \cdot \left(\sqrt{\alpha \cdot (1-\alpha)} + 0,8 \cdot \dfrac{x}{h} \cdot \sqrt{\dfrac{1}{\alpha} - \alpha^2} \right)} \end{cases}$$

k_n = 5,0 für Vollholz (und Balkenschichtholz BASH)

6,5 für Brettschichtholz (BSH)

4,5 für Furnierschichtholz (LVL)

x in [cm] (Empfehlung in Anlehnung an DIN 1052: $x \le 0,4 \cdot h$)

Verstärkung von Ausklinkungen mittels eingeklebter Stahlstangen

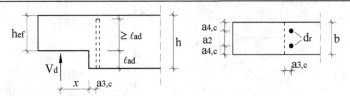

Nachweis Restquerschnitt: $$\max V_d = \frac{2}{3} \cdot b_{ef} \cdot h_{ef} \cdot f_{v,d}$$	$b_{ef} = k_{cr} \cdot b$ mit k_{cr} nach **Tab. A-3.5** bzw. **A-3.6**
Zugkraft in der Stahlstange: $$F_{ax,Ed} = k_\alpha \cdot V_d$$	V_d = Querkraft bzw. Auflagerkraft in [kN] α = h_{ef}/h k_α nach **Tabelle A-8.5**
Nachweis: $$F_{ax,Ed} \leq n \cdot F_{ax,Rd} \quad \text{mit}$$ $$F_{ax,Rd} = \min \begin{cases} F_{ax,Rd}^{\ell} \\ R_{u,d} \end{cases}$$ $F_{ax,Rd}^{\ell}$ = Tragfähigkeit auf Herausziehen $R_{u,d}$ = Zugtragfähigkeit des Stahlstabes	n = Anzahl der nebeneinander liegenden Stahlstäbe; in Längsrichtung des Trägers darf jeweils nur ein Stab in Rechnung gestellt werden $$F_{ax,Rd}^{\ell} = \pi \cdot d_r \cdot \ell_{ad} \cdot f_{k1,d}$$ d_r = Durchmesser in [mm] ℓ_{ad} = Einklebelänge in [mm] $f_{k1,d}$ = Klebfugenfestigkeit in [N/mm²] nach **Tabelle A-8.6** $R_{u,d}$ nach **Tabelle A-8.7**

9 Hausdächer (Pfettendächer)

Sparren: Übliche Dachneigungen ($\alpha \approx 15°–45°$): Bemessung für reine Biegung.

Einfeldsparren mit Kragarm

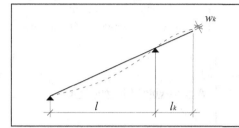

$l_k < 0{,}44 \cdot l$:
Kein Nachweis der Kragarm-Durchbiegung erforderlich

Sparrenauflager: Kerve (sogenannte „Sparrenklaue")
$\Rightarrow$ Querschnittsschwächung (Nachweis mit W_n).

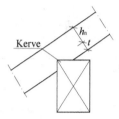

Zweifeldsparren

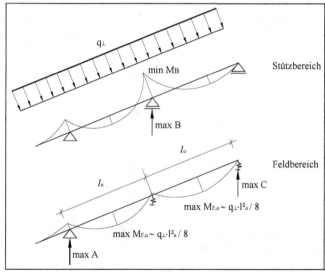

max B	= größte Kraft auf Mittelpfette
max A	= größte Kraft auf Fußpfette
max C	= größte Kraft auf Firstpfette
min M_B	= größtes Stützmoment im Sparren
max $M_{F,u/o} \approx q_\perp \cdot \ell^2_{u/o} / 8$	= größtes Feldmoment im Sparren

Größte Durchbiegung tritt bei Sparren im Feldbereich auf (Berechnung wie für Einfeldträger)

Pfetten

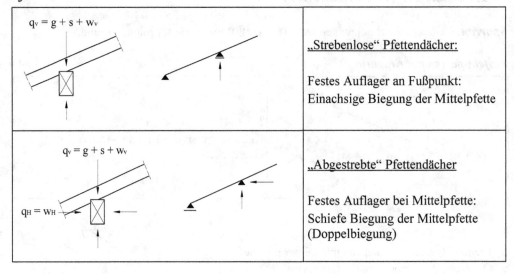

$q_v = g + s + w_v$	„Strebenlose" Pfettendächer: Festes Auflager an Fußpunkt: Einachsige Biegung der Mittelpfette
$q_v = g + s + w_v$ $q_H = w_H$	„Abgestrebte" Pfettendächer Festes Auflager bei Mittelpfette: Schiefe Biegung der Mittelpfette (Doppelbiegung)

10 Leim-/Klebeverbindungen

In diesem Kapitel werden keine Formeln behandelt.

11 Mechanische Verbindungen, Grundlagen

Anschlussbilder

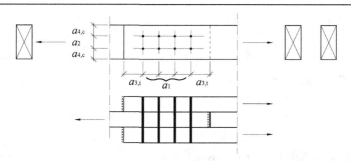

Mindestabstände bei **Zugstößen**

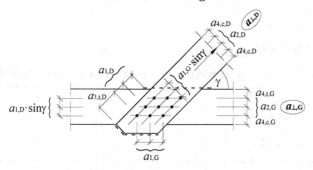

Mindestabstände bei Anschluss einer Zugdiagonalen (**Schräganschluss**)

Anforderungen bei den Abständen $a_{\perp,G}$ und $a_{\perp,D}$ nach obigem Bild („Zwängungspunkte")

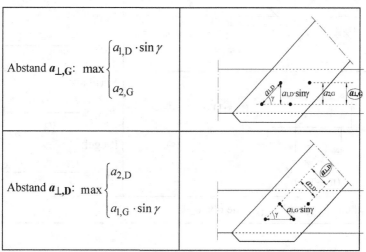

191

Anschlussbilder (Fortsetzung)

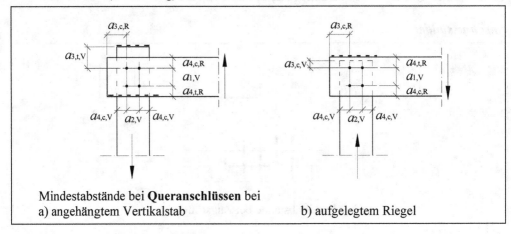

Mindestabstände bei **Queranschlüssen** bei
a) angehängtem Vertikalstab   b) aufgelegtem Riegel

Anordnung von Verbindungsmitteln

Maximal mögliche Anzahl nebeneinander liegender Verbindungsmittelreihen

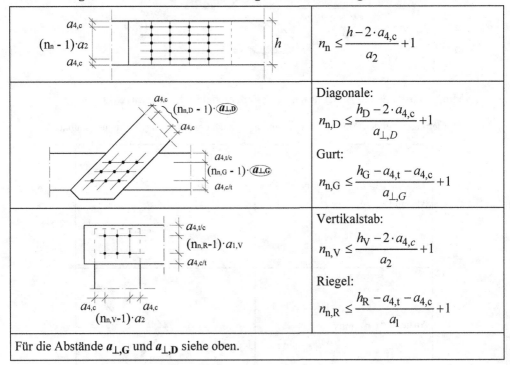

$(n_n - 1) \cdot a_2$	$n_n \leq \dfrac{h - 2 \cdot a_{4,c}}{a_2} + 1$
$(n_{n,D} - 1) \cdot a_{\perp,D}$ $(n_{n,G} - 1) \cdot a_{\perp,G}$	Diagonale: $n_{n,D} \leq \dfrac{h_D - 2 \cdot a_{4,c}}{a_{\perp,D}} + 1$ Gurt: $n_{n,G} \leq \dfrac{h_G - a_{4,t} - a_{4,c}}{a_{\perp,G}} + 1$
$(n_{n,R} - 1) \cdot a_{1,V}$ $(n_{n,V} - 1) \cdot a_2$	Vertikalstab: $n_{n,V} \leq \dfrac{h_V - 2 \cdot a_{4,c}}{a_2} + 1$ Riegel: $n_{n,R} \leq \dfrac{h_R - a_{4,t} - a_{4,c}}{a_1} + 1$

Für die Abstände $a_{\perp,G}$ und $a_{\perp,D}$ siehe oben.

Wirksame Anzahl n_{ef} von Verbindungsmitteln (Spaltgefahr)

Beanspruchung ‖ Faser: $$n_{ef} = k_{h,ef,0} \cdot n$$ Beanspruchung unter einem Winkel α zur Faser: $$n_{ef} = k_{h,ef,\alpha} \cdot n$$	n_{ef} = Anzahl der effektiv wirksamen Verbindungsmittel $k_{h,ef,0}$ = Beiwert zur Berücksichtigung der Spaltgefahr bei Kraft ‖ Faser nach **Tabelle A-11.2** $k_{h,ef,\alpha}$ = Beiwert zur Berücksichtigung der Spaltgefahr bei Kraft unter einem Winkel α zur Faser $$= k_{h,ef,0} + (1 - k_{h,ef,0}) \cdot \frac{\alpha}{90}$$ n = gesamte Anzahl der Verbindungsmittel
Nägel: $\quad n_{ef} = n$	Wenn Nägeln um d/2 versetzt angeordnet werden

12 Stiftförmige Verbindungsmittel

Charakteristische Tragfähigkeit und Mindestholzdicken bei Holz-Holz-Verbindungen

Einschnittige Holz-Holz-Verbindungen

$$F_{v,Rk}^0 = \sqrt{\frac{2 \cdot \beta}{1+\beta}} \cdot \sqrt{2 \cdot M_{y,Rk} \cdot f_{h,1,k} \cdot d} \ \text{ in [N]}$$

mit

$$t_1 \geq t_{1,req} = 1{,}15 \cdot \left(2 \cdot \sqrt{\frac{\beta}{1+\beta}} + 2 \right) \cdot \sqrt{\frac{M_{y,Rk}}{f_{h,1,k} \cdot d}}$$

$$t_2 \geq t_{2,req} = 1{,}15 \cdot \left(2 \cdot \frac{1}{\sqrt{1+\beta}} + 2 \right) \cdot \sqrt{\frac{M_{y,k}}{f_{h,2,k} \cdot d}}$$

Zweischnittige Holz-Holz-Verbindungen

$$F_{v,Rk}^0 = \sqrt{\frac{2 \cdot \beta}{1+\beta}} \cdot \sqrt{2 \cdot M_{y,Rk} \cdot f_{h,1,k} \cdot d} \ \text{ in [N]}$$

mit
für das Seitenholz:

$$t_1 \geq t_{1,req} = 1{,}15 \cdot \left(2 \cdot \sqrt{\frac{\beta}{1+\beta}} + 2 \right) \cdot \sqrt{\frac{M_{y,Rk}}{f_{h,1,k} \cdot d}}$$

für das Mittelholz:

$$t_2 \geq t_{2,req} = 1{,}15 \cdot \left(\frac{4}{\sqrt{1+\beta}} \right) \cdot \sqrt{\frac{M_{y,Rk}}{f_{h,2,k} \cdot d}}$$

$F_{v,Rk}^0$ = charakteristische Tragfähigkeit pro Scherfuge nach Johansen („0"-Wert)

t_1, t_2 = Holzdicken bzw. Eindringtiefe des Verbindungsmittels in [mm]

$f_{h,1,k}, f_{h,2,k}$ = charakteristische Werte der Lochleibungsfestigkeiten in den Teilen 1 und 2 in [N/mm²] nach **Tabelle A-12.3 bzw. -12.4**

β = $f_{h,2,k} / f_{h,1,k}$

d = Durchmesser des Verbindungsmittels in [mm]

$M_{y,k}$ = charakteristische Wert des Fließmomentes des Verbindungsmittels in [Nmm] nach **A-12.3 bzw. -12.4**

Modifikationen und Bemessungswerte

$t_1 < t_{1,req}$ bzw. $t_2 < t_{2,req}$:
$$F_{v,Rk}^0 = F_{v,Rk}^0 \cdot \min \begin{cases} t_1 / t_{1,req} \\ t_2 / t_{2,req} \end{cases}$$

Bemessungswert: $F_{v,Rd} = \dfrac{k_{mod}}{\gamma_M} \cdot F_{v,Rk}$

k_{mod}= Beiwert nach **Tabelle A-3.2**

γ_M = **1,1**

Einhängeeffekt $\Delta F_{v,Rk}$ *nach EC 5 (sofern vorhanden)*

Verbindungsmittel	$\Delta F_{v,Rk}$	maximal
Stabdübel und Nägel vorgebohrt	0	–
Nägel, nicht vorgebohrt		$\leq 0,15 \cdot F_{v,Rk}^0$
Bolzen/Passbolzen	$0,25 \cdot F_{ax,Rk}$	$\leq 0,25 \cdot F_{v,Rk}^0$
Profilierte Nägel		$\leq 0,5 \cdot F_{v,Rk}^0$
Schrauben		$\leq 1,0 \cdot F_{v,Rk}^0$

Char. Tragfähigkeit und Mindestholzdicken bei Stahlblech-Holz-Verbindungen

Einschnittige Stahlblech-Holz-Verbindungen
Dünnes Stahlblech:

$$F_{v,Rk}^0 = \sqrt{2 \cdot M_{y,Rk} \cdot f_{h,1,k} \cdot d} \qquad \text{in [N]}$$

$$t_1 \geq t_{1,req} = 1,15 \cdot \left(2 + \sqrt{2}\right) \cdot \sqrt{\frac{M_{y,Rk}}{f_{h,1,k} \cdot d}}$$

Dickes Stahlblech:

$$F_{v,Rk}^0 = \sqrt{2} \cdot \sqrt{2 \cdot M_{y,Rk} \cdot f_{h,1,k} \cdot d} \qquad \text{in [N]}$$

$$t_1 \geq t_{1,req} = 1,15 \cdot 4 \cdot \sqrt{\frac{M_{y,Rk}}{f_{h,1,k} \cdot d}}$$

Zweischnittige Stahlblech-Holz-Verbindungen
Innen liegendes Stahlblech:

$$F_{v,Rk}^0 = \sqrt{2} \cdot \sqrt{2 \cdot M_{y,Rk} \cdot f_{h,1,k} \cdot d} \qquad \text{in [N]}$$

$$t_1 \geq t_{1,req} = 1,15 \cdot 4 \cdot \sqrt{\frac{M_{y,Rk}}{f_{h,1,k} \cdot d}}$$

Außen liegendes Stahlblech:
Dünnes Stahlblech:

$$F_{v,Rk}^0 = \sqrt{2 \cdot M_{y,Rk} \cdot f_{h,2,k} \cdot d} \qquad \text{in [N]}$$

$$t_2 \geq t_{2,req} = 1,15 \cdot \left(2\sqrt{2}\right) \cdot \sqrt{\frac{M_{y,Rk}}{f_{h,2,k} \cdot d}}$$

Dickes Stahlblech:

$$F_{v,Rk}^0 = \sqrt{2} \cdot \sqrt{2 \cdot M_{y,Rk} \cdot f_{h,2,k} \cdot d} \qquad \text{in [N]}$$

$$t_2 \geq t_{2,req} = 1,15 \cdot 4 \cdot \sqrt{\frac{M_{y,Rk}}{f_{h,2,k} \cdot d}}$$

$F_{v,Rk}^0$ = char. Tragfähigkeit pro Scherfuge nach Johansen („0"-Wert)

t_1, t_2 = Holzdicken bzw. Eindringtiefe des Verbindungsmittels in [mm]

$f_{h,1,k}, f_{h,2,k}$ = char. Werte der Lochlei-bungsfestigkeiten in den Teilen 1 und 2 in [N/mm²] nach **Tabelle A-23 bzw. -24**

d = Durchmesser des Verbindungsmittels in [mm]

$M_{y,k}$ = char. Wert des Fließmomentes des Verbindungsmittels in [Nmm] nach **Tabelle A-23 bzw. -24**

Dünnes Stahlblech:
   $t_S \leq d/2$

Dickes Stahlblech:
   $t_S \geq d$
   bzw. bei SoNa 3:
   $t_S \geq d/2$ und $t_S \geq 2$ mm

195

Modifikationen und Bemessungswerte

$t_1 < t_{1,\text{req}}$ bzw. $t_2 < t_{2,\text{req}}$:	$F_{v,Rk}^0 = F_{v,Rk}^0 \cdot \min\begin{cases} t_1 / t_{1,\text{req}} \\ t_2 / t_{2,\text{req}} \end{cases}$	
Bemessungswert: $\quad F_{v,Rd} = \dfrac{k_{\text{mod}}}{\gamma_M} \cdot F_{v,Rk}$		$k_{\text{mod}}=$ Beiwert nach **Tabelle A-3.2** $\gamma_M = \mathbf{1,1}$

Einhängeeffekt $\Delta F_{v,Rk}$: *siehe oben*

13 Stabdübel- und Bolzenverbindungen

Holz-Holz-Verbindungen

- VH **C24** und SDü **S235**:
  Mindestholzdicken und Tragfähigkeiten $F_{v,Rk}^0$ pro Scherfuge nach **Tabelle A-13.1**

Stahlblech-Holz-Verbindungen:

- VH **C24** und SDü **S235**:
  Mindestholzdicken und Tragfähigkeiten $F_{v,Rk}^0$ pro Scherfuge nach **Tabelle A-13.3**

Modifikationen:

- Andere Hölzer und/oder Stahlgüten bzw. Bolzen:
  Modifikation mit Beiwerten nach **Tabelle A-13.2**

- Bei Nichteinhalten der Mindestholzdicken:

$$t_1 < t_{1,req} \quad \text{bzw.} \quad t_2 < t_{2,req} : \qquad F_{v,Rk}^0 = F_{v,Rk}^0 \cdot \min \begin{cases} t_1 \, / \, t_{1,req} \\ t_2 \, / \, t_{2,req} \end{cases}$$

Bemessungswert

$F_{v,Rd} = \dfrac{k_{mod}}{\gamma_M} \cdot F_{v,Rk}$	Mit $k_{mod} \, / \, \gamma_M$ aus Fußnotenbereich der Tragfähigkeitstabellen

Anzahl der Verbindungsmittel

$erf \; n \geq \dfrac{N_d}{F_{v,Rd}}$	$F_{v,Rd}$ = Tragfähigkeit eines Stabdübels bzw. Bolzens N_d = zu übertragende Kraft
$n_{ef} = k_{h,ef} \cdot n$	n_{ef} = Anzahl der effektiv wirksamen Verbindungsmittel $k_{h,ef}$ = Beiwert zur Berücksichtigung der Spaltgefahr (siehe *Kapitel 11* bzw. **Tabelle A-11.2**) n = gesamte Anzahl der Verbindungsmittel

Mindestabstände, Anordnung der Verbindungsmittel

Stabdübel/Passbolzen: **Tabelle A-13.4**

Bolzen: **Tabelle A-13.5**

14 Nagelverbindungen

Nagel-Geometrien	**Tabelle A-14.1**
Mindestholzdicke $t_{Sp.req}$ wegen Spaltgefahr bei <u>nicht</u> vorgebohrten Nägeln	**Tabelle A-14.2**

Abscheren

Mindestholzdicken t_{req}, Mindesteinschlagtiefen $t_{E,req}$ und Tragfähigkeiten $F_{v,Rk}^{0}$ für Holz-Holz- und Stahlblech-Holz-Verbindungen	**Tabelle A-14.2**

Modifikationen bei Nicht-Einhalten der Mindestholzdicken oder Mindesteinschlagtiefen

	Fuge I	$t_1 \geq t_{req}$	$t_1 < t_{req}$
	$t_2 \geq t_{req}$	$F_{v,Rk}^{0}$	$F_{v,Rk}^{0} \cdot \dfrac{t_1}{t_{req}}$
	$t_2 < t_{req}$	$F_{v,Rk}^{0} \cdot \dfrac{t_2}{t_{req}}$	$F_{v,Rk}^{0} \cdot \min \begin{Bmatrix} t_1 / t_{req} \\ t_2 / t_{req} \end{Bmatrix}$
	„letzte" Fuge	$t \geq t_{req}$	$t < t_{req}$
	$t_E \geq t_{E,req}$	$F_{v,Rk}^{0}$	$F_{v,Rk}^{0} \cdot \dfrac{t}{t_{req}}$
	$t_E < t_{E,req}$	$F_{v,Rk}^{0} \cdot \dfrac{t_E}{t_{E,req}}$	$F_{v,Rk}^{0} \cdot \min \begin{Bmatrix} t / t_{req} \\ t_E / t_{E,req} \end{Bmatrix}$

Holz-Holz-Verbindungen:	Kein Einhängeeffekt $\rightarrow$ $F_{v,Rk} = F_{v,Rk}^{0}$
Einschnittige Stahlblech-Holz-Verbindungen mit SoNä-3:	$F_{v,Rk} = F_{v,Rk}^{0} + \Delta F_{v,Rk}$ $\Delta F_{v,Rk} = \min \begin{Bmatrix} 0,25 \cdot F_{ax,Rk} \\ 0,5 \cdot F_{v,Rk}^{0} \end{Bmatrix}$ $F_{ax,Rk} =$ char. Ausziehtragfähigkeit (**Tabelle A-14.6**)

Bemessungswert

$F_{v,Rd} = \dfrac{k_{mod}}{\gamma_M} \cdot F_{v,Rk}$	Mit k_{mod} / γ_M aus Fußnoten der Tragfähigkeitstabellen

Anzahl der Verbindungsmittel

$erf\ n \geq \dfrac{N_d}{F_{v,Rd}}$	$F_{v,Rd}$ = Tragfähigkeit eines Nagels N_d = zu übertragenden Kraft
Versetzte Nagelanordnung (d/2): $n_{ef} = n$	n_{ef} = Anzahl der effektiv wirksamen Nägel n = gesamte Anzahl der Nägel

Mindestabstände, Anordnung der Verbindungsmittel $\Rightarrow$ **Tabelle A-14.4**

Übergreifen von Nägeln

Vorgebohrt $\Rightarrow$ Übergreifen zulässig

Nicht vorgebohrt $\Rightarrow$ Übergreifen nur zulässig, wenn die Nagelspitze mindestens $4 \cdot d$ von der gegenüberliegenden Scherfuge entfernt ist.

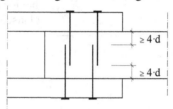

Herausziehen

Glattschaftige Nägel: $F_{ax,Rk} = \min \begin{cases} F^{\ell}_{ax,Rk} = f_{ax,k} \cdot d \cdot \ell_{ef} \\ F^{h}_{ax,Rk} = f_{head,k} \cdot d_h^2 \end{cases}$	$F_{ax,Rk}$ = char. Tragfähigkeit auf Herausziehen $F^{\ell}_{ax,Rk}$ = char. Tragfähigkeit auf Herausziehen des Schaftes $F^{h}_{ax,Rk}$ = char. Tragf. auf Kopfdurchziehen $F^{t}_{ax,Rk}$ = char. Tragfähigkeit auf Herausziehen auf der Seite des Nagelkopfes $f_{ax,k}$ = char. Wert des Ausziehparameters nach **Tabelle A-14.5**
Profilierte Nägel: $F_{ax,Rk} = \min \begin{cases} F^{\ell}_{ax,Rk} \\ F^{t}_{ax,Rk} + F^{h}_{ax,Rk} \end{cases}$ $= \min \begin{cases} f_{ax,k} \cdot d \cdot \ell_{ef} \\ f_{ax,k} \cdot d \cdot t_h + f_{head,k} \cdot d_h^2 \end{cases}$	$f_{head,k}$ = char. Wert des Kopfdurchzieh-parameters nach **Tabelle A-14.5** d = Nageldurchmesser d_h = Außendurchmesser des Nagelkopfes ℓ_{ef} = wirksame Einschlagtiefe ℓ_p = Länge des profilierten Schaftes t_h = Dicke des Bauteils bzw. Verankerungslänge auf der Seite des Nagelkopfes

Mindesteinschlagtiefen (-verankerungslängen)

Glattschaftige Nägel: $\quad 12 \cdot d \leq \ell_{ef} \leq 20 \cdot d$

Profilierte Nägel: $\quad\quad 8 \cdot d \leq \ell_{ef} \leq \ell_p$

Kombinierte Beanspruchung

$\left(\dfrac{F_{ax,Ed}}{n \cdot F_{ax,Rd}}\right)^m + \left(\dfrac{F_{v,Ed}}{n \cdot F_{v,Rd}}\right)^m \leq 1$ $\text{erf } n \geq \left[\left(\dfrac{F_{ax,Ed}}{F_{ax,Rd}}\right)^m + \left(\dfrac{F_{v,Ed}}{F_{v,Rd}}\right)^m\right]^{1/m}$	$F_{ax,Ed}$ = Bem.wert der einwirkenden Ausziehkraft $F_{v,Ed}$ = Bem.wert der einwirkenden Abscherkraft $F_{ax,Rd}$ = Bem.wert der Ausziehtragfähigkeit $F_{v,Rd}$ = Bem.wert der Tragfähigkeit auf Abscheren n = Anzahl der Nägel m = 1 bei glattschaftigen Nägeln 2 bei profilierten Nägeln 1,5 bei Koppelpfettenanschlüssen mit glattschaftigen Nägeln

15 Dübel besonderer Bauart

Tragfähigkeit einer Verbindungseinheit

Typ **A1/B1** (Appel): $$F_{v,0,Rk}^{j} = F_{v,0,Rk}^{c}$$ $$F_{v,\alpha,Rk}^{j} = k_{\alpha,c} \cdot F_{v,0,Rk}^{c}$$	$F_{v,0,Rk}^{j}$ = char. Tragfähigkeit einer <u>Verbindungseinheit</u> in Faserrichtung des Holzes
	$F_{v,0,Rk}^{c}$ = char. Tragfähigkeit eines <u>Dübels</u> in Faserrichtung des Holzes
Typ **C1/C2** (Bulldog) u. **C10/C11** (Geka): $$F_{v,0,Rk}^{j} = F_{v,0,Rk}^{c} + F_{v,0,Rk}^{b}$$ $$F_{v,\alpha,Rk}^{j} = F_{v,0,Rk}^{c} + F_{v,\alpha,Rk}^{b}$$	$F_{v,0,Rk}^{b}$ = char. Tragfähigkeit eines <u>Bolzens</u> in Faserrichtung des Holzes (siehe *Kapitel 13*)
	$F_{v,\alpha,Rk}^{b}$ = char. Tragfähigkeit eines <u>Bolzens</u> bei Beanspruchung unter einem Winkel α zur Faser (siehe *Kapitel 13*)
$t_1 < t_{1,req}$ bzw. $t_2 < t_{2,req}$: $$F_{v,Rk}^{c} = F_{v,Rk}^{c} \cdot \min \begin{cases} t_1 / t_{1,req} \\ t_2 / t_{2,req} \end{cases}$$	$k_{\alpha,c}$ = Modifikationsbeiwert zur Berücksichtigung des Winkels Kraft/Faser

Mindestholzdicken t_{req}, Dübel-Tragfähigkeiten $F_{v,0,Rk}^{c}$ und Dübel-Fehlflächen ΔA	**Tabelle A-15.2**
Modifikationsbeiwert $k_{\alpha,c}$ für Beanspruchung unter einem Winkel α zur Faser für Typ A/B1 (nur bei Appel)	**Tabelle A-15.3**
Weitere Modifikationsbeiwerte	**Tabelle A-15.1**

Bemessungswert der Dübel-Tragfähigkeit

$$F_{v,Rd}^{c} = \frac{k_{mod}}{\gamma_{M}} \cdot F_{v,Rk}^{c}$$	Mit k_{mod} / γ_{M} aus Fußnotenbereich der Tragfähigkeitstabelle

Bemessungswert der Tragfähigkeit der Verbindungseinheit

Typ **A1/B1** (Appel):	$F_{v,Rd}^{j} = F_{v,Rd}^{c}$
Typ **C1/C2** (Bulldog) und **C10/C11** (Geka):	$F_{v,Rd}^{j} = F_{v,Rd}^{c} + F_{v,Rd}^{b}$

Anzahl der Verbindungseinheiten

$erf\ n \geq \dfrac{N_d}{F_{v,Rd}^{j}}$	$F_{v,Rd}^{j}$ = Tragfähigkeit einer Verbindungseinheit N_d = zu übertragenden Kraft
$n_{ef} = k_{h,ef} \cdot n$	n_{ef} = Anzahl der effektiv wirksamen Verbindungsmittel $k_{h,ef}$ = Beiwert zur Berücksichtigung der Spaltgefahr (siehe *Kapitel 11* bzw. **Tabelle A-11.2**)

Mindestabstände, Anordnung der Verbindungsmittel $\Rightarrow$ **Tabelle A-15.4**

16 Vollgewindeschrauben

In diesem Kapitel werden keine Formeln behandelt.

Anhang
Bemessungstabellen

Tabelle A-2.1a Typische Querschnitte und zugehörige Querschnittswerte

Die angegebenen Zahlenwerte gelten für eine Holzfeuchte von etwa 20 %.

Biegung/Knicken um die y-Achse: $W_y = \dfrac{b \cdot h^2}{6}$ $I_y = \dfrac{b \cdot h^3}{12}$ $i_y = \dfrac{h}{\sqrt{12}}$

Biegung/Knicken um die z-Achse: $W_z = \dfrac{h \cdot b^2}{6}$ $I_z = \dfrac{h \cdot b^3}{12}$ $i_z = \dfrac{b}{\sqrt{12}}$

VH/KVH b/h [cm/cm]		A [cm²]	g_k [1)] [kN/m]	W_y [cm³]	I_y [cm⁴]	i_y [cm]	W_z [cm³]	I_z [cm⁴]	i_z [cm]	BSH b/h [cm/cm]	
■□	6/10	60	0,030	100	500	2,89	60	180	1,73	6/10	
■□	6/12	72	0,036	144	864	3,46	72	216	1,73	6/12	◆
■□	6/14	84	0,042	196	1372	4,04	84	252	1,73	6/14	
■□	6/16	96	0,048	256	2048	4,62	96	288	1,73	6/16	◆
■□	6/18	108	0,054	324	2916	5,20	108	324	1,73	6/18	
■□	6/20	120	0,060	400	4000	5,77	120	360	1,73	6/20	
■□	6/22	132	0,066	484	5324	6,35	132	396	1,73	6/22	
■□	6/24	144	0,072	576	6912	6,93	144	432	1,73	6/24	
□	8/10	80	0,040	133	667	2,89	107	427	2,31	8/10	◆
■□	8/12	96	0,048	192	1152	3,46	128	512	2,31	8/12	◆
□	8/14	112	0,056	261	1829	4,04	149	597	2,31	8/14	
■⊠	8/16	128	0,064	341	2731	4,62	171	683	2,31	8/16	◆
■⊠	8/18	144	0,072	432	3888	5,20	192	768	2,31	8/18	
■⊠	8/20	160	0,080	533	5333	5,77	213	853	2,31	8/20	◆
■□	8/22	176	0,088	645	7099	6,35	235	939	2,31	8/22	
■□	8/24	192	0,096	768	9216	6,93	256	1024	2,31	8/24	
■□	10/10	100	0,050	167	833	2,89	167	833	2,89	10/10	
□	10/12	120	0,060	240	1440	3,46	200	1000	2,89	10/12	◆
⊠	10/14	140	0,070	327	2287	4,04	233	1167	2,89	10/14	
■⊠	10/16	160	0,080	427	3413	4,62	267	1333	2,89	10/16	◆
⊠	10/18	180	0,090	540	4860	5,20	300	1500	2,89	10/18	
■⊠	10/20	200	0,100	667	6667	5,77	333	1667	2,89	10/20	◆
⊠	10/22	220	0,110	807	8873	6,35	367	1833	2,89	10/22	
■⊠	10/24	240	0,120	960	11520	6,93	400	2000	2,89	10/24	
■⊠	12/12	144	0,072	288	1728	3,46	288	1728	3,46	12/12	◆
	12/14	168	0,084	392	2744	4,04	336	2016	3,46	12/14	
■⊠	12/16	192	0,096	512	4096	4,62	384	2304	3,46	12/16	◆
⊠	12/18	216	0,108	648	5832	5,20	432	2592	3,46	12/18	
■⊠	12/20	240	0,120	800	8000	5,77	480	2880	3,46	12/20	
⊠	12/22	264	0,132	968	10648	6,35	528	3168	3,46	12/22	
■⊠	12/24	288	0,144	1152	13824	6,93	576	3456	3,46	12/24	◆
	12/28	336	0,168	1568	21952	8,08	672	4032	3,46	12/28	◆
	12/32	384	0,192	2048	32768	9,24	768	4608	3,46	12/32	◆

[1)] g_k mit 5,0 kN/m³ berechnet

Vorzugsquerschnitte: ■ Konstruktionsvollholz (KVH)   ⊠ Duo-/Triobalken: sichtbarer Bereich
                              ◆ Brettschichtholz (BSH)   □ Duo-/Triobalken: nicht sichtbar

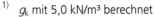

Tabelle A-2.1b Typische Querschnitte und zugehörige Querschnittswerte

Die angegebenen Zahlenwerte gelten für eine Holzfeuchte von etwa 20 %.

Biegung/Knicken um die y-Achse: $W_y = \dfrac{b \cdot h^2}{6}$ $\quad I_y = \dfrac{b \cdot h^3}{12}$ $\quad i_y = \dfrac{h}{\sqrt{12}}$

Biegung/Knicken um die z-Achse: $W_z = \dfrac{h \cdot b^2}{6}$ $\quad I_z = \dfrac{h \cdot b^3}{12}$ $\quad i_z = \dfrac{b}{\sqrt{12}}$

VH/KVH b/h [cm/cm]	A [cm²]	g_k[1] [kN/m]	W_y [cm³]	I_y [cm⁴]	i_y [cm]	W_z [cm³]	I_z [cm⁴]	i_z [cm]	BSH b/h [cm/cm]	
■⊠ 14/14	196	0,098	457	3201	4,04	457	3201	4,04	14/14	◆
⊠ 14/16	224	0,112	597	4779	4,62	523	3659	4,04	14/16	◆
⊠ 14/18	252	0,126	756	6804	5,20	588	4116	4,04	14/18	
⊠ 14/20	280	0,140	933	9333	5,77	653	4573	4,04	14/20	◆
⊠ 14/22	308	0,154	1129	12423	6,35	719	5031	4,04	14/22	
⊠ 14/24	336	0,168	1344	16128	6,93	784	5488	4,04	14/24	◆
14/26	364	0,182	1577	20505	7,51	849	5945	4,04	14/26	
14/28	392	0,196	1829	25611	8,08	915	6403	4,04	14/28	◆
14/32	448	0,224	2389	38229	9,24	1045	7317	4,04	14/32	◆
14/36	504	0,252	3024	54432	10,39	1176	8232	4,04	14/36	◆
⊠ 16/16	256	0,128	683	5461	4,62	683	5461	4,62	16/16	◆
⊠ 16/20	320	0,160	1067	10667	5,77	853	6827	4,62	16/20	◆
⊠ 16/22	352	0,176	1291	14197	6,35	939	7509	4,62	16/22	
⊠ 16/24	384	0,192	1536	18432	6,93	1024	8192	4,62	16/24	◆
16/26	416	0,208	1803	23435	7,51	1109	8875	4,62	16/26	
16/28	448	0,224	2091	29269	8,08	1195	9557	4,62	16/28	◆
16/32	512	0,256	2731	43691	9,24	1365	10923	4,62	16/32	◆
16/36	576	0,288	3456	62208	10,39	1536	12288	4,62	16/36	◆
16/40	640	0,320	4267	85333	11,55	1707	13653	4,62	16/40	◆
⊠ 18/18	324	0,162	972	8748	5,20	972	8748	5,20	18/18	
⊠ 18/20	360	0,180	1200	12000	5,77	1080	9720	5,20	18/20	
⊠ 18/22	396	0,198	1452	15972	6,35	1188	10692	5,20	18/22	
⊠ 18/24	432	0,216	1728	20736	6,93	1296	11664	5,20	18/24	
18/28	504	0,252	2352	32928	8,08	1512	13608	5,20	18/28	
18/32	576	0,288	3072	49152	9,24	1728	15552	5,20	18/32	◆
18/36	648	0,324	3888	69984	10,39	1944	17496	5,20	18/36	◆
18/40	720	0,360	4800	96000	11,55	2160	19440	5,20	18/40	◆
⊠ 20/20	400	0,200	1333	13333	5,77	1333	13333	5,77	20/20	
⊠ 20/22	440	0,220	1613	17747	6,35	1467	14667	5,77	20/22	
⊠ 20/24	480	0,240	1920	23040	6,93	1600	16000	5,77	20/24	
20/28	560	0,280	2613	36587	8,08	1867	18667	5,77	20/28	
20/32	640	0,320	3413	54613	9,24	2133	21333	5,77	20/32	
20/36	720	0,360	4320	77760	10,39	2400	24000	5,77	20/36	
20/40	800	0,400	5333	106667	11,55	2667	26667	5,77	20/40	

[1] g_k mit 5,0 kN/m³ berechnet

Vorzugsquerschnitte: ■ Konstruktionsvollholz (KVH)   ⊠ Duo-/Triobalken: sichtbarer Bereich

                   ◆ Brettschichtholz (BSH)   □ Duo-/Triobalken: nicht sichtbar

Tabelle A-3.1   Nutzungsklassen (NKL), Beispiele

NKL	Ausgleichsfeuchte ω_{gl} [%]	Umgebungsklima	Einsatzbereich (Beispiele)
1	10 ± 5 meist $\omega \leq 12$ %	20 °C und 65 % rel. Luftfeuchtigkeit, die nur für einige Wochen pro Jahr überschritten wird	beheizte Innenräume
2	15 ± 5 meist $\omega \leq 20$ %	20 °C und 85 % rel. Luftfeuchtigkeit, die nur für einige Wochen pro Jahr überschritten wird	überdachte, offene Tragwerke
3	18 ± 6	Klimabedingungen, die zu höheren Holzfeuchten führen	frei der Witterung ausgesetzte Bauteile

Tabelle A-3.2   Rechenwerte für k_{mod}

NKL	KLED	Vollholz Brettschichtholz Furnierschichtholz Sperrholz Balkenschichtholz [a] Brettsperrholz [a] Massivholzplatten [a]	OSB 3/4 Spanplatte P7 Spanplatte P6 [b]	Holzfaser MBH.LA1 [b] MBH.LA2 [b] MBH.HLS1 MBH.HLS2 MDF.LA [b] MDF.HLS	Holzfaser HB.LA1 Holzfaser HB.LA2 Spanplatte P5 Spanplatte P4 [b] Zementgeb. Spanpl. OSB / 2 [b]	GKBi GKFi GKB [b] GKF [b]
1	ständig	0,60	0,40	0,20	0,30	0,20
1	lang	0,70	0,50	0,40	0,45	0,40
1	mittel	0,80	0,70	0,60	0,65	0,60
1	kurz	0,90	0,90	0,80	0,85	0,80
1	k / s.k. [c]	1,00	1,00	0,95	0,975	0,95
1	sehr kurz	1,10	1,10	1,10	1,10	1,10
2	ständig	0,60	0,30	–	0,20	0,15
2	lang	0,70	0,40	–	0,30	0,30
2	mittel	0,80	0,55	–	0,45	0,45
2	kurz	0,90	0,70	0,45	0,60	0,60
2	k./s.k. [c]	1,00	0,80	0,625	0,70	0,70
2	sehr kurz	1,10	0,90	0,80	0,80	0,80
3	ständig	0,50	–	–	–	–
3	lang	0,55	–	–	–	–
3	mittel	0,65	–	–	–	–
3	kurz	0,70	–	–	–	–
3	k./s.k. [c]	0,80	–	–	–	–
3	sehr kurz	0,90	–	–	–	–

[a] Nur NKL 1 und 2   [b] Nur NKL 1   [c] kurz / sehr kurz

Tabelle A-3.3   Rechenwerte für k_{def} für ständige Lasten

NKL	Vollholz Brettschichtholz Furniersperrholz Balkenschichtholz [c] Brettsperrholz [c] Massivholzplatten [c]	Sperrholz [a]	OSB 3/4 Spanplatte P7 Spanplatte P6 [b]	Holzfaser HB.LA1 Holzfaser HB.LA2 Spanplatte P5 Spanplatte P4 [b] Zementge. Spanpl. Holzfaser MDF.LA [b] Holzfaser MDF.HLS OSB /2 [b]	GKBi GKFi GKB [b] GKF [b] Holzf. MBH.LA1 [b] Holzf. MBH.LA2 [b] MBH.HLS1 MBH.HLS2
1	**0,6**	0,8	1,5	2,25	3,0
2	**0,8**	1,0	2,25	3,0	4,0
3	**2,0**	2,5	–	–	–

[a] Anwendbarkeit in den verschiedenen Nutzungsklassen nach DIN EN 636
[b] Nur in NKL 1
[c] Nur in NKL 1 und 2

Tabelle A-3.4   Teilsicherheitsbeiwerte γ_M

Bemessungssituation	γ_M
Nachweis der **Tragfähigkeit**, Festigkeitseigenschaften	
• Holz und Holzwerkstoffe	**1,3** [1]
• Stahl in Verbindungen	
– auf Biegung beanspruchte stiftförmige Verbindungsmittel	**1,3** [2]
– auf Zug oder Scheren beanspruchte Teile gegen die Streckgrenze im Netto-Querschnitt	1,3
– Plattennachweis auf Tragfähigkeit für Nagelplatten	1,25
Nachweis der **Gebrauchstauglichkeit**, Steifigkeitskennwerte	1,0

[1] nach NA
[2] beim vereinfachten Nachweis nach NA: $\gamma_M = 1{,}1$

Tabelle A-3.5   Charakteristische Festigkeits-, Steifigkeits- und Rohdichtekennwerte
für **Nadelvollholz VH** nach DIN EN 338

Festigkeitsklasse			C 16	C 24	C 30	C 35	C 40
Festigkeitskennwerte in N/mm²							
Biegung		$f_{m,k}$ [1]	16	**24**	30	35	40
Zug	parallel	$f_{t,0,k}$ [1]	10	**14**	18	21	24
	rechtwinklig	$f_{t,90,k}$	0,4	**0,4**	0,4	0,4	0,4
Druck	parallel	$f_{c,0,k}$	17	**21**	23	25	26
	rechtwinklig	$f_{c,90,k}$	2,2	**2,5**	2,7	2,8	2,9
Schub und Torsion		$f_{v,k}$	3,2	**4,0**	4,0	4,0	4,0
		k_{cr} [2]	0,625	**0,500**	0,500	0,500	0,500
Steifigkeitskennwerte in N/mm²							
Elastizitätsmodul	parallel	$E_{0,mean}$ [3]	8000	**11000**	12000	13000	14000
	rechtwinklig	$E_{90,mean}$ [3]	270	**370**	400	430	470
Schubmodul		G_{mean} [3]	500	**690**	750	810	880
Rohdichtekennwerte in kg/m³							
char. Rohdichte		ρ_k	310	**350**	380	400	420
mittlere Rohdichte		ρ_{mean}	370	**420**	460	480	500

[1]   Bei Bauteilen, die auf Zug oder Biegung beansprucht werden und deren Querschnittshöhe (größte Querschnittsabmessung)
$h \leq 150$ mm beträgt, darf $f_{m,k}$ und $f_{t,0,k}$ mit dem Faktor k_h erhöht werden: $k_h = (150 / h)^{0,2} \leq 1,3$

h [mm]	100	110	120	130	140	≥ 150
k_h	1,08	1,06	1,05	1,03	1,01	1,0

[2]   Beim Nachweis von Querschnitten die mindestens 1,50 m vom Hirnholz entfernt liegen, darf der Beiwert k_{cr} um 30 %
erhöht werden.
[3]   Für die charakteristischen Steifigkeitskennwerte $E_{0,05}$, $E_{90,05}$ und $G_{0,05}$ gelten die Rechenwerte:
$E_{0,05} = 2/3 \cdot E_{0,mean}$ $E_{90,05} = 2/3 \cdot E_{90,mean}$ $G_{0,05} = 2/3 \cdot G_{mean}$

Die **Festigkeitskennwerte** sind in Abhän-gigkeit von der KLED und der NKL wie folgt zu modifizieren: (x k_{mod} / γ_M)	KLED =	ständig	lang	mittel	kurz	kurz/ sehr kurz
	NKL = 1 u. 2	0,462	0,538	0,615	0,692	0,769
	NKL = 3	0,385	0,423	0,500	0,538	0,615

Tabelle A-3.6   Charakteristische Festigkeits-, Steifigkeits- und Rohdichtekennwerte
für **Brettschichtholz BSH** nach DIN EN 14080

Festigkeitsklasse		GL 24		GL 28		GL 30		GL 32	
h = homogen	c = kombiniert	c	h	c	h	c	h	c	h
Festigkeitskennwerte in N/mm²									
Biegung	$f_{m,y,k}$ [1]	24	24	28	28	30	30	32	32
	$f_{m,z,k}$ [2]	24	28,8	28	33,6	30	36	32	38,4
Zug parallel	$f_{t,0,k}$	17,0	19,2	19,5	22,3	19,5	24	19,5	25,6
rechtwinklig	$f_{t,90,k}$	0,5							
Druck parallel	$f_{c,0,k}$	21,5	24	24	28	24,5	30	24,5	32
rechtwinklig	$f_{c,90,k}$	2,5							
Schub und Torsion	$f_{v,k}$	3,5							
	k_{cr}	0,714							
Steifigkeitskennwerte in N/mm²									
Elastizitätsmodul parallel	$E_{0,mean}$ [3]	11000	11500	12500	12600	13000	13600	13500	14200
rechtw.	$E_{90,mean}$ [3]	300							
Schubmodul	G_{mean} [3]	650							
Rohdichtekennwerte in kg/m³									
char. Rohdichte	ρ_k	365	385	390	425	390	430	400	440
mittlere Rohdichte	ρ_{mean}	400	420	420	460	430	480	440	490

[1]   Bei Bauteilen, die auf Zug oder Biegung beansprucht werden und deren Querschnittshöhe (größte Querschnittsabmessung) h ≤ 600 mm beträgt, darf $f_{m,y,k}$ und $f_{t,0,k}$ mit dem Faktor k_h erhöht werden: $k_h = (600/h)^{0,1} \le 1,1$

h	≤ 240	260	280	320	360	400	440	480	520	560	600
k_h	1,10	1,09	1,08	1,06	1,05	1,04	1,03	1,02	1,01	1,01	1,00

[2]   Brettschichtholz mit mindestens 4 hochkant stehenden Lamellen

[3]   Für die charakteristischen Steifigkeitskennwerte $E_{0,05}$, $E_{90,05}$ und $G_{0,05}$ gelten die Rechenwerte:
$E_{0,05} = 5/6 \cdot E_{0,mean}$ $E_{90,05} = 5/6 \cdot E_{90,mean}$ $G_{0,05} = 5/6 \cdot G_{mean}$

Die **Festigkeitskennwerte** sind in Abhängigkeit von der KLED und der NKL wie folgt zu modifizieren: (x k_{mod} / γ_M)	KLED =	ständig	lang	mittel	kurz	kurz/ sehr kurz
	NKL = 1 u. 2	0,462	0,538	0,615	0,692	0,769
	NKL = 3	0,385	0,423	0,500	0,538	0,615

Tabelle A-3.7a Charakteristische Festigkeits-, Steifigkeits- und Rohdichtekennwerte für kunstharzgebundene **Holzspanplatten** der Klasse **P5** nach DIN EN 12369-1

	Nenndicke der Platten in [mm]	>6 ÷ 13	>13 ÷ 20	>20 ÷ 25	>25 ÷ 32	>32 ÷ 40	>40 ÷ 50
Beanspruchung als **Platte**	*Festigkeitskennwerte in N/mm²*						
	Biegung $f_{m,k}$	15,0	13,3	11,7	10,0	8,3	7,5
	Schub $f_{v,k}$	1,9	1,7	1,5	1,3	1,2	1,0
	Steifigkeitskennwerte in N/mm²						
	Elastizitätsmodul E_{mean}	3500	3300	3000	2600	2400	2100
Beanspruchung als **Scheibe**	*Festigkeitskennwerte in N/mm²*						
	Biegung $f_{m,k}$	9,4	8,5	7,4	6,6	5,6	5,6
	Zug $f_{t,k}$	9,4	8,5	7,4	6,6	5,6	5,6
	Druck $f_{c,k}$	12,7	11,8	10,3	9,8	8,5	7,8
	Schub $f_{v,k}$	7,0	6,5	5,9	5,2	4,8	4,4
	Steifigkeitskennwerte in N/mm²						
	Elastizitätsmodul E_{mean}	2000	1900	1800	1500	1400	1300
	Schubmodul G_{mean}	960	930	860	750	690	660
	Rohdichtekennwerte in kg/m³						
	Rohdichte ρ_k	650	600	550	550	500	500

Die **Festigkeitskennwerte** sind in Abhängigkeit von der KLED und der NKL wie folgt zu modifizieren (x k_{mod} / γ_M)	KLED =	ständig	lang	mittel	kurz	kurz/sehr kurz
	NKL = 1	0,231	0,346	0,500	0,654	0,759
	NKL = 2	0,154	0,231	0,346	0,462	0,539

Tabelle A-3.7b Charakteristische Festigkeits-, Steifigkeits- und Rohdichtekennwerte für kunstharzgebundene **Holzspanplatten** der Klasse **P6** nach DIN EN 12369-1

	Nenndicke der Platten in [mm]	>6 ÷ 13	>13 ÷ 20	>20 ÷ 25	>25 ÷ 32	>32 ÷ 40	>40 ÷ 50
Beanspruchung als **Platte**	*Festigkeitskennwerte in N/mm²*						
	Biegung $f_{m,k}$	16,5	15,0	13,3	12,5	11,7	10,0
	Schub $f_{v,k}$	1,9	1,7	1,7	1,7	1,7	1,7
	Steifigkeitskennwerte in N/mm²						
	Elastizitätsmodul E_{mean}	4400	4100	3500	3300	3100	2800
Beanspruchung als **Scheibe**	*Festigkeitskennwerte in N/mm²*						
	Biegung $f_{m,k}$	10,5	9,5	8,5	8,3	7,8	7,5
	Zug $f_{t,k}$	10,5	9,5	8,5	8,3	7,8	7,5
	Druck $f_{c,k}$	14,1	13,3	12,8	12,2	11,9	10,4
	Schub $f_{v,k}$	7,8	7,3	6,8	6,5	6,0	5,5
	Steifigkeitskennwerte in N/mm²						
	Elastizitätsmodul E_{mean}	2500	2400	2100	1900	1800	1700
	Schubmodul G_{mean}	1200	1150	1050	950	900	880
	Rohdichtekennwerte in kg/m³						
	Rohdichte ρ_k	650	600	550	550	500	500

Die **Festigkeitskennwerte** sind in Abhängigkeit von der KLED und der NKL wie folgt zu modifizieren (x k_{mod} / γ_M)	KLED =	ständig	lang	mittel	kurz	kurz/sehr kurz
	NKL = 1	0,301	0,385	0,538	0,692	0,759

Tabelle A-3.7c Charakteristische Festigkeits-, Steifigkeits- und Rohdichtekennwerte für kunstharzgebundene **Holzspanplatten** der Klasse **P7** nach DIN EN 12369-1

	Nenndicke der Platten in [mm]	>6 ÷ 13	>13 ÷ 20	>20 ÷ 25	>25 ÷ 32	>32 ÷ 40	>40 ÷ 50
Beanspruchung als **Platte**	*Festigkeitskennwerte in N/mm²*						
	Biegung $f_{m,k}$	18,3	16,7	15,4	14,2	13,3	12,5
	Schub $f_{v,k}$	2,4	2,2	2,0	1,9	1,9	1,8
	Steifigkeitskennwerte in N/mm²						
	Elastizitätsmodul E_{mean}	4600	4200	4000	3900	3500	3200
Beanspruchung als **Scheibe**	*Festigkeitskennwerte in N/mm²*						
	Biegung $f_{m,k}$	11,5	10,6	9,8	9,4	9,0	8,0
	Zug $f_{t,k}$	11,5	10,6	9,8	9,4	9,0	8,0
	Druck $f_{c,k}$	15,5	14,7	13,7	13,5	13,2	13,0
	Schub $f_{v,k}$	8,6	8,1	7,9	7,4	7,2	7,0
	Steifigkeitskennwerte in N/mm²						
	Elastizitätsmodul E_{mean}	2600	2500	2400	2300	2100	2000
	Schubmodul G_{mean}	1250	1200	1150	1100	1050	1000
	Rohdichtekennwerte in kg/m³						
	Rohdichte ρ_k	650	600	550	550	500	500

Die **Festigkeitskennwerte** sind in Abhängigkeit von der KLED und der NKL wie folgt zu modifizieren (x k_{mod} / γ_M)	KLED =	ständig	lang	mittel	kurz	kurz/ sehr kurz
	NKL = 1	0,301	0,385	0,538	0,692	0,769
	NKL = 2	0,231	0,308	0,423	0,538	0,615

Tabelle A-3.7d Charakteristische Festigkeits-, Steifigkeits- und Rohdichtekennwerte für **OSB-Platten**, Plattentyp OSB/2+3 (und OSB/4) nach DIN EN 12369-1

	Beanspruchung		**parallel** zur Spanrichtung der Deckschicht			**rechtwinklig** zur Spanrichtung der Deckschicht		
	Nenndicke der Platten in mm		$6 \div 10$	$>10 \div 18$	$>18 \div 25$	$6 \div 10$	$>10 \div 18$	$>18 \div 25$
Beanspruchung als **Platte**	*Festigkeitskennwerte in N/mm²*							
	Biegung	$f_{m,k}$	18,0 (24,5)	16,4 (23,0)	14,8 (21,0)	9,0 (13,0)	8,2 (12,2)	7,4 (11,4)
	Schub	$f_{v,k}$	1,0 (1,1)			1,0 (1,1)		
	Steifigkeitskennwerte in N/mm²							
	Elastizitätsmodul	E_{mean}	4930 (6780)			1980 (2680)		
Beanspruchung als **Scheibe**	*Festigkeitskennwerte in N/mm²*							
	Biegung	$f_{m,k}$	9,9 (11,9)	9,4 (11,4)	9,0 (10,9)	7,2 (8,5)	7,0 (8,2)	6,8 (8,0)
	Zug	$f_{t,k}$	9,9 (11,9)	9,4 (11,4)	9,0 (10,9)	7,2 (8,5)	7,0 (8,2)	6,8 (8,0)
	Druck	$f_{c,k}$	15,9 (18,1)	15,4 (17,6)	14,8 (17,0)	12,9 (14,3)	12,7 (14,0)	12,4 (13,7)
	Schub	$f_{v,k}$	6,8 (6,9)			6,8 (6,9)		
	Steifigkeitskennwerte in N/mm²							
	Elastizitätsmodul	E_{mean}	3800 (4300)			3000 (3200)		
	Schubmodul	G_{mean}	1080 (1090)			1080 (1090)		
	Rohdichtekennwerte in kg/m³							
	Rohdichte	ρ_k	550 (550)					

( )-Werte gelten für OSB/4- Platten

Die **Festigkeitskennwerte** sind in Abhängigkeit von der KLED und der NKL wie folgt zu modifizieren: (x k_{mod} / γ_M)	KLED =	ständig	lang	mittel	kurz	kurz/ sehr kurz
	NKL = 1	0,308	0,385	0,538	0,692	0,769
	NKL = 2	0,231	0,308	0,423	0,538	0,615

Tabelle A-3.7e Charakteristische Festigkeits-, Steifigkeits- und Rohdichtekennwerte für **zement-gebundene Spannplatten** der Klasse **1** und **2**   Nenndicke 8 bis 40 mm nach EC5/NA

	Beanspruchung		Klasse 1	Klasse 2
Beanspruchung als **Platte**	Festigkeitskennwerte in N/mm²			
	Biegung	$f_{m,k}$	9,0	9,0
	Druck	$f_{c,90k}$	12,0	12,0
	Schub	$f_{v,k}$	2,0	2,0
	Steifigkeitskennwerte in N/mm²			
	Elastizitätsmodul	E_{mean}	4500	4000
Beanspruchung als **Scheibe**	Festigkeitskennwerte in N/mm²			
	Biegung	$f_{m,k}$	8,0	8,0
	Zug	$f_{t,k}$	2,5	2,5
	Druck	$f_{c,k}$	11,5	11,5
	Schub	$f_{v,k}$	6,5	6,5
	Steifigkeitskennwerte in N/mm²			
	Elastizitätsmodul	E_{mean} a)	4500	4500
	Schubmodul a)	G_{mean}	1500	1500
	Rohdichtekennwerte in kg/m³			
	Rohdichte	ρ_k	1000	1000

a) $E_{05} = 0,8 \cdot E_{mean}$ und $G_{05} = 0,8 \cdot G_{mean}$

Die **Festigkeitskennwerte** sind in Abhängigkeit von der KLED und der NKL wie folgt zu modifizieren (x k_{mod} / γ_M)	KLED =	ständig	lang	mittel	kurz	kurz/ sehr kurz
	NKL = 1	0,231	0,346	0,500	0,654	0,673
	NKL = 2	0,154	0,231	0,346	0,462	0,539

Tabelle A-3.7f Charakteristische Festigkeits-, Steifigkeits- und Rohdichtekennwerte für **Faserplatten** der Klassen **HB.HLA2 und MB.HLA2** nach EC5/NA

	Beanspruchung		HB.HLA2 (harte Platten)		MB.HLA2 (mittelharte Platten)	
	Plattendicke	d	> 3,5 – 5,5	> 5,5	≤ 10	> 10
Beanspruchung als **Platte**	*Festigkeitskennwerte in N/mm²*					
	Biegung	$f_{m,k}$	35,0	32,0	17,0	15,0
	Druck	$f_{c,90k}$	12,0	12,0	8,0	8,0
	Schub	$f_{v,k}$	3,0	2,5	0,3	0,25
	Steifigkeitskennwerte in N/mm²					
	Elastizitätsmodul	E_{mean}	4800	4600	3100	2900
Beanspruchung als **Scheibe**	*Festigkeitskennwerte in N/mm²*					
	Biegung	$f_{m,k}$	26,0	23,0	9,0	8,0
	Zug	$f_{t,k}$	26,0	23,0	9,0	8,0
	Druck	$f_{c,k}$	27,0	24,0	9,0	8,0
	Schub	$f_{v,k}$	18,0	16,0	5,5	4,5
	Steifigkeitskennwerte in N/mm²					
	Elastizitätsmodul	E_{mean} [a]	4800	4600	3100	2900
	Schubmodul	G_{mean} [a]	2000	1900	1300	1200
	Rohdichtekennwerte in kg/m³					
	Rohdichte	ρ_k	850	800	650	600

[a] $E_{05} = 0,8 \cdot E_{mean}$ und $G_{05} = 0,8 \cdot G_{mean}$

Die **Festigkeitskennwerte** sind in Abhängigkeit von der KLED und der NKL wie folgt zu modifizieren (x k_{mod} / γ_M)	KLED =	ständig	lang	mittel	kurz	kurz/ sehr kurz
	NKL = 1	0,231	0,346	0,500	0,654	0,673
	NKL = 2	0,154	0,231	0,346	0,462	0,539

Tabelle A-3.7g Charakteristische Festigkeits-, Steifigkeits- und Rohdichtekennwerte für **Gipskartonplatten** nach DIN 18180 nach EC5/NA

	Beanspruchung	parallel zur Herstellrichtung			rechtwinklig zur Herstellrichtung		
	Plattendicke d	12,5	15,0	18,0 [c]	12,5	15,0	18,0 [b]
Beanspruchung als **Platte**	*Festigkeitskennwerte in N/mm²*						
	Biegung $f_{m,k}$	6,5	5,4	4,2	2,0	1,8	1,5
	Druck $f_{c,90k}$	3,5 (5,5) [b]					
	Steifigkeitskennwerte in N/mm²						
	Elastizitätsmodul E_{mean}	2800			2200		
Beanspruchung als **Scheibe**	*Festigkeitskennwerte in N/mm²*						
	Biegung $f_{m,k}$	4,0	3,8	3,6	2,0	1,7	1,4
	Zug $f_{t,k}$	1,7	1,4	1,1	0,7		
	Druck $f_{c,k}$	3,5 (5,5) [b]			4,2 (4,8) [b]		
	Schub $f_{v,k}$	1,0					
	Steifigkeitskennwerte in N/mm²						
	Elastizitätsmodul E_{mean} [a]	1200			1000		
	Schubmodul G_{mean} [a]	700					
	Rohdichtekennwerte in kg/m³						
	Rohdichte ρ_k	680 (800) [b]					

[a] $E_{05} = 0,9 \cdot E_{mean}$ und $G_{05} = 0,9 \cdot G_{mean}$ [b] Werte in Klammer gelten für GKF- und GKF-Platten.
[c] Alternative können auch Gipsplatten der Nenndicke 20 bzw. 25 mm eingesetzt werden.

Die **Festigkeitskennwerte** sind in Abhängigkeit von der KLED und der NKL wie folgt zu modifizieren (x k_{mod} / γ_M)	KLED =	ständig	lang	mittel	kurz	kurz/ sehr kurz
	NKL = 1	0,231	0,346	0,500	0,654	0,673
	NKL = 2	0,154	0,231	0,346	0,462	0,539

Tabelle A-3.8 Teilsicherheitsbeiwerte γ_G und γ_Q

Bemessungssituation	γ_G	γ_Q
Nachweis der **Tragfähigkeit**		
günstige Auswirkung	1,0	–
ungünstige Auswirkung	**1,35**	**1,5**
Nachweis der **Gebrauchstauglichkeit**	**1,0**	**1,0**

Tabelle A-3.9 Kombinationsbeiwerte ψ für Einwirkungen nach EC 0/NA

Einwirkung	ψ_0	ψ_1	ψ_2
Nutzlasten für Hochbauten			
– Kategorie **A** Wohn- und Aufenthaltsräume, Spitzböden – Kategorie **B** Büroflächen, Arbeitsflächen, Flure	0,7	0,5	0,3
– Kategorie **C** Räume und Flächen die der Ansammlung von Personen dienen können (mit Ausnahme von unter A, B, D und E festgelegten Kategorien) – Kategorie **D** Verkaufsräume	0,7	0,7	0,6
– Kategorie **E** Lager, Fabriken und Werkstätten, Ställe, Lagerräume und Zugänge	1,0	0,9	0,8
– Kategorie **T** Treppen und Treppenpodeste – Kategorie **Z** Zugänge, Balkone u. Ä.	Entsprechend der zugehörigen Kategorie		
Schnee- und Eislasten für Hochbauten [1]			
– Orte Höhe ≤ 1000 m über NN	0,5	0,2	0
– Orte Höhe > 1000 m über NN	0,7	0,5	0,2
Windlasten für Hochbauten [1]	0,6	0,2	0

[1] Abänderung für unterschiedliche geografische Gegenden können erforderlich sein.

Tabelle A-3.10   Klassen der Lasteinwirkungsdauer (**KLED**)

KLED	Größenordnung der akkumulierten Lastdauer	Beispiel
ständig	länger als 10 Jahre	Eigenlasten
lang	6 Monate bis 10 Jahre	Nutzlasten in Lagerhäusern
mittel	1 Woche bis 6 Monate	Verkehrslasten auf Decken, Schneelasten
kurz	kürzer als 1 Woche	Schneelasten
kurz/sehr kurz	zwischen kurz und sehr kurz	Windlasten
sehr kurz	kürzer als 1 Minute	Anprall von Fahrzeugen

Tabelle A-3.11   Einteilung der Einwirkungen in Klassen der Lasteinwirkungsdauer (**KLED**) nach EC 5/NA (Auszug)

Einwirkung	KLED
Eigenlasten nach DIN 1991-1-1	**ständig**
Lotrechte Nutzlasten nach DIN 1991-1-1	
A Wohn- und Aufenthaltsräume, Spitzböden	**mittel**
B Büroflächen, Arbeitsflächen, Flure	
C Räume und Flächen die der Ansammlung von Personen dienen können (mit Ausnahme von unter A, B, D und E festgelegten Kategorien)	kurz
D Verkaufsräume	mittel
E Lager, Fabriken und Werkstätten, Ställe, Lagerräume und Zugänge	lang
T Treppen und Treppenpodeste	kurz
Z Zugänge, Balkone u. Ä.	kurz
Horizontale Nutzlasten nach DIN 1991-1-1	
Horizontale Nutzlasten infolge von Personen auf Brüstungen, Geländern und anderen Konstruktionen, die als Absperrung dienen	kurz
Horizontallasten zur Erzielung einer ausreichenden Längs- und Quersteifigkeit	a)
Windlasten nach DIN 1991-1-4	**kurz/sehr kurz** b)
Schneelast und Eislast nach DIN 1991-1-3	
– Standort Höhe ≤ 1000 m ü. NN	**kurz**
– Standort Höhe > 1000 m ü. NN	**mittel**

a) entsprechend den zugehörigen Lasten

b) Nach NA, Tabelle NA.1 darf bei Wind für k_{mod} das Mittel aus kurz und sehr kurz verwendet werden.

Tabelle A-4.1 Maßgebende **Schnittgrößen** mit zugehörigen Laststellungen bei **Durchlaufträgern** mit gleicher Stützweite; Beiwerte k_{DLT} für Durchbiegungsberechnungen

Kräfte: $\cdot q\,\ell$ Momente: $\cdot q\,\ell^2$		Laststellung g, s, w	Kräfte: $\cdot q\,\ell$ Momente: $\cdot q\,\ell^2$		Laststellung p
A/V$_A$	0,375		max A/V$_A$	0,438	
B	1,250		max B	1,250	
V$_{B,li}$	-0,625		min V$_{B,li}$	-0,625	
M$_B$	-0,125		min M$_B$	-0,125	
M$_1$	0,070		max M$_1$	0,096	
k_{DLT}	0,400		k_{DLT}	0,700	
A/V$_A$	0,400		max A/V$_A$	0,450	
B	1,100		max B	1,200	
V$_{B,li}$	-0,600		min V$_{B,li}$	-0,617	
M$_B$	-0,100		min M$_B$	-0,117	
M$_1$	0,080		max M$_1$	0,101	
k_{DLT}	0,520		k_{DLT}	0,760	
M$_2$	0,025		max M$_2$	0,075	
k_{DLT}	0,040		k_{DLT}	0,520	
A/V$_A$	0,393		max A/V$_A$	0,446	
B	1,143		max B	1,223	
C	0.929		max C	1,143	
V$_{B,li}$	-0,607		min V$_{B,li}$	-0,621	
M$_B$	-0,107		min M$_B$	-0,121	
M$_C$	-0,071		min M$_C$	-0,107	
M$_1$	0,077		max M$_1$	0,100	
k_{DLT}	0,486		k_{DLT}	0,741	
M$_2$	0,036		max M$_2$	0,081	
k_{DLT}	0,146		k_{DLT}	0,568	
A/V$_A$	0,395		max A/V$_A$	0,447	
B	1,132		max B	1,218	
C	0,974		max C	1,167	
V$_{B,li}$	-0,605		min V$_{B,li}$	-0,620	
M$_B$	-0,105		min M$_B$	-0,120	
M$_C$	-0,079		min M$_C$	-0,111	
M$_1$	0,078		max M$_1$	0,100	
k_{DLT}	0,496		k_{DLT}	0,746	
M$_3$	0,046		max M$_3$	0,086	
k_{DLT}	0,242		k_{DLT}	0,626	

Erläuterung zu k_{DLT}: $w_{DLT} = k_{DLT} \cdot w_{q\ell^2/8}$ bzw. $M^* = k_{DLT} \cdot q\,\ell^2/8$ (siehe Abschnitt 5.5):

$$k_{DLT} = 1 + 0,6 \cdot \frac{M_{li} + M_{re}}{M_0}$$ (Momente vorzeichengerecht einsetzen !)

Tabelle A-5.1 Grenzwerte für Durchbiegungen nach EC 5/NA

	w_{inst} [a),b)	$w_{net, fin}$ [a),b)	w_{fin} [a),b)
Allgemein	$\ell/300$ ($\ell_k/150$)	$\ell/300$ ($\ell_k/150$)	$\ell/200$ ($\ell_k/100$)
Überhöhte Bauteile oder Untergeordnete Bauteile	$\ell/200$ ($\ell_k/100$)	$\ell/250$ ($\ell_k/125$)	$\ell/150$ ($\ell_k/75$)

a) Bei verformungsempfindlichen Konstruktionen können geringere Grenzwerte erforderlich werden.

b) Klammerwerte gelten für Kragarme mit ℓ_k = Kragarmlänge.

Tabelle A-5.2 Grenzwerte für die Schwingungsnachweise nach [7]

Grenzwert	Innerhalb einer Nutzungseinheit		Zwischen fremden Nutzungseinheiten	
	Balken	**Decke**	**Balken**	**Decke**
f_{grenz}	6 Hz		8 Hz	
w_{grenz}	1,0 mm [1)]		0,5 mm [1)]	
a_{grenz}	---	0,1 m/s²	---	0,05 m/s²

1) w_{grenz} kann nach Vereinbarung mit den Nutzern z. B. um einen Faktor 1,5 erhöht werden.

Tabelle A-5.3 Beiwerte k_f, und γ für die Schwingungsnachweise bei Durchlaufträgern

ℓ_1/ℓ	0,3	0,4	0,5	0,6	0,7	0,8	0,9	1,0
k_f	1,33	1,30	1,27	1,24	1,20	1,15	1,09	1,0
γ	0,934	0,951	0,969	1,00	1,05	1,15	1,40	2,00

Tabelle A-5.4 Beiwerte k_{dim}, $k_{dim,f}$ und $k_{dim,1kN}$ für Vollholz und Brettschichtholz für die Dimensionierung über die Nachweise der Durchbiegungen und Schwingungen

	max w =		$\dfrac{\ell}{150}$	$\dfrac{\ell}{200}$	$\dfrac{\ell}{250}$	$\dfrac{\ell}{300}$	$\dfrac{\ell}{350}$	$\dfrac{\ell}{400}$
k_{dim}	C 24		17,76	23,67	29,59	35,51	41,43	47,35
	GL 24	c	17,76	23,67	29,59	35,51	41,43	47,35
		h	16,98	22,64	28,31	33,97	39,63	45,29
	GL 28	c	15,63	20,83	26,04	31,25	36,46	41,67
		h	15,50	20,67	25,83	31,00	36,17	41,34
	GL 30	c	15,02	20,03	25,04	30,05	35,06	40,06
		h	14,36	19,15	23,94	28,72	33,51	38,30
	GL 32	c	14,47	19,29	24,11	28,94	33,76	38,58
		h	13,75	18,34	22,92	27,51	32,09	36,68

	f_{grenz} =		6 Hz	8 Hz
$k_{dim,f}$	C 24		13,26	23,58
	GL 24	c	13,26	23,58
		h	12,69	22,55
	GL 28	c	11,67	20,75
		h	11,58	20,59
	GL 30	c	11,22	19,95
		h	10,73	19,07
	GL 32	c	10,81	19,21
		h	10,27	18,27

	w_{grenz} =		0,5 mm	1 mm	1,5 mm
$k_{dim,1k}$	C 24		378,8	189,4	126,3
	GL 24	c	378,8	189,4	126,3
		h	362,3	181,2	120,8
	GL 28	c	333,3	166,7	111,1
		h	330,7	165,3	110,2
	GL 30	c	320,5	160,3	106,8
		h	306,4	153,2	102,1
	GL 32	c	308,6	154,3	102,9
		h	293,4	146,7	97,8

Tabelle A-6.1 Beiwert k_c für den **Knicknachweis**

λ	C 24	C 30	GL 24		GL 28		GL 30		GL 32	
			c	h	c	h	c	h	c	h
0 – 15	1,0	1,0	1,0		1,0		1,0		1,0	
20	0,991	0,991	0,999	0,998	0,999	0,997	1,000	0,997	1,000	0,997
25	0,970	0,970	0,990	0,988	0,991	0,987	0,991	0,987	0,992	0,986
30	0,947	0,947	0,980	0,978	0,980	0,975	0,981	0,976	0,982	0,975
35	0,919	0,919	0,968	0,965	0,969	0,961	0,969	0,962	0,971	0,960
40	0,885	0,885	0,953	0,948	0,954	0,943	0,955	0,944	0,957	0,942
45	0,844	0,843	0,933	0,926	0,935	0,919	0,937	0,920	0,940	0,917
50	0,794	0,793	0,907	0,897	0,910	0,885	0,913	0,887	0,918	0,882
55	0,736	0,734	0,872	0,856	0,876	0,839	0,880	0,841	0,887	0,835
60	0,673	0,671	0,825	0,803	0,830	0,779	0,836	0,782	0,847	0,774
65	0,610	0,608	0,766	0,739	0,774	0,711	0,781	0,714	0,795	0,704
70	0,550	0,548	0,702	0,671	0,710	0,641	0,718	0,644	0,735	0,634
75	0,495	0,494	0,636	0,605	0,645	0,575	0,654	0,578	0,672	0,568
80	0,446	0,445	0,575	0,544	0,583	0,516	0,592	0,519	0,610	0,510
85	0,403	0,402	0,519	0,490	0,527	0,464	0,535	0,467	0,553	0,458
90	0,365	0,364	0,470	0,443	0,477	0,418	0,485	0,421	0,501	0,413
95	0,332	0,331	0,426	0,401	0,433	0,379	0,440	0,381	0,455	0,374
100	0,303	0,302	0,388	0,365	0,394	0,344	0,401	0,346	0,415	0,340
105	0,277	0,276	0,354	0,333	0,360	0,314	0,366	0,316	0,379	0,310
110	0,254	0,253	0,324	0,305	0,330	0,287	0,336	0,289	0,348	0,283
115	0,234	0,233	0,298	0,280	0,303	0,264	0,309	0,266	0,320	0,260
120	0,216	0,216	0,275	0,258	0,280	0,243	0,285	0,245	0,295	0,240
125	0,200	0,200	0,254	0,239	0,259	0,225	0,263	0,226	0,273	0,222
130	0,186	0,185	0,236	0,221	0,240	0,208	0,244	0,210	0,253	0,206
135	0,173	0,173	0,219	0,206	0,223	0,194	0,227	0,195	0,236	0,191
140	0,162	0,161	0,204	0,192	0,208	0,181	0,212	0,182	0,220	0,178
145	0,151	0,151	0,191	0,179	0,194	0,169	0,198	0,170	0,205	0,166
150	0,142	0,141	0,179	0,168	0,182	0,158	0,185	0,159	0,192	0,156
160	0,125	0,125	0,158	0,148	0,160	0,139	0,163	0,140	0,170	0,137
170	0,111	0,111	0,140	0,131	0,143	0,124	0,145	0,124	0,151	0,122
180	0,100	0,099	0,125	0,117	0,127	0,110	0,130	0,111	0,135	0,109
190	0,090	0,090	0,113	0,106	0,115	0,099	0,117	0,100	0,121	0,098
200	0,081	0,081	0,102	0,096	0,104	0,090	0,106	0,090	0,110	0,089
210	0,074	0,074	0,093	0,087	0,094	0,082	0,096	0,082	0,100	0,080
220	0,068	0,067	0,084	0,079	0,086	0,074	0,088	0,075	0,091	0,073
230	0,062	0,062	0,077	0,073	0,079	0,068	0,080	0,069	0,083	0,067
240	0,057	0,057	0,071	0,067	0,072	0,063	0,074	0,063	0,077	0,062
250	0,053	0,053	0,066	0,062	0,067	0,058	0,068	0,058	0,071	0,057
260	0,049	0,049	0,061	0,057	0,062	0,054	0,063	0,054	0,065	0,053
270	0,045	0,045	0,056	0,053	0,057	0,050	0,058	0,050	0,061	0,049
280	0,042	0,042	0,052	0,049	0,053	0,046	0,054	0,047	0,056	0,046
290	0,039	0,039	0,049	0,046	0,050	0,043	0,051	0,043	0,053	0,043
300	0,037	0,037	0,046	0,043	0,047	0,040	0,047	0,041	0,049	0,040

Tabelle A-6.2 Beiwert k_{crit} für den **Kippnachweis**

$\dfrac{\ell_{ef} \cdot h}{b^2}$	C 24	C 30	GL 24		GL 28		GL 30		GL 32	
			c	h	c	h	c	h	c	h
≤ 100	1,000	1,000	1,000	1,000	1,000	1,000	1,000	1,000	1,000	1,000
120	1,000	0,992	1,000	1,000	1,000	1,000	1,000	1,000	1,000	1,000
140	0,988	0,947	1,000	1,000	1,000	1,000	1,000	1,000	1,000	1,000
160	0,948	0,904	1,000	1,000	1,000	1,000	1,000	1,000	1,000	1,000
180	0,911	0,865	1,000	1,000	0,993	0,994	0,979	0,986	0,966	0,973
200	0,876	0,827	0,989	0,995	0,963	0,964	0,948	0,955	0,934	0,942
220	0,843	0,791	0,961	0,968	0,934	0,935	0,918	0,925	0,903	0,911
240	0,811	0,757	0,935	0,941	0,906	0,907	0,889	0,897	0,874	0,882
260	0,780	0,724	0,909	0,916	0,879	0,880	0,862	0,870	0,846	0,855
280	0,751	0,693	0,884	0,892	0,853	0,855	0,836	0,844	0,819	0,828
300	0,722	0,662	0,861	0,868	0,828	0,830	0,810	0,819	0,793	0,803
320	0,695	0,633	0,838	0,846	0,804	0,806	0,786	0,794	0,768	0,778
340	0,668	0,604	0,816	0,824	0,781	0,783	0,762	0,771	0,743	0,754
360	0,642	0,577	0,794	0,802	0,759	0,760	0,739	0,748	0,720	0,730
380	0,617	0,550	0,773	0,782	0,737	0,738	0,716	0,726	0,697	0,707
400	0,593	0,524	0,753	0,761	0,715	0,717	0,694	0,704	0,674	0,685
450	0,534	0,465	0,704	0,713	0,664	0,666	0,642	0,652	0,620	0,632
500	0,481	0,419	0,657	0,667	0,616	0,617	0,592	0,603	0,570	0,582
550	0,437	0,381	0,613	0,624	0,570	0,571	0,545	0,556	0,521	0,534
600	0,401	0,349	0,571	0,582	0,525	0,528	0,500	0,512	0,478	0,490
650	0,370	0,322	0,531	0,542	0,485	0,487	0,462	0,472	0,441	0,452
700	0,343	0,299	0,493	0,504	0,450	0,452	0,429	0,439	0,410	0,420
750	0,321	0,279	0,460	0,471	0,420	0,422	0,400	0,409	0,382	0,392
800	0,301	0,262	0,431	0,441	0,394	0,396	0,375	0,384	0,358	0,368
850	0,283	0,246	0,406	0,415	0,371	0,372	0,353	0,361	0,337	0,346
900	0,267	0,233	0,383	0,392	0,350	0,352	0,334	0,341	0,319	0,327
950	0,253	0,220	0,363	0,371	0,332	0,333	0,316	0,323	0,302	0,310
1000	0,240	0,209	0,345	0,353	0,315	0,317	0,300	0,307	0,287	0,294
1050	0,229	0,199	0,329	0,336	0,300	0,302	0,286	0,292	0,273	0,280
1100	0,219	0,190	0,314	0,321	0,287	0,288	0,273	0,279	0,261	0,267
1150	0,209	0,182	0,300	0,307	0,274	0,275	0,261	0,267	0,249	0,256
1200	0,200	0,175	0,288	0,294	0,263	0,264	0,250	0,256	0,239	0,245
1250	0,192	0,168	0,276	0,282	0,252	0,253	0,240	0,246	0,229	0,235
1300	0,185	0,161	0,265	0,271	0,243	0,244	0,231	0,236	0,221	0,226
1350	0,178	0,155	0,256	0,261	0,234	0,235	0,222	0,227	0,212	0,218
1400	0,172	0,150	0,247	0,252	0,225	0,226	0,214	0,219	0,205	0,210
1450	0,166	0,144	0,238	0,243	0,217	0,218	0,207	0,212	0,198	0,203
1500	0,160	0,140	0,230	0,235	0,210	0,211	0,200	0,205	0,191	0,196
1550	0,155	0,135	0,223	0,228	0,203	0,204	0,194	0,198	0,185	0,190
1600	0,150	0,131	0,216	0,221	0,197	0,198	0,188	0,192	0,179	0,184
1650	0,146	0,127	0,209	0,214	0,191	0,192	0,182	0,186	0,174	0,178
1700	0,141	0,123	0,203	0,208	0,185	0,186	0,177	0,181	0,169	0,173
1750	0,137	0,120	0,197	0,202	0,180	0,181	0,172	0,175	0,164	0,168
1800	0,134	0,116	0,192	0,196	0,175	0,176	0,167	0,171	0,159	0,163
1850	0,130	0,113	0,187	0,191	0,170	0,171	0,162	0,166	0,155	0,159
1900	0,127	0,110	0,182	0,186	0,166	0,167	0,158	0,162	0,151	0,155
1950	0,123	0,107	0,177	0,181	0,162	0,162	0,154	0,157	0,147	0,151
2000	0,120	0,105	0,173	0,176	0,158	0,158	0,150	0,153	0,143	0,147

Tabelle A-7.1   Beiwerte $k_{t,e}$ für Zugstäbe

	$k_{t,e}$	
Zentrisch beanspruchte Stäbe ohne Verkrümmung	1,0	
Einseitig beanspruchte Stäbe **mit** Verkrümmung		
$n = 2$ Stabdübel · **vorgebohrte** Nägel · $n = 2$ Dübel bes. Bauart	0,4	
Einseitig beanspruchte Stäbe **ohne** Verkrümmung		
$n = 2$ Bolzen, Passbolzen · **nicht vorgebohrte** Nägel · $n = 2$ Schrauben	2/3	**Kein** Nachweis von $F_{ax,d}$ erford.
vorgebohrte Nägel, Stabdübel mit ausziehfesten Verbindungsmitteln am „Ende" des Anschlusses / Dübel besonderer Bauart mit **zusätzlichen** ausziehfesten Verbindungsmitteln	2/3	Nachweis von $F_{ax,d}$ erforderlich

Tabelle A-8.1 Beiwerte $k_{c,90}$ für Querdruck

	Schwellendruck		Auflagerdruck	
	$\ell_1 < 2 \cdot h$	$\ell_1 \geq 2 \cdot h$	$\ell_1 < 2 \cdot h$	$\ell_1 \geq 2 \cdot h$
Laubholz	1,0	1,0	1,0	1,0
Nadelvollholz C XX	1,0	1,25	1,0	1,50
Brettschichtholz GL XX	1,0	1,5	1,0	1,75 [1]

[1] Dieser Wert gilt bei BSH auch für $\ell_A > 400$ mm (NA: 6.1.5 (NA.5)).

Tabelle A-8.2 Charakteristische Tragfähigkeiten $R_{c,90,k}$ auf Druck rechtwinklig zur Faserrichtung unter **Unterlegscheiben** für Schraubenbolzen

	Typ	d_a	d_i	t	$A_{U\text{-Scheibe}}$ [cm^2]	$R_{c,90,k}$ [kN] Für VH C 24 und alle BSH
			[mm]			
Bolzen	M 12	58/6	58	14	6	24,88	18,66
	M 16	68/6	68	18	6	33,77	25,33
	M 20	80/8	80	22	8	46,46	34,85
	M 24	105/8	105	27	8	80,86	60,65
Passbolzen (DIN ISO 7094)	M 12	44/4	44	13,5	4	13,77	10,33
	M 16	56/5	56	17,5	5	22,22	16,67
	M 20	72/6	72	22	6	36,91	27,69
	M 24	85/6	85	26	6	51,44	38,58

Die Werte für $R_{c,90,k}$ sind in Abhängigkeit von der KLED und der NKL wie folgt zu modifizieren: ($\times k_{mod} / \gamma_M$)	KLED =	ständig	lang	mittel	kurz	k./sehr k.
	NKL = 1 u. 2	0,462	0,538	0,615	0,692	0,769
	NKL = 3	0,385	0,423	0,500	0,538	0,615

Tabelle A-8.3 Charakteristische Druckfestigkeiten $f^*_{c,\alpha,k}$ in [N/mm²]

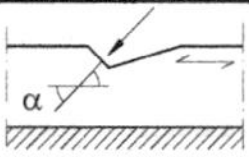

Schwellendruck

α	C24	C30	GL 24		GL 28		GL 30		GL 32	
			c	h	c	h	c	h	c	h
0	21,00	23,00	21,50	24,00	24,00	28,00	24,50	30,00	24,50	32,00
5	20,13	22,03	20,75	23,05	23,05	26,69	23,51	28,49	23,51	30,27
10	17,91	19,57	18,81	20,64	20,64	23,43	21,00	24,77	21,00	26,08
15	15,18	16,55	16,32	17,62	17,62	19,54	17,87	20,42	17,87	21,27
20	12,58	13,69	13,84	14,71	14,71	15,94	14,87	16,49	14,87	17,01
25	10,39	11,28	11,65	12,22	12,22	12,99	12,32	13,33	12,32	13,64
30	8,64	9,37	9,85	10,21	10,21	10,70	10,28	10,91	10,28	11,10
35	7,29	7,90	8,41	8,64	8,64	8,95	8,69	9,08	8,69	9,20
40	6,24	6,76	7,27	7,43	7,43	7,63	7,46	7,71	7,46	7,78
45	5,44	5,89	6,39	6,49	6,49	6,61	6,50	6,67	6,50	6,71
50	4,82	5,21	5,69	5,76	5,76	5,84	5,77	5,87	5,77	5,90
55	4,34	4,69	5,15	5,19	5,19	5,24	5,20	5,27	5,20	5,28
60	3,97	4,29	4,73	4,75	4,75	4,79	4,76	4,80	4,76	4,81
65	3,69	3,98	4,40	4,42	4,42	4,44	4,42	4,44	4,42	4,45
70	3,47	3,75	4,15	4,16	4,16	4,17	4,16	4,18	4,16	4,18
75	3,31	3,58	3,97	3,97	3,97	3,98	3,98	3,98	3,98	3,99
80	3,21	3,46	3,85	3,85	3,85	3,85	3,85	3,85	3,85	3,85
85	3,15	3,40	3,77	3,77	3,77	3,77	3,77	3,78	3,77	3,78
90*	3,13	3,38	3,75	3,75	3,75	3,75	3,75	3,75	3,75	3,75

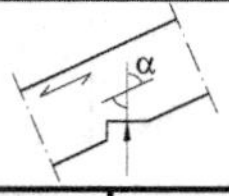

Auflagerdruck

α	C24	C30	GL 24		GL 28		GL 30		GL 32	
			c	h	c	h	c	h	c	h
0	21,00	23,00	21,50	24,00	24,00	28,00	24,50	30,00	24,50	32,00
5	20,29	22,03	20,88	23,21	23,21	26,90	23,67	28,72	23,67	30,54
10	18,44	19,57	19,23	21,14	21,14	24,08	21,52	25,50	21,52	26,88
15	16,05	16,55	17,03	18,45	18,45	20,56	18,73	21,55	18,73	22,49
20	13,65	13,69	14,75	15,74	15,74	17,16	15,93	17,80	15,93	18,41
25	11,53	11,28	12,65	13,32	13,32	14,25	13,45	14,66	13,45	15,04
30	9,77	9,37	10,87	11,31	11,31	11,91	11,40	12,17	11,40	12,41
35	8,36	7,90	9,40	9,69	9,69	10,08	9,75	10,25	9,75	10,40
40	7,24	6,76	8,21	8,41	8,41	8,67	8,45	8,77	8,45	8,87
45	6,36	5,89	7,27	7,40	7,40	7,57	7,42	7,64	7,42	7,70
50	5,68	5,21	6,52	6,61	6,61	6,72	6,62	6,76	6,62	6,80
55	5,14	4,69	5,93	5,99	5,99	6,06	6,00	6,08	6,00	6,11
60	4,72	4,29	5,46	5,50	5,50	5,54	5,51	5,56	5,51	5,58
65	4,39	3,98	5,10	5,12	5,12	5,15	5,13	5,16	5,13	5,17
70	4,15	3,75	4,82	4,84	4,84	4,85	4,84	4,86	4,84	4,87
75	3,97	3,58	4,62	4,63	4,63	4,64	4,63	4,64	4,63	4,64
80	3,85	3,46	4,48	4,49	4,49	4,49	4,49	4,49	4,49	4,49
85	3,77	3,40	4,40	4,40	4,40	4,40	4,40	4,40	4,40	4,40
90*	3,75	3,38	4,38	4,38	4,38	4,38	4,38	4,38	4,38	4,38

Die Werte für $f_{c,\alpha,k}$ sind in Abhängigkeit von der KLED und der NKL wie folgt zu modifizieren: (x k_{mod} / γ_M)

KLED =	ständig	lang	mittel	kurz	kurz/ sehr kurz
NKL = 1 u. 2	0,462	0,538	0,615	0,692	0,769
NKL = 3	0,385	0,423	0,500	0,538	0,615

* Achtung: Diese Werte entsprechen $k_{c,90}$ x $f_{c,90,k}$ d. h. nicht mehr mit $k_{c,90}$ multiplizieren !!

Tabelle A-8.4 Ersatz-Festigkeiten $f_{SV,k}^*$, $f_{FV,k}^*$ und $f_{v,k}^*$ für **Versätze** (γ = Anschlusswinkel)

Stirnversatz: $f_{SV,k}^*$

$\gamma\,[°]$	C 24	C 30	GL 24		GL 28		GL 30		GL 32	
			c	h	c	h	c	h	c	h
30	19,16	20,34	18,55	19,68	19,68	21,16	19,88	21,78	19,88	22,32
35	18,61	19,65	17,85	18,74	18,74	19,87	18,90	20,33	18,90	20,73
40	18,07	18,99	17,19	17,89	17,89	18,74	18,01	19,08	18,01	19,37
45	17,54	18,37	16,59	17,14	17,14	17,79	17,23	18,04	17,23	18,25
50	17,05	17,83	16,08	16,50	16,50	17,00	16,58	17,18	16,58	17,34
55	16,63	17,38	15,67	15,99	15,99	16,37	16,05	16,51	16,05	16,62
60	16,28	17,02	15,35	15,60	15,60	15,89	15,64	15,99	15,64	16,08

Fersenversatz: $f_{FV,k}^*$

$\gamma\,[°]$	C 24	C 30	GL 24		GL 28		GL 30		GL 32	
			c	h	c	h	c	h	c	h
30	14,10	14,74	13,29	13,51	13,51	13,76	13,55	13,85	13,55	13,93
35	13,01	13,64	12,33	12,45	12,45	12,59	12,47	12,64	12,47	12,68
40	12,23	12,87	11,67	11,73	11,73	11,81	11,75	11,84	11,75	11,86
45	11,76	12,43	11,31	11,35	11,35	11,39	11,35	11,40	11,35	11,42
50	11,61	12,33	11,26	11,28	11,28	11,30	11,28	11,31	11,28	11,32
55	11,83	12,62	11,56	11,57	11,57	11,58	11,57	11,59	11,57	11,59
60	12,51	13,38	12,29	12,30	12,30	12,31	12,30	12,31	12,30	12,31

Abscheren im Vorholz: $f_{v,k}^*$

$\gamma\,[°]$	C 24	C 30	GL 24		GL 28		GL 30		GL 32	
			c	h	c	h	c	h	c	h
30	2,31				2,89					
35	2,44				3,05					
40	2,61				3,26					
45	2,83				3,53					
50	3,11				3,89					
55	3,49				4,36					
60	4,00				5,00					

Die Werte für $f_{i,k}^*$ sind in Abhängigkeit von der KLED und der NKL wie folgt zu modifizieren: (x k_{mod} / γ_M)	KLED =	ständig	lang	mittel	kurz	kurz/ sehr kurz
	NKL = 1 u. 2	0,462	0,538	0,615	0,692	0,769
	NKL = 3	0,385	0,423	0,500	0,538	0,615

Tabelle A-8.5 Werte k_α in Abhängigkeit vom Verhältnis $\alpha = h_{ef}/h$ (Ausklinkungen)

h_{ef}/h	0,_0	0,_1	0,_2	0,_3	0,_4	0,_5	0,_6	0,_7	0,_8	0,_9
0,5_	0,650	0,631	0,611	0,592	0,572	0,553	0,534	0,514	0,495	0,476
0,6_	0,458	0,439	0,420	0,402	0,384	0,366	0,349	0,331	0,314	0,297
0,7_	0,281	0,265	0,249	0,233	0,218	0,203	0,189	0,175	0,161	0,148
0,8_	0,135	0,123	0,111	0,100	0,089	0,079	0,069	0,060	0,052	0,044
0,9_	0,036	0,030	0,024	0,018	0,013	0,009	0,006	0,003	0,002	0

Beispiel: h_{ef}/h = 0,75 → k_α = 0,203

Tabelle A-8.6 Charakteristische **Klebfugenfestigkeiten** $f_{k1,k}$ bei Verstärkungen mit Stahlstäben

Gewindebolzen / Betonstahl					
Verankerungslänge ℓ_{ad} in [mm]	char. Klebfugenfestigkeit $f_{k1,k}$ in [N/mm²] [a]				
$\ell_{ad} \leq 250$ mm	4,0				
$250 < \ell_{ad} < 500$ mm	$5{,}25 - 0{,}005 \cdot \ell_{ad}$				
$500 < \ell_{ad} < 1000$ mm	$3{,}5 - 0{,}0015 \cdot \ell_{ad}$				
Die Werte für $f_{k1,k}$ und $f_{1,k}$ sind in Abhängigkeit von der KLED und der NKL wie folgt zu modifizieren: $(\times k_{mod} / \gamma_M)$	KLED =	ständig	lang	mittel	kurz	kurz / sehr kurz
	NKL = 1 u. 2	0,462	0,538	0,615	0,692	0,769
	NKL = 3	0,385	0,423	0,500	0,538	0,615

[a] Nach NA: 6.8.3(NA.2) und Tabelle NA.12

Tabelle A-8.7 Spannungsquerschnitte A_S und Bemessungswerte der Zugtragfähigkeiten $R_{u,d}$ von Stahlstäben

Durchmesser	Gewindebolzen 4.8 $f_{u,k}$ = 400 N/mm²		Betonstahl BSt 500S $f_{u,k}$ = 500 N/mm²	
d_r [mm]	A_S [mm²]	$R_{u,d}$ [kN]	A_S [mm²]	$R_{u,d}$ [kN]
8	36,6	10,54	—	—
10	58	16,70	—	—
12	84,3	24,28	113	40,68
14	—	—	154	55,44
16	157	45,22	201	72,36
20	245	70,56	314	113,04

Tabelle A-11.1 Rechenwerte (Mittelwerte) für die **Verschiebungsmoduln K_{ser}** in N/mm einiger
Verbindungsmittel

Verbindungsmittel	Verbindung Holz-Holz, Holz-Holzwerkstoff [a)]		
Stabdübel, Passbolzen, Bolzen [b)] Eingeklebte Stahlstäbe (nach NA: 7.1) Schrauben	$$\dfrac{\rho_{mean}^{1,5} \cdot d}{23}$$		
Nägel	$$\dfrac{\rho_{mean}^{1,5} \cdot d}{23}$$ vorgebohrte Nagellöcher	$$\dfrac{\rho_{mean}^{1,5} \cdot d^{0,8}}{30}$$ nicht vorgebohrte Nagellöcher	
Klammern	$$\dfrac{\rho_{mean}^{1,5} \cdot d^{0,8}}{80}$$		
Dübel besonderer Bauart	$$\dfrac{\rho_{mean} \cdot d_c}{2}$$ Typ A + B	$$\dfrac{1,5 \cdot \rho_{mean} \cdot d_c}{4}$$ Typ C1 bis C9	$$\dfrac{\rho_{mean} \cdot d_c}{2}$$ Typ C10 + C11

ρ_{mean} = mittlere Rohdichte der miteinander verbundenen Teile in kg/m^3
(z. B. nach **Tabelle A-3.5** oder **Tabelle A-3.6**)

= $\sqrt{\rho_{mean,1} \cdot \rho_{mean,2}}$ bei unterschiedlichen Werten der charakteristischen Rohdichte der beiden miteinander
verbundenen Teile,

= $\rho_{mean,Holz}$ bei Stahl-Holz-Verbindungen und Holzwerkstoff-Holz-Verbindungen

d = Stiftdurchmesser in mm

d_c = Dübeldurchmesser in mm

a) Bei Stahlblech-Holz- oder Beton-Holz-Verbindungen sollte K_{ser} mit dem Faktor 2,0 multipliziert werden.

b) Bei Bolzen mit Lochspiel ist das Lochspiel zusätzlich zur Verschiebung hinzuzurechnen.

Tabelle A-11.2 Beiwerte $k_{h,ef,0}$ für Verbindungen mit n_h hintereinander liegenden Verbindungsmitteln und Winkel Kraft/Faser $= 0°$

n_h	a_1 / d	Stabdübel, (Pass-)Bolzen										Dübel bes. Bauart [1]
		_,0	_,1	_,2	_,3	_,4	_,5	_,6	_,7	_,8	_,9	
2	3,_	0,647	0,652	0,657	0,662	0,667	0,672	0,677	0,681	0,686	0,691	1,0
	4,_	0,695	0,699	0,703	0,708	0,712	0,716	0,720	0,723	0,727	0,731	
	5,_	0,735	0,738	0,742	0,746	0,749	0,752	0,756	0,759	0,763	0,766	
	6,_	0,769	0,772	0,775	0,778	0,782	0,785	0,788	0,791	0,793	0,796	
	7,_	0,799	0,802	0,805	0,808	0,810	0,813	0,816	0,819	0,821	0,824	
	8,_	0,826	0,829	0,832	0,834	0,837	0,839	0,841	0,844	0,846	0,849	
3	3,_	0,621	0,626	0,631	0,636	0,641	0,645	0,650	0,654	0,659	0,663	0,95
	4,_	0,667	0,671	0,675	0,679	0,683	0,687	0,691	0,695	0,698	0,702	
	5,_	0,706	0,709	0,713	0,716	0,719	0,723	0,726	0,729	0,732	0,735	
	6,_	0,738	0,742	0,745	0,748	0,750	0,753	0,756	0,759	0,762	0,765	
	7,_	0,767	0,770	0,773	0,776	0,778	0,781	0,783	0,786	0,789	0,791	
	8,_	0,794	0,796	0,798	0,801	0,803	0,806	0,808	0,810	0,813	0,815	
4	3,_	0,603	0,608	0,613	0,618	0,623	0,627	0,632	0,636	0,640	0,644	0,90
	4,_	0,648	0,652	0,656	0,660	0,664	0,668	0,671	0,675	0,679	0,682	
	5,_	0,686	0,689	0,692	0,696	0,699	0,702	0,705	0,708	0,711	0,715	
	6,_	0,718	0,721	0,723	0,726	0,729	0,732	0,735	0,738	0,740	0,743	
	7,_	0,746	0,748	0,751	0,754	0,756	0,759	0,761	0,764	0,766	0,769	
	8,_	0,771	0,773	0,776	0,778	0,781	0,783	0,785	0,787	0,790	0,792	
5	3,_	0,590	0,595	0,600	0,604	0,609	0,613	0,618	0,622	0,626	0,630	0,85
	4,_	0,634	0,638	0,642	0,646	0,649	0,653	0,657	0,660	0,664	0,667	
	5,_	0,670	0,674	0,677	0,680	0,683	0,687	0,690	0,693	0,696	0,699	
	6,_	0,702	0,705	0,707	0,710	0,713	0,716	0,719	0,721	0,724	0,727	
	7,_	0,729	0,732	0,734	0,737	0,739	0,742	0,744	0,747	0,749	0,752	
	8,_	0,754	0,756	0,759	0,761	0,763	0,766	0,768	0,770	0,772	0,774	
6	3,_	0,579	0,584	0,589	0,593	0,598	0,602	0,606	0,611	0,615	0,619	0,80
	4,_	0,623	0,626	0,630	0,634	0,638	0,641	0,645	0,648	0,652	0,655	
	5,_	0,658	0,662	0,665	0,668	0,671	0,674	0,677	0,680	0,683	0,686	
	6,_	0,689	0,692	0,695	0,697	0,700	0,703	0,706	0,708	0,711	0,714	
	7,_	0,716	0,719	0,721	0,724	0,726	0,729	0,731	0,733	0,736	0,738	
	8,_	0,740	0,743	0,745	0,747	0,749	0,752	0,754	0,756	0,758	0,760	

Beispiel: $n_h = 4$ SDü mit $a_1 = 5,7 \cdot d$ → $k_{h,ef,0} = 0,708$

[1] Gilt für die gesamte Verbindungseinheit (VE = Dübel inkl. Bolzen)
→ keine getrennte Bestimmung von $k_{h,ef,0}$ für Dübel und für Bolzen.

$$k_{h,ef,\alpha} = k_{h,ef,0} + (1 - k_{h,ef,0}) \cdot \frac{\alpha}{90}$$

Tabelle A-12.1 Größe und Begrenzung des Einhängeeffektes $\Delta F_{v,Rk}$ bei stiftf. Verbindungsmitteln

Verbindungsmittel	nach **EC 5**	nach vereinfachtem Verfahren nach **NA**	
Stabdübel, Nägel vorgebohrt:	0	0	
Nägel, nicht vorgebohrt:	$\Delta F_{v,Rk} = \min \begin{Bmatrix} 0{,}25 \cdot F_{ax,Rk} \\ 0{,}15 \cdot F_{v,Rk}^0 \end{Bmatrix}$	0	
Bolzen/Passbolzen	$\Delta F_{v,Rk} = \min \begin{Bmatrix} 0{,}25 \cdot F_{ax,Rk} \\ 0{,}25 \cdot F_{v,Rk}^0 \end{Bmatrix}$	$\Delta F_{v,Rk} = \min \begin{Bmatrix} 0{,}25 \cdot F_{ax,Rk} \\ 0{,}25 \cdot F_{v,Rk}^0 \end{Bmatrix}$	a)
Profilierte Nägel (Sondernägel)	$\Delta F_{v,Rk} = \min \begin{Bmatrix} 0{,}25 \cdot F_{ax,Rk} \\ 0{,}5 \cdot F_{v,Rk}^0 \end{Bmatrix}$	$\Delta F_{v,Rk} = \min \begin{Bmatrix} 0{,}25 \cdot F_{ax,Rk} \\ 0{,}5 \cdot F_{v,Rk}^0 \end{Bmatrix}$	b)
Schrauben	$\Delta F_{v,Rk} = \min \begin{Bmatrix} 0{,}25 \cdot F_{ax,Rk} \\ 1{,}0 \cdot F_{v,Rk}^0 \end{Bmatrix}$	$\Delta F_{v,Rk} = \min \begin{Bmatrix} 0{,}25 \cdot F_{ax,Rk} \\ 1{,}0 \cdot F_{v,Rk}^0 \end{Bmatrix}$	c)

$F_{ax,Rk}$ = char. Ausziehtragfähigkeit des Verbindungsmittels

$F_{v,Rk}^0$ = char. Abschertragfähigkeit nach „Johansen"

a) NA: 8.5.3 (NA.9) u. 8.6 (NA.12)

b) NA: 8.3.1.4 (NA4): Nur bei einschnittigen Holzwerkstoff-Holz- und Stahlblech-Holz-Verbindungen

c) NA: 8.7 (NA.11)

Tabelle A-12.2   Angaben zur Berechnung der charakteristischen Lochleibungsfestigkeit $f_{h,0,k}$ und des charakteristischen Fließmomentes $M_{y,Rk}$; d in [mm], ρ_k in [kg/m³] und t in [mm]

Verbindungsmittel	Material		char. Lochleibungsfestigkeit || Faser $f_{h,0,k}$ [N/mm²]	char. Fließmoment $M_{y,Rk}$ [Nmm]	char. Zugfestigkeit des Stahls $f_{u,k}$ [N/mm²]
Stabdübel, Passbolzen, Bolzen Nägel mit d > 8 mm	Vollholz, Brettschichtholz, Funierschichtholz		$0,082 \cdot (1 - 0,01 \cdot d) \cdot \rho_k$ $f_{h,\alpha,k} = k_\alpha \cdot f_{h,0,k}$ [1]	$0,3 \cdot f_{u,k} \cdot d^{2,6}$	Stabdübel S 235: 360 S 275: 430 S 355: 490 Bolzen: 3.6: 300 4.6/4.8: 400 5.6/5.8: 500 8.8: 800
	Sperrholz		$0,11 \cdot (1 - 0,01 \cdot d) \cdot \rho_k$		
	Spanplatten + OSB-Platten		$50 \cdot d^{-0,6} \cdot t^{0,2}$		
Nägel mit d ≤ 8 mm	Holz – Holz/ Holz – LVL	nicht vorgebohrt [a]	$0,082 \cdot \rho_k \cdot d^{-0,3}$	$0,3 \cdot f_{u,k} \cdot d^{2,6}$	600
		vorgebohrt [a]	$0,082 \cdot (1 - 0,01 \cdot d) \cdot \rho_k$		
	Sperrholz	nicht vorgebohrt [b]	$0,11 \cdot \rho_k \cdot d^{-0,3}$		
		vorgebohrt [c]	$0,11 \cdot (1 - 0,01 \cdot d) \cdot \rho_k$		
	Spanplatten + OSB-Platten	nicht vorgebohrt [b]	$65 \cdot d^{-0,7} \cdot t^{0,1}$		
		vorgebohrt [c]	$50 \cdot d^{-0,6} \cdot t^{0,2}$		
	Harte HF-platten	nicht vorgebohrt [b]	$30 \cdot d^{-0,3} \cdot t^{0,6}$		
	Gipsplatten	nicht vorgebohrt [c]	$3,9 \cdot d^{-0,6} \cdot t^{0,7}$		
	Zementgeb. Spanplatten	nicht vorgebohrt [c]	$(75 + 1,9 \cdot d) \cdot d^{-0,5} + \dfrac{d}{10}$		

[1] Bei Stabdübeln, Passbolzen/ Bolzen und Nägeln mit d > 8 mm in Vollholz, Brettschichtholz und Furnierschichtholz ist die Lochleibungsfestigkeit vom Winkel zwischen Kraft- und Faserrichtung des Holzes abhängig. Dies wird durch den Beiwert k_α berücksichtigt:

$$k_\alpha = \frac{1}{(1,35 + 0,015 \cdot d) \cdot \sin^2 \alpha + \cos^2 \alpha} \quad \text{für NH}$$

[a] EC 5: 8.3.1.1(5)

[b] EC 5: 8.3.1.3(3)

[c] NA: 8.3.1.3(NA.6, 8, 16, 17)

Tabelle A-12.3 Charakteristische Lochleibungsfestigkeiten $f_{h,0,k}$ in [N/mm²], Beiwerte k_α zur Berücksichtigung des Winkels Kraft/Faser und charakteristische Fließmomente $M_{y,Rk}$ in [Nmm] für **Stabdübel**, Passbolzen und Bolzen

		Durchmesser (SDü, PB, Bo) in [mm]							
		6	8	10	12	16	20	24	30
$f_{h,0,k}$ [N/mm²]	C24	26,98	26,40	25,83	25,26	24,11	22,96	21,81	20,09
	C30	29,29	28,67	28,04	27,42	26,17	24,93	23,68	21,81
	GL 24 c	28,13	27,54	26,94	26,34	25,14	23,94	22,75	20,95
	GL 24 h	29,68	29,04	28,41	27,78	26,52	25,26	23,99	22,10
	GL 28 c	30,06	29,42	28,78	28,14	26,86	25,58	24,30	22,39
	GL 28 h	32,76	32,06	31,37	30,67	29,27	27,88	26,49	24,40
	GL 30 c	30,06	29,42	28,78	28,14	26,86	25,58	24,30	22,39
	GL 30 h	33,14	32,44	31,73	31,03	29,62	28,21	26,80	24,68
	GL 32 c	30,83	30,18	29,52	28,86	27,55	26,24	24,93	22,96
	GL 32 h	33,92	33,19	32,47	31,75	30,31	28,86	27,42	25,26
k_α	$\alpha=0°$	1,000	1,000	1,000	1,000	1,000	1,000	1,000	1,000
	5°	0,997	0,996	0,996	0,996	0,996	0,995	0,995	0,994
	10°	0,987	0,986	0,985	0,984	0,983	0,981	0,979	0,976
	15°	0,971	0,969	0,968	0,966	0,962	0,958	0,955	0,949
	20°	0,951	0,948	0,945	0,942	0,935	0,929	0,923	0,914
	25°	0,927	0,923	0,918	0,914	0,905	0,896	0,887	0,875
	30°	0,901	0,895	0,889	0,883	0,871	0,860	0,849	0,833
	35°	0,874	0,866	0,859	0,852	0,837	0,824	0,811	0,792
	40°	0,846	0,837	0,829	0,820	0,804	0,788	0,773	0,752
	45°	0,820	0,810	0,800	0,791	0,772	0,755	0,738	0,714
	50°	0,795	0,784	0,773	0,763	0,743	0,724	0,706	0,681
	55°	0,772	0,760	0,749	0,738	0,716	0,696	0,677	0,651
	60°	0,752	0,739	0,727	0,716	0,693	0,672	0,653	0,625
	65°	0,735	0,721	0,709	0,697	0,674	0,652	0,632	0,603
	70°	0,720	0,707	0,694	0,681	0,657	0,635	0,615	0,586
	75°	0,709	0,695	0,682	0,669	0,645	0,622	0,602	0,573
	80°	0,701	0,687	0,673	0,660	0,636	0,613	0,592	0,563
	85°	0,696	0,682	0,668	0,655	0,631	0,608	0,587	0,557
	90°	0,694	0,680	0,667	0,654	0,629	0,606	0,585	0,556
$M_{y,Rk}$ [Nmm]	S 235	11 390	24 070	43 000	69 070	145 930	260 680	418 770	748 060
	S 275	13 610	28 750	51 360	82 500	174 300	311 360	500 190	893 520
	S 355	15 510	32 760	58 520	94 010	198 620	354 810	569 990	1 018 200
	3.6	9 490	20 060	35 830	57 560	121 610	217 230	348 970	623 390
	4.6/4.8	12 660	26 740	47 770	76 750	162 140	289 640	465 300	831 180
	5.6/5.8	15 820	33 430	59 720	95 930	202 680	362 050	581 620	1 038 980
	8.8	25 320	53 490	95 550	153 490	324 280	579 280	930 590	1 662 370

Tabelle A-12.4 Charakteristische Lochleibungsfestigkeiten $f_{h,0,k}$ in [N/mm²] und charakteristische Fließmomente $M_{y,Rk}$ in [Nmm] für **Nägel**

							Nageldurchmesser in [mm]						
			2,7	3,0	3,4	3,8	4,0	4,2	4,6	5,0	5,5	6,0	7,0	7,6
$f_{h,0,k}$ [N/mm²] nicht vorgebohrte Nägel	C24		21,30	20,64	19,88	19,23	18,93	18,66	18,16	17,71	17,21	16,77	16,01	15,62
	C30		23,13	22,41	21,59	20,88	20,56	20,26	19,71	19,23	18,68	18,20	17,38	16,96
	GL 24	c	22,22	21,53	20,73	20,05	19,75	19,46	18,94	18,47	17,95	17,48	16,69	16,29
		h	23,44	22,71	21,87	21,15	20,83	20,53	19,97	19,48	18,93	18,44	17,61	17,18
	GL 28	c	23,74	23,00	22,15	21,43	21,10	20,79	20,23	19,73	19,18	18,68	17,84	17,40
		h	25,87	25,06	24,14	23,35	22,99	22,66	22,05	21,50	20,90	20,36	19,44	18,97
	GL 30	c	23,74	23,00	22,15	21,43	21,10	20,79	20,23	19,73	19,18	18,68	17,84	17,40
		h	26,17	25,36	24,43	23,62	23,26	22,92	22,31	21,76	21,14	20,60	19,67	19,19
	GL 32	c	24,35	23,59	22,72	21,98	21,64	21,33	20,75	20,24	19,67	19,16	18,30	17,85
		h	26,78	25,95	24,99	24,17	23,80	23,46	22,83	22,26	21,64	21,08	20,13	19,63
$f_{h,0,k}$ [N/mm²] vorgebohrte Nägel	C24		27,93	27,84	27,72	27,61	27,55	27,49	27,38	27,27	27,12	26,98	26,69	26,52
	C30		30,32	30,23	30,10	29,98	29,91	29,85	29,73	29,60	29,45	29,29	28,98	28,79
	GL 24	c	29,12	29,03	28,91	28,79	28,73	28,67	28,55	28,43	28,28	28,13	27,83	27,66
		h	30,72	30,62	30,50	30,37	30,31	30,24	30,12	29,99	29,83	29,68	29,36	29,17
	GL 28	c	31,12	31,02	30,89	30,76	30,70	30,64	30,51	30,38	30,22	30,06	29,74	29,55
		h	33,91	33,80	33,67	33,53	33,46	33,39	33,25	33,11	32,93	32,76	32,41	32,20
	GL 30	c	31,12	31,02	30,89	30,76	30,70	30,64	30,51	30,38	30,22	30,06	29,74	29,55
		h	34,31	34,20	34,06	33,92	33,85	33,78	33,64	33,50	33,32	33,14	32,79	32,58
	GL 32	c	31,91	31,82	31,68	31,55	31,49	31,42	31,29	31,16	31,00	30,83	30,50	30,31
		h	34,31	34,20	34,06	33,92	33,85	33,78	33,64	33,50	33,32	33,14	32,79	33,34
$M_{y,Rk}$ [Nmm]			2 380	3 130	4 340	5 790	6 620	7 510	9 520	11 820	15 140	18 990	28 350	35 110

Tabelle A-13.1 **Holz-Holz**-Verbindungen, Mindestholzdicken und Tragfähigkeiten **pro Scherfuge**, **C 24**, **SDü S 235**, α_{SH} bzw. α_{MH} = Winkel Kraft-/Faser im SH bzw. MH

☒ C 24
‖ S 235

d	α_{SH}	$\alpha_{MH}=0°$ t_{SH} mm	t_{MH} mm	$F^0_{v,Rk}$ kN	$\alpha_{MH}=15°$ t_{SH} mm	t_{MH} mm	$F^0_{v,Rk}$ kN	$\alpha_{MH}=30°$ t_{SH} mm	t_{MH} mm	$F^0_{v,Rk}$ kN	$\alpha_{MH}=45°$ t_{SH} mm	t_{MH} mm	$F^0_{v,Rk}$ kN	$\alpha_{MH}=60°$ t_{SH} mm	t_{MH} mm	$F^0_{v,Rk}$ kN	$\alpha_{MH}=75°$ t_{SH} mm	t_{MH} mm	$F^0_{v,Rk}$ kN	$\alpha_{MH}=90°$ t_{SH} mm	t_{MH} mm	$F^0_{v,Rk}$ kN
10	0°	51	42	4,71	51	44	4,67	51	46	4,57	50	50	4,44	49	53	4,32	49	56	4,24	49	57	4,22
	15°	52	42	4,67	52	43	4,64	52	46	4,54	51	50	4,41	50	53	4,29	50	56	4,22	50	56	4,19
	30°	55	41	4,57	55	42	4,54	54	45	4,44	54	49	4,32	53	52	4,22	53	55	4,14	53	55	4,11
	45°	58	40	4,44	58	41	4,41	58	44	4,32	57	47	4,22	57	51	4,11	56	53	4,04	56	54	4,02
	60°	62	39	4,32	62	40	4,29	61	43	4,22	60	46	4,11	60	50	4,02	60	52	3,95	59	53	3,93
	75°	64	38	4,24	64	39	4,22	63	42	4,14	63	46	4,04	62	49	3,95	62	51	3,89	62	52	3,87
	90°	65	38	4,22	65	39	4,19	64	42	4,11	64	45	4,02	63	49	3,93	63	51	3,87	63	52	3,85
12	0°	60	50	6,47	60	51	6,41	59	54	6,27	58	59	6,08	58	63	5,91	57	66	5,79	57	67	5,75
	15°	61	49	6,41	61	50	6,36	60	54	6,21	60	58	6,03	59	63	5,87	58	66	5,75	58	67	5,71
	30°	64	48	6,27	64	49	6,21	64	53	6,08	63	57	5,91	62	62	5,75	62	65	5,65	62	66	5,61
	45°	69	47	6,08	69	48	6,03	68	51	5,91	67	56	5,75	66	60	5,61	66	63	5,51	66	64	5,47
	60°	73	45	5,91	73	47	5,87	72	50	5,75	71	54	5,61	71	59	5,47	70	62	5,38	70	63	5,35
	75°	76	44	5,79	76	46	5,75	75	49	5,65	74	53	5,51	73	58	5,38	73	61	5,29	73	62	5,26
	90°	77	44	5,75	77	45	5,71	76	49	5,61	75	53	5,47	74	57	5,35	74	60	5,26	74	61	5,23
16	0°	77	64	10,61	77	66	10,51	76	71	10,24	75	77	9,90	74	83	9,60	73	87	9,40	73	89	9,32
	15°	79	63	10,51	78	65	10,41	78	70	10,15	77	76	9,82	76	82	9,52	75	87	9,32	75	88	9,25
	30°	83	62	10,24	83	63	10,15	82	68	9,90	81	75	9,60	80	81	9,32	80	85	9,14	79	86	9,07
	45°	90	60	9,90	89	61	9,82	88	66	9,60	87	72	9,32	86	79	9,07	86	83	8,90	86	84	8,83
	60°	96	58	9,60	95	60	9,52	94	64	9,32	93	71	9,07	92	76	8,83	92	81	8,67	91	82	8,62
	75°	100	57	9,40	99	58	9,32	98	63	9,14	97	69	8,90	96	75	8,67	96	79	8,52	95	81	8,47
	90°	101	56	9,32	101	58	9,25	100	63	9,07	99	69	8,83	98	75	8,62	97	79	8,47	97	80	8,41
20	0°	94	78	15,47	94	81	15,31	93	87	14,88	91	96	14,35	90	104	13,87	89	110	13,55	89	112	13,44
	15°	96	77	15,31	96	80	15,15	95	86	14,73	94	95	14,22	92	103	13,75	92	109	13,44	91	111	13,33
	30°	103	75	14,88	102	78	14,73	101	84	14,35	100	93	13,87	99	101	13,44	98	106	13,15	98	108	13,05
	45°	111	72	14,35	111	75	14,22	110	81	13,87	108	90	13,44	107	98	13,05	106	103	12,78	106	105	12,69
	60°	119	70	13,87	119	72	13,75	117	79	13,44	116	87	13,05	115	95	12,69	114	101	12,44	113	103	12,35
	75°	124	68	13,55	124	71	13,44	123	77	13,15	121	85	12,78	120	93	12,44	119	99	12,21	119	101	12,13
	90°	126	68	13,44	126	70	13,33	125	76	13,05	123	85	12,69	122	93	12,35	121	98	12,13	121	100	12,05
24	0°	112	92	20,94	111	96	20,69	110	104	20,07	108	115	19,30	106	126	18,61	105	133	18,15	105	136	17,99
	15°	115	91	20,69	114	95	20,46	113	103	19,85	111	114	19,10	110	125	18,44	108	132	17,99	108	134	17,83
	30°	123	89	20,07	122	92	19,85	121	100	19,30	119	111	18,61	118	122	17,99	117	129	17,57	116	131	17,43
	45°	134	85	19,30	133	88	19,10	132	97	18,61	130	108	17,99	128	118	17,43	127	125	17,05	127	128	16,91
	60°	144	82	18,61	143	85	18,44	142	94	17,99	140	104	17,43	138	114	16,91	137	122	16,57	136	124	16,44
	75°	151	80	18,15	150	83	17,99	149	91	17,57	147	102	17,05	145	112	16,57	144	119	16,24	143	122	16,12
	90°	153	80	17,99	153	83	17,83	151	91	17,43	149	101	16,91	147	111	16,44	146	118	16,12	146	121	16,01

Die Festigkeitswerte $F_{v,Rk}$ sind in Abhängigkeit von der KLED und der NKL wie folgt zu modifizieren: (x k_{mod} / γ_M)	KLED =	ständig	lang	mittel	kurz	kurz/sehr k.
	NKL = 1 u. 2	0,545	0,636	0,727	0,818	0,909
	NKL = 3	0,454	0,500	0,591	0,636	0,727

Tabelle A-13.2 Korrekturbeiwerte bei abweichender Holzart/Festigkeitsklasse und Stahlgüte

	Stahl-güte		C24	C30	GL24 c	GL24 h	GL28 c	GL28 h	GL30 c	GL30 h	GL32 c	GL32 h
Stabdübel	S235	t_{SH}, t_{MH}	1,000	0,960	0,979	0,953	0,947	0,907	0,947	0,902	0,935	0,892
		$F_{V,Rk}$	1,000	1,042	1,021	1,049	1,056	1,102	1,056	1,108	1,069	1,121
	S275	t_{SH}, t_{MH}	1,093	1,049	1,070	1,042	1,035	0,992	1,035	0,986	1,022	0,975
		$F_{V,Rk}$	1,093	1,139	1,116	1,146	1,154	1,204	1,154	1,211	1,168	1,225
	S355	t_{SH}, t_{MH}	1,167	1,120	1,142	1,112	1,105	1,059	1,105	1,053	1,091	1,041
		$F_{V,Rk}$	1,167	1,216	1,191	1,224	1,232	1,286	1,232	1,293	1,247	1,308
Bolzen/Passbolzen	3.6	t_{SH}, t_{MH}	0,913	0,876	0,894	0,870	0,865	0,828	0,865	0,824	0,854	0,814
		$F_{V,Rk}$	0,913 [1]	0,951 [1]	0,932	0,957 [1]	0,964	1,006 [1]	0,964	1,012 [1]	0,976	1,024 [1]
	4.6/4.8	t_{SH}, t_{MH}	1,054	1,012	1,032	1,005	0,999	0,957	0,999	0,951	0,986	0,940
		$F_{V,Rk}$	1,054 [1]	1,098 [1]	1,076	1,106 [1]	1,113	1,162 [1]	1,113	1,168 [1]	1,127	1,182 [1]
	5.6/5.8	t_{SH}, t_{MH}	1,179	1,131	1,154	1,124	1,116	1,069	1,116	1,063	1,102	1,051
		$F_{V,Rk}$	1,179 [1]	1,228 [1]	1,204	1,236 [1]	1,244	1,299 [1]	1,244	1,306 [1]	1,260	1,321 [1]
	8.8	t_{SH}, t_{MH}	1,491	1,431	1,460	1,421	1,412	1,353	1,412	1,345	1,394	1,330
		$F_{V,Rk}$	1,491 [1]	1,553 [1]	1,522	1,563 [1]	1,574	1,643 [1]	1,574	1,652 [1]	1,594	1,671 [1]

[1] Bei Einhaltung der Mindestholzdicken dürfen diese Beiwerte mit dem Faktor 1,25 multipliziert werden (Berücksichtigung des Einhängeeffektes bei Bolzen/Passbolzen).

Die Korrekturbeiwerte wurden wie folgt berechnet:

Für die Holzdicken t_{SH} und t_{MH}: $\sqrt{\dfrac{350}{\rho_k}} \cdot \sqrt{\dfrac{f_u}{360}}$

Für die Tragfähigkeit $F_{V,Rk}$: $\sqrt{\dfrac{\rho_k}{350}} \cdot \sqrt{\dfrac{f_u}{360}}$

Tabelle A-13.3 **Stahlblech-Holz**-Verbindungen, Material **C 24** und **Stabdübel S 235**,
Mindestholzdicken und Tragfähigkeiten **pro Scherfuge**, α = Winkel Kraft-/ Faser

⊠ C 24
▯ S 235

d	α =	innen liegendes Stahlblech außen liegendes **dickes** Stahlblech ($t_s \geq d$) [1]							außen liegendes **dünnes** Stahlblech ($t_s < d/2$) [1]						
		0°	15°	30°	45°	60°	75°	90°	0°	15°	30°	45°	60°	75°	90°
6	$t_{H,req}$	39	40	41	43	45	46	47	28	28	29	31	32	33	33
	$F_{v,Rk}^0$	2,72	2,68	2,58	2,46	2,36	2,29	2,26	1,92	1,89	1,82	1,74	1,67	1,62	1,60
8	$t_{H,req}$	50	50	52	55	58	59	60	35	36	37	39	41	42	43
	$F_{v,Rk}^0$	4,51	4,44	4,27	4,06	3,88	3,76	3,72	3,19	3,14	3,02	2,87	2,74	2,66	2,63
10	$t_{H,req}$	60	61	63	67	70	72	73	42	43	45	47	50	51	52
	$F_{v,Rk}^0$	6,67	6,56	6,28	5,96	5,68	5,50	5,44	4,71	4,64	4,44	4,22	4,02	3,89	3,85
12	$t_{H,req}$	70	71	74	79	83	85	86	50	50	53	56	59	61	61
	$F_{v,Rk}^0$	9,15	8,99	8,60	8,14	7,74	7,49	7,40	6,47	6,36	6,08	5,75	5,47	5,29	5,23
16	$t_{H,req}$	90	92	96	102	108	112	113	64	65	68	72	76	79	80
	$F_{v,Rk}^0$	15,01	14,72	14,01	13,19	12,49	12,05	11,90	10,61	10,41	9,90	9,32	8,83	8,52	8,41
20	$t_{H,req}$	110	112	119	127	134	139	141	78	80	84	90	95	99	100
	$F_{v,Rk}^0$	21,88	21,42	20,29	19,01	17,94	17,26	17,03	15,47	15,15	14,35	13,44	12,69	12,21	12,05
24	$t_{H,req}$	131	134	142	152	162	168	171	92	95	100	108	114	119	121
	$F_{v,Rk}^0$	29,61	28,93	27,29	25,44	23,92	22,97	22,64	20,94	20,46	19,30	17,99	16,91	16,24	16,01

einschnittige Verbindungen:
- Mindestholzdicken: $1{,}0 \cdot t_{H,req}$
- Tragfähigkeit: $1{,}0 \cdot F_{v,Rk}$

einschnittige Verbindungen:
- Mindestholzdicken: $1{,}21 \cdot t_{H,req}$
- Tragfähigkeit: $1{,}0 \cdot F_{v,Rk}$

[1] Bei Stahlblechen mit $d/2 \leq t_{St} \leq d$ darf linear zwischen den Werten für dünne und dicke Stahlbleche interpoliert werden.

Die Festigkeitswerte $F_{v,Rk}$ sind in Abhängigkeit von der KLED und der NKL wie folgt zu modifizieren: (x k_{mod} / γ_M)	KLED =	ständig	lang	mittel	kurz	k./sehr k.
	NKL = 1 u. 2	0,545	0,636	0,727	0,818	0,909
	NKL = 3	0,454	0,500	0,591	0,636	0,727

Tabelle A-13.4 **Mindestabstände** in [mm] für Stabdübel und Passbolzen

d	a_1							a_2							
$\alpha =$	0°	15°	30°	45°	60°	75°	90°	0°	15°	30°	45°	60°	75°	90°	
6	30	30	29	27	24	22	18	18	18	18	18	18	18	18	
8	40	40	38	36	32	29	24	24	24	24	24	24	24	24	
10	50	50	48	45	40	36	30	30	30	30	30	30	30	30	
12	60	60	57	53	48	43	36	36	36	36	36	36	36	36	
16	80	79	76	71	64	57	48	48	48	48	48	48	48	48	
20	100	99	95	89	80	71	60	60	60	60	60	60	60	60	
24	120	119	114	106	96	85	72	72	72	72	72	72	72	72	

d	$a_{3,c}$							$a_{3,t}$							
$\alpha =$	0°	15°	30°	45°	60°	75°	90°	0°	15°	30°	45°	60°	75°	90°	
6	18	18	18	57	70	78	80	80	80	80	80	80	80	80	
8	24	24	24	57	70	78	80	80	80	80	80	80	80	80	
10	30	30	30	57	70	78	80	80	80	80	80	80	80	80	
12	36	36	36	60	73	82	84	84	84	84	84	84	84	84	
16	48	48	48	80	97	109	112	112	112	112	112	112	112	112	
20	60	60	60	99	122	136	140	140	140	140	140	140	140	140	
24	72	72	72	119	146	163	168	168	168	168	168	168	168	168	

d	$a_{4,c}$							$a_{4,t}$							
$\alpha =$	0°	15°	30°	45°	60°	75°	90°	0°	15°	30°	45°	60°	75°	90°	
6	18	18	18	18	18	18	18	18	18	18	21	23	24	24	
8	24	24	24	24	24	24	24	24	24	24	28	30	32	32	
10	30	30	30	30	30	30	30	30	30	30	35	38	40	40	
12	36	36	36	36	36	36	36	36	36	36	41	45	48	48	
16	48	48	48	48	48	48	48	48	48	48	55	60	63	64	
20	60	60	60	60	60	60	60	60	60	60	69	75	79	80	
24	72	72	72	72	72	72	72	72	72	72	82	90	95	96	

SDü

Tabelle A-13.5 Mindestabstände in [mm] für Bolzen

d	a_1							a_2						
$\alpha =$	0°	15°	30°	45°	60°	75°	90°	0°	15°	30°	45°	60°	75°	90°
6	30	30	30	29	27	26	24	24	24	24	24	24	24	24
8	40	40	39	38	36	35	32	32	32	32	32	32	32	32
10	50	50	49	48	45	43	40	40	40	40	40	40	40	40
12	60	60	59	57	54	52	48	48	48	48	48	48	48	48
16	80	80	78	76	72	69	64	64	64	64	64	64	64	64
20	100	100	98	95	90	86	80	80	80	80	80	80	80	80
24	120	120	117	113	108	103	96	96	96	96	96	96	96	96

d	$a_{3,c}$							$a_{3,t}$						
$\alpha =$	0°	15°	30°	45°	60°	75°	90°	0°	15°	30°	45°	60°	75°	90°
6	24	24	24	32	38	41	42	80	80	80	80	80	80	80
8	32	32	32	42	50	55	56	80	80	80	80	80	80	80
10	40	40	40	53	62	68	70	80	80	80	80	80	80	80
12	48	48	48	63	75	82	84	84	84	84	84	84	84	84
16	64	64	64	84	100	109	112	112	112	112	112	112	112	112
20	80	80	80	105	124	136	140	140	140	140	140	140	140	140
24	96	96	96	126	149	164	168	168	168	168	168	168	168	168

d	$a_{4,c}$							$a_{4,t}$						
$\alpha =$	0°	15°	30°	45°	60°	75°	90°	0°	15°	30°	45°	60°	75°	90°
6	18	18	18	18	18	18	18	18	18	18	21	23	24	24
8	24	24	24	24	24	24	24	24	24	24	28	30	32	32
10	30	30	30	30	30	30	30	30	30	30	35	38	40	40
12	36	36	36	36	36	36	36	36	36	36	41	45	48	48
16	48	48	48	48	48	48	48	48	48	48	55	60	63	64
20	60	60	60	60	60	60	60	60	60	60	69	75	79	80
24	72	72	72	72	72	72	72	72	72	72	82	90	95	96

Tabelle A-14.1 Glattschaftige **Nägel** und **Sondernägel**. d_n = Nageldurchmesser, ℓ_n = Nagellänge, ℓ_g = Länge der Profilierung, d_h = Kopfdurchmesser

Typ	d_n [mm]	ℓ_n [mm]	ℓ_g [mm]	d_h [mm]	Tragf.-klasse	
Glattschaftige Nägel DIN EN 10230 bzw. DIN EN 14592	2,7	50/60	-	6,1		
	2,8	60/65/70	-	-		
	3,0	60/70/80	-	6,8		
	3,1	65/70/80	-	-		
	3,4	80/90	-	7,7		
	3,8	100	-	7,6		
	4,2	100/110/120	-	8,4	---	
	4,6	120/130	-	9,2		
	5,0	140	-	10,0		
	5,5	140/160	-	11,0		
	6,0	180	-	12,0		
	7,0	200/210	-	14,0		
	7,6	230/260	-	-		
Bierbach-Kammnägel [1]	4,0	40	25	8,5	3	
		50	35			
		60	45			
		75	50			
		100	65			
	6,0	60	38	11,5	3	
		80	52			
		100	60			
CNA-Kammnägel [2]	4,0	40	25	8,0	3 [4]	
		50	35			
		60	45			
		75	59			
		100	64			
	6,0	60	41	12,0	3 [4]	
		80/100	61			
Bär-Ankernägel [3]	4,0	40	26	8,0	3 [5]	
		50	36			
		60	56			
		75	61			
		100	69			
	6,0	60	40	11,0	3 [5]	
		80/100	62			
Sparrennägel BiZi [1]	6,0	110/150/180/210/230 / 260/280/300/320	72	13,0 (14,5)	3/C	
		325/350/380	92			
Sparrennägel SN [2]	6,0	110/150/180/210/230 / 260/280/300/330/350	72	12,8	3/C [5]	
Sparrennägel Bär [3]	6,3	110/150/180/210/ 230/260/280/300/ 330/360/380	74	13,0	3/C [5]	

Ankernägel vornehmlich für Stahlblech-Holz-Verbindungen

Sparrennägel (Rillennägel) vornehmlich für Holz-Holz-Verbindungen

[1] Bierbach GmbH&Co. KG, Unna   [2] Simpson Strongtie, Bad Nauheim   [3] Schürmann & Hilleke, Neuenrade
[4] Höhere Einstufung nach ETA 04/0013   [5] Höhere Einstufung möglich entsprechend Leistungserklärung

Tabelle A-14.2 Mindestholzdicken t_{req} in [mm], Mindesteinschlagtiefen $t_{E,req}$ in [mm] und char. Tragfähigkeiten **pro Scherfuge** $F^0_{v,Rk}$ in [N] für **Holz-Holz-** und **Stahlblech-Holz-Nagelverbindungen** für Nägel mit **außenliegenden dünnen Stahlblechen**

d [mm]		2,7	3,0	3,4	3,8	4,0	4,2	4,6	5,0	5,1	5,5	6,0	7,0	7,6
t_{req} [1] u. $t_{E,req}$ [2]	$9d$	25	27	31	35	36	38	42	45	46	50	54	63	69
min $t_{E,req}$ [2]	($4d$)	(11)	(12)	(14)	(16)	(16)	(17)	(19)	(20)	(21)	(22)	(24)	(28)	(31)
C 24	nicht vb $t_{Sp,req}$ [3]	38	42	48	54	56	59	65	70	72	77	84	107	121
	$F^0_{v,Rk}$	523	623	766	920	1001	1085	1261	1447	1495	1693	1955	2521	2887
	vb $F^0_{v,Rk}$	599	723	904	1102	1208	1317	1548	1795	1859	2125	2479	3255	3762
GL 24c	nicht vb $t_{Sp,req}$ [3]	38	42	48	54	56	59	65	70	72	77	88	112	126
	$F^0_{v,Rk}$	535	636	782	939	1022	1108	1288	1477	1526	1729	1996	2574	2948
	vb $F^0_{v,Rk}$	612	739	923	1126	1233	1345	1581	1833	1899	2171	2532	3324	3842
GL 24h	nicht vb $t_{Sp,req}$ [3]	38	42	48	54	56	59	65	70	72	80	93	118	133
	$F^0_{v,Rk}$	549	653	803	965	1050	1138	1322	1517	1568	1776	2050	2644	3028
	vb $F^0_{v,Rk}$	628	759	948	1156	1267	1381	1624	1883	1950	2229	2600	3414	3945
GL 28c GL 30c	nicht vb $t_{Sp,req}$ [3]	38	42	48	54	56	59	65	70	72	81	94	119	135
	$F^0_{v,Rk}$	553	657	808	971	1057	1145	1331	1527	1578	1787	2063	2661	3047
	vb $F^0_{v,Rk}$	633	763	954	1164	1275	1390	1634	1895	1963	2244	2617	3436	3971
GL 28h	nicht vb $t_{Sp,req}$ [3]	38	42	48	54	56	59	65	75	78	89	102	130	147
	$F^0_{v,Rk}$	577	686	844	1014	1103	1196	1389	1594	1647	1866	2154	2778	3181
	vb $F^0_{v,Rk}$	660	797	996	1215	1331	1451	1706	1978	2049	2342	2732	3586	4145
GL 30h	nicht vb $t_{Sp,req}$ [3]	38	42	48	54	56	59	65	76	79	90	104	132	148
	$F^0_{v,Rk}$	580	690	849	1020	1110	1203	1397	1604	1657	1877	2166	2794	3200
	vb $F^0_{v,Rk}$	664	802	1002	1222	1339	1460	1716	1990	2061	2356	2748	3608	4170
GL 32c	nicht vb $t_{Sp,req}$ [3]	38	42	48	54	56	59	65	70	73	83	96	122	138
	$F^0_{v,Rk}$	560	666	819	983	1070	1160	1348	1547	1598	1810	2089	2695	3086
	vb $F^0_{v,Rk}$	641	773	967	1178	1291	1408	1655	1919	1988	2272	2650	3479	4022
GL 32h	nicht vb $t_{Sp,req}$ [3]	38	42	48	54	56	59	66	77	80	92	106	135	152
	$F^0_{v,Rk}$	587	698	858	1031	1122	1217	1414	1622	1676	1898	2191	2826	3237
	vb $F^0_{v,Rk}$	672	811	1014	1236	1354	1477	1736	2013	2085	2383	2780	3649	4218

[1] Mindestholzdicke für „vollwertige" Scherfuge.
   Bei Holzdicken $t < 9d$ ist $F_{v,Rk}$ mit dem Faktor t/t_{req} zu multiplizieren.
[2] Mindesteinschlagtiefe für „vollwertige" Scherfuge: $9d$, in Klammern: absolute Mindestwerte ($4d$).
   Bei Einschlagtiefen $4d \leq t_E < 9d$ ist $F^0_{v,Rk}$ mit dem Faktor t_E/t_{req} zu multiplizieren.
[3] Mindestholzdicke wegen Spaltgefahr (sofern nicht größere Randabstände nach *Abschnitt 14.1.2* eingehalten werden).

Die Festigkeitswerte $F_{v,Rk}$ sind in Abhängigkeit von der KLED und der NKL wie folgt zu modifizieren: (x k_{mod} / γ_M)	KLED =	ständig	lang	mittel	kurz	k./sehr k.
	NKL = 1 u. 2	0,545	0,636	0,727	0,818	0,909
	NKL = 3	0,454	0,500	0,591	0,636	0,727

innenliegendes Blech		$\left. \begin{array}{l} t_{req}^{1)} \\ t_{E,req}^{2)} \end{array} \right\} \times 1,111$ $F_{v,Rk} \times 1,4$
außenliegendes dickes Blech: Allgemein: $t_S \geq d$ Bei SoNä 3: $t_S \geq$ max ($d/2$; 2 mm)		

Tabelle A-14.3 Mindest-Plattendicken t_{req}, Mindestlängen der Nägel min ℓ und charakteristische Tragfähigkeiten auf Abscheren $F^0_{v,Rk}$ für einschnittige Nagelverbindungen **OSB3/4-Holz**

d [mm]	$t_{req,OSB}$ [mm]	min ℓ [mm]	$F^0_{v,Rk}$ [N]
1,8	13	30	326
2,0	14	32	382
2,2	16	36	441
2,4	17	39	502
2,7	19	44	599
3,0	21	48	701

Die Festigkeitswerte $F_{v,Rk}$ sind in Abhängigkeit von der KLED und der NKL wie folgt zu modifizieren: (x k_{mod} / γ_M)[1]	KLED =	ständig	lang	mittel	kurz	k./sehr k.
	NKL = 1	0,445	0,538	0,680	0,818	0,909
	NKL = 2	0,386	0,481	0,603	0,722	0,813

[1] Für k_{mod} wurde mit $\sqrt{k_{mod,OSB} \cdot k_{mod,Holz}}$ gerechnet.

Tabelle A-14.4a Mindestabstände in [mm] für nicht vorgebohrte Nägel, $\rho_k \leq 420$ kg/m³ und BSH

d	a_1							a_2						
$\alpha =$	0°	15°	30°	45°	60°	75°	90°	0°	15°	30°	45°	60°	75°	90°
2,7	27	27	26	24	21	17	14	14	14	14	14	14	14	14
3,0	30	30	28	26	23	19	15	15	15	15	15	15	15	15
3,4	34	34	32	30	26	22	17	17	17	17	17	17	17	17
3,8	38	38	36	33	29	24	19	19	19	19	19	19	19	19
4,0	40	40	38	35	30	26	20	20	20	20	20	20	20	20
4,2	42	42	40	36	32	27	21	21	21	21	21	21	21	21
4,6	46	46	43	40	35	29	23	23	23	23	23	23	23	23
5,0	60	59	56	50	43	35	25	25	25	25	25	25	25	25
5,1	62	60	57	51	44	35	26	26	26	26	26	26	26	26
5,5	66	65	61	55	47	38	28	28	28	28	28	28	28	28
6,0	72	71	67	60	51	41	30	30	30	30	30	30	30	30
7,0	84	83	78	70	60	48	35	35	35	35	35	35	35	35
8,0	96	95	89	80	68	55	40	40	40	40	40	40	40	40

d	$a_{3,c}$							$a_{3,t}$						
$\alpha =$	0°	15°	30°	45°	60°	75°	90°	0°	15°	30°	45°	60°	75°	90°
2,7	27	27	27	27	27	27	27	41	41	39	37	34	31	27
3,0	30	30	30	30	30	30	30	45	45	43	41	38	34	30
3,4	34	34	34	34	34	34	34	51	51	49	47	43	39	34
3,8	38	38	38	38	38	38	38	57	57	55	52	48	43	38
4,0	40	40	40	40	40	40	40	60	60	58	55	50	46	40
4,2	42	42	42	42	42	42	42	63	63	61	57	53	48	42
4,6	46	46	46	46	46	46	46	69	69	66	63	58	52	46
5,0	50	50	50	50	50	50	50	75	75	72	68	63	57	50
5,1	51	51	51	51	51	51	51	77	76	74	70	64	58	51
5,5	55	55	55	55	55	55	55	83	82	79	75	69	63	55
6,0	60	60	60	60	60	60	60	90	89	86	82	75	68	60
7,0	70	70	70	70	70	70	70	105	104	101	95	88	80	70
8,0	80	80	80	80	80	80	80	120	119	115	109	100	91	80

d	$a_{4,c}$							$a_{4,t}$						
$\alpha =$	0°	15°	30°	45°	60°	75°	90°	0°	15°	30°	45°	60°	75°	90°
2,7	14	14	14	14	14	14	14	14	15	17	18	19	19	19
3,0	15	15	15	15	15	15	15	15	17	18	20	21	21	21
3,4	17	17	17	17	17	17	17	17	19	21	22	23	24	24
3,8	19	19	19	19	19	19	19	19	21	23	25	26	27	27
4,0	20	20	20	20	20	20	20	20	23	24	26	27	28	28
4,2	21	21	21	21	21	21	21	21	24	26	27	29	30	30
4,6	23	23	23	23	23	23	23	23	26	28	30	31	32	33
5,0	25	25	25	25	25	25	25	25	32	38	43	47	50	50
5,1	26	26	26	26	26	26	26	26	33	39	44	48	51	51
5,5	28	28	28	28	28	28	28	28	35	42	47	52	55	55
6,0	30	30	30	30	30	30	30	30	38	45	52	56	59	60
7,0	35	35	35	35	35	35	35	35	45	53	60	66	69	70
8,0	40	40	40	40	40	40	40	40	51	60	69	75	79	80

Tabelle A-14.4b Mindestabstände in [mm] für nicht vorgebohrte Nägel, $\rho_k > 420$ kg/m³

d	a_1							a_2						
$\alpha =$	0°	15°	30°	45°	60°	75°	90°	0°	15°	30°	45°	60°	75°	90°
2,7	41	40	38	35	30	25	19	19	19	19	19	19	19	19
3,0	45	45	42	38	33	28	21	21	21	21	21	21	21	21
3,4	51	51	48	44	38	31	24	24	24	24	24	24	24	24
3,8	57	56	53	49	42	35	27	27	27	27	27	27	27	27
4,0	60	59	56	51	44	37	28	28	28	28	28	28	28	28
4,2	63	62	59	54	47	39	30	30	30	30	30	30	30	30
4,6	69	68	65	59	51	42	33	33	33	33	33	33	33	33
5,0	75	74	70	64	55	46	35	35	35	35	35	35	35	35
5,1	77	76	72	65	57	47	36	36	36	36	36	36	36	36
5,5	83	82	77	70	61	50	39	39	39	39	39	39	39	39
6,0	90	89	84	76	66	55	42	42	42	42	42	42	42	42
7,0	105	104	98	89	77	64	49	49	49	49	49	49	49	49
8,0	120	118	112	102	88	73	56	56	56	56	56	56	56	56

d	$a_{3,c}$							$a_{3,t}$						
$\alpha =$	0°	15°	30°	45°	60°	75°	90°	0°	15°	30°	45°	60°	75°	90°
2,7	41	41	41	41	41	41	41	54	54	53	51	48	44	41
3,0	45	45	45	45	45	45	45	60	60	58	56	53	49	45
3,4	51	51	51	51	51	51	51	68	68	66	64	60	56	51
3,8	57	57	57	57	57	57	57	76	76	74	71	67	62	57
4,0	60	60	60	60	60	60	60	80	80	78	75	70	66	60
4,2	63	63	63	63	63	63	63	84	84	82	78	74	69	63
4,6	69	69	69	69	69	69	69	92	92	89	86	81	75	69
5,0	75	75	75	75	75	75	75	100	100	97	93	88	82	75
5,1	77	77	77	77	77	77	77	102	102	99	95	90	84	77
5,5	83	83	83	83	83	83	83	110	110	107	102	97	90	83
6,0	90	90	90	90	90	90	90	120	119	116	112	105	98	90
7,0	105	105	105	105	105	105	105	140	139	136	130	123	115	105
8,0	120	120	120	120	120	120	120	160	159	155	149	140	131	120

d	$a_{4,c}$							$a_{4,t}$						
$\alpha =$	0°	15°	30°	45°	60°	75°	90°	0°	15°	30°	45°	60°	75°	90°
2,7	19	19	19	19	19	19	19	19	21	22	23	24	25	25
3,0	21	21	21	21	21	21	21	21	23	24	26	27	27	27
3,4	24	24	24	24	24	24	24	24	26	28	29	30	31	31
3,8	27	27	27	27	27	27	27	27	29	31	32	34	34	35
4,0	28	28	28	28	28	28	28	28	31	32	34	35	36	36
4,2	30	30	30	30	30	30	30	30	32	34	36	37	38	38
4,6	33	33	33	33	33	33	33	33	35	37	39	41	42	42
5,0	35	35	35	35	35	35	35	35	42	48	53	57	60	60
5,1	36	36	36	36	36	36	36	36	43	49	54	58	61	62
5,5	39	39	39	39	39	39	39	39	46	53	58	63	66	66
6,0	42	42	42	42	42	42	42	42	50	57	64	68	71	72
7,0	49	49	49	49	49	49	49	49	59	67	74	80	83	84
8,0	56	56	56	56	56	56	56	56	67	76	85	91	95	96

Tabelle A-14.4c Mindestabstände in [mm] für vorgebohrte Nägel

d	a_1							a_2						
$\alpha =$	0°	15°	30°	45°	60°	75°	90°	0°	15°	30°	45°	60°	75°	90°
2,7	14	14	14	13	13	12	11	9	9	10	11	11	11	11
3,0	15	15	15	15	14	13	12	9	10	11	12	12	12	12
3,4	17	17	17	17	16	15	14	11	12	12	13	14	14	14
3,8	19	19	19	18	18	17	16	12	13	14	15	15	16	16
4,0	20	20	20	19	18	18	16	12	14	14	15	16	16	16
4,2	21	21	21	20	19	18	17	13	14	15	16	17	17	17
4,6	23	23	23	22	21	20	19	14	15	17	18	18	19	19
5,0	25	25	25	24	23	22	20	15	17	18	19	20	20	20
5,1	26	26	25	25	23	22	21	16	17	18	19	20	21	21
5,5	28	28	27	26	25	24	22	17	18	20	21	22	22	22
6,0	30	30	30	29	27	26	24	18	20	21	23	24	24	24
7,0	35	35	35	33	32	30	28	21	23	25	26	28	28	28
8,0	40	40	39	38	36	35	32	24	27	28	30	31	32	32

d	$a_{3,c}$							$a_{3,t}$						
$\alpha =$	0°	15°	30°	45°	60°	75°	90°	0°	15°	30°	45°	60°	75°	90°
2,7	19	19	19	19	19	19	19	33	32	31	29	26	23	19
3,0	21	21	21	21	21	21	21	36	36	34	32	29	25	21
3,4	24	24	24	24	24	24	24	41	41	39	36	33	29	24
3,8	27	27	27	27	27	27	27	46	45	44	41	37	32	27
4,0	28	28	28	28	28	28	28	48	48	46	43	38	34	28
4,2	30	30	30	30	30	30	30	51	50	48	45	40	35	30
4,6	33	33	33	33	33	33	33	56	55	53	49	44	39	33
5,0	35	35	35	35	35	35	35	60	60	57	53	48	42	35
5,1	36	36	36	36	36	36	36	62	61	58	54	49	43	36
5,5	39	39	39	39	39	39	39	66	66	63	58	53	46	39
6,0	42	42	42	42	42	42	42	72	71	68	64	57	50	42
7,0	49	49	49	49	49	49	49	84	83	80	74	67	59	49
8,0	56	56	56	56	56	56	56	96	95	91	85	76	67	56

d	$a_{4,c}$							$a_{4,t}$						
$\alpha =$	0°	15°	30°	45°	60°	75°	90°	0°	15°	30°	45°	60°	75°	90°
2,7	9	9	9	9	9	9	9	9	10	11	12	13	14	14
3,0	9	9	9	9	9	9	9	9	11	12	14	15	15	15
3,4	11	11	11	11	11	11	11	11	12	14	16	17	17	17
3,8	12	12	12	12	12	12	12	12	14	16	17	18	19	19
4,0	12	12	12	12	12	12	12	12	15	16	18	19	20	20
4,2	13	13	13	13	13	13	13	13	15	17	19	20	21	21
4,6	14	14	14	14	14	14	14	14	17	19	21	22	23	23
5,0	15	15	15	15	15	15	15	15	21	25	30	33	35	35
5,1	16	16	16	16	16	16	16	16	21	26	30	33	36	36
5,5	17	17	17	17	17	17	17	17	23	28	33	36	38	39
6,0	18	18	18	18	18	18	18	18	25	30	35	39	42	42
7,0	21	21	21	21	21	21	21	21	29	35	41	46	49	49
8,0	24	24	24	24	24	24	24	24	33	40	47	52	55	56

Tabelle A-14.5 Ausziehparameter $f_{ax,k}$ und Kopfdurchziehparameter $f_{head,k}$ in [N/mm²] sowie Einschlagtiefen ℓ_{ef} in [mm] für **Nägel auf Herausziehen**

Herausziehen		C24	C 30	GL 24		GL 28		GL 30		GL 32	
				c	h	c	h	c	h	c	h
Glattschaftige Nägel [1) 2)] min ℓ_{ef} = 12·d [3)] max ℓ_{ef} = 20·d		2,5	2,9	2,7	3,0	3,0	3,6	3,0	3,7	3,2	3,9
Profilierte Nägel der Tragfähigkeitsklasse min ℓ_{ef} = 8·d [5)] max ℓ_{ef} = ℓ_g [6)]	**1** [4)]	4,1	4,7	4,4	4,9	5,0	6,0	5,0	6,1	5,3	6,4
	2 [4)]	5,4	6,4	5,9	6,5	6,7	7,9	6,7	8,1	7,0	8,5
	3 [4)]	6,7	7,9	7,3	8,2	8,4	9,9	8,4	10,2	8,8	10,6

Ausziehparameter $f_{ax,k}$

Kopfdurchziehparameter $f_{head,k}$ [7)]

Kopfdurchziehen		C24	C 30	GL 24		GL 28		GL 30		GL 32	
				c	h	c	h	c	h	c	h
Glattschaftige Nägel		8,6	10,1	9,3	10,4	10,6	12,6	10,6	12,9	11,2	13,6
Profilierte Nägel der Tragfähigkeitsklasse	**A**	7,4	8,7	8,0	8,9	9,1	10,8	9,1	11,1	9,6	11,6
	B	9,8	11,6	10,7	11,9	12,2	14,5	12,2	14,8	12,8	15,5
	C	12,3	14,4	13,3	14,8	15,2	18,1	15,2	18,5	16,0	19,4
	D	14,7	17,3	16,0	17,8	18,3	21,7	18,3	22,2	19,2	23,2
	E	17,2	20,2	18,7	20,8	21,3	25,3	21,3	25,9	22,4	27,1
	F	19,6	23,1	21,3	23,7	24,3	28,9	24,3	29,6	25,6	31,0

[1)] Nur für KLED ≤ mittel

[2)] Bei Koppelpfetten mit Dachneigungen ≤ 30° darf 0,6 · $f_{ax,k}$ auch bei ständiger Ausziehbeanspruchung angesetzt werden

[3)] 8 · d ≤ ℓ_{ef} < 12 · d: $f_{ax,k}$ · [ℓ_{ef}/(4d) – 2]

[4)] Bei vorgebohrten Nagellöchern darf nur 0,7 · $f_{ax,k}$ in Ansatz gebracht werden (Voraussetzung: Bohrlochdurchmesser ≤ Kerndurchmesser des SoNa)

[5)] 6 · d ≤ ℓ_{ef} < 8 · d: $f_{ax,k}$ · [ℓ_{ef}/(2d) – 3]

[6)] ℓ_g = Länge des profilierten Schaftes

[7)] Bei außen liegenden Stahlblechen entfällt der Nachweis des Kopfdurchziehens.

Die Festigkeitswerte f_k sind in Abhängigkeit von der KLED und der NKL wie folgt zu modifizieren: (x k_{mod} / γ_M)	KLED =	ständig	lang	mittel	kurz	kurz/sehr k.
	NKL = 1 u. 2	0,462	0,538	0,615	0,692	0,769
	NKL = 3	0,385	0,423	0,500	0,538	0,615

Tabelle A-14.6 Tragfähigkeiten $F_{ax,Rk}^{\ell}$ auf **Herausziehen** für **Sondernägel** der **Tragf.-klasse 3** (berechnet mit voller Profilierungslänge ℓ_g)

Typ		d [mm]	ℓ_n [mm]	ℓ_g [mm]	$F_{ax,Rk}^{\ell}$ [kN] [a),b)]								
					C24	C30	GL 24		GL 28		GL 30		GL 32	
							c	h	c	h	c	h	c	h
Anker- und Kammnägel	Bierbach	4	40	25	0,67	0,79	0,73	0,82	0,84	0,99	0,84	1,02	0,88	1,06
			50	35	0,94	1,11	1,03	1,14	1,17	1,39	1,17	1,42	1,23	1,49
			60	45	1,21	1,43	1,32	1,47	1,51	1,79	1,51	1,83	1,58	1,92
			75	50	1,35	1,59	1,47	1,63	1,67	1,99	1,67	2,03	1,76	2,13
			100	65	1,75	2,06	1,91	2,12	2,18	2,58	2,18	2,64	2,29	2,77
		6	60	38	1,54	1,81	1,67	1,86	1,91	2,27	1,91	2,32	2,01	2,43
			80	52	2,10	2,48	2,29	2,54	2,61	3,10	2,61	3,17	2,75	3,32
			100	60	2,43	2,86	2,64	2,93	3,01	3,58	3,01	3,66	3,17	3,83
	CNA [c)]	4	40	25	0,61	0,67	0,64	0,67	0,68	0,74	0,68	0,75	0,70	0,77
			50	35	0,86	0,93	0,89	0,94	0,96	1,04	0,96	1,05	0,98	1,08
			60	45	1,10	1,20	1,15	1,21	1,23	1,34	1,23	1,35	1,26	1,39
			75	59	1,45	1,57	1,51	1,59	1,61	1,76	1,61	1,78	1,65	1,82
			100	64	1,45	1,70	1,58	1,72	1,75	1,90	1,75	1,93	1,79	1,97
		6	60	41	1,51	1,64	1,57	1,66	1,68	1,83	1,68	1,85	1,72	1,89
			80/100	61	2,16	2,43	2,34	2,47	2,50	2,72	2,50	2,75	2,56	2,82
	Bär	4	40	26	0,70	0,83	0,76	0,85	0,87	1,03	0,87	1,06	0,92	1,11
			50	36	0,97	1,14	1,06	1,17	1,20	1,43	1,20	1,46	1,27	1,53
			60	56	1,51	1,78	1,64	1,83	1,87	2,23	1,87	2,28	1,97	2,39
			75	61	1,64	1,94	1,79	1,99	2,04	2,42	2,04	2,48	2,15	2,60
			100	69	1,86	2,19	2,02	2,25	2,31	2,74	2,31	2,81	2,43	2,94
		6	60	40	1,62	1,91	1,76	1,96	2,01	2,38	2,01	2,44	2,11	2,56
			80/100	62	2,51	2,95	2,73	3,03	3,11	3,70	3,11	3,78	3,27	3,96
Sparrennägel	BiZi	6	110-320	72	2,91	3,43	3,17	3,52	3,61	4,29	3,61	4,39	3,80	4,60
			325-380	92	3,72	4,38	4,04	4,50	4,62	5,48	4,62	5,61	4,86	5,88
	SN	6	110-350	72	2,91	3,43	3,17	3,52	3,61	4,29	3,61	4,39	3,80	4,60
	Bär	6,3	110-380	74	3,14	3,70	3,42	3,80	3,90	4,63	3,90	4,74	4,10	4,96

a) $8 \cdot d \le \ell_{ef} < \ell_g$: $\quad F_{ax,Rk}^{\ell} \cdot \ell_{ef} / \ell_g$

  $6 \cdot d \le \ell_{ef} < 8 \cdot d$: $\quad F_{ax,Rk}^{\ell} \cdot 8d / \ell_g \cdot (\ell_{ef} / 2d - 3)$

b) Bei **vorgebohrten** Nagellöchern darf nur 70 % der Tragfähigkeit in Ansatz gebracht werden (Voraussetzung: Bohrlochdurchmesser ≤ Kerndurchmesser des SoNa).

c) Nach ETA 04/0013

Die Festigkeitswerte $F_{ax,Rk}$ sind in Abhängigkeit von der KLED und der NKL wie folgt zu modifizieren: (x k_{mod} / γ_M)	KLED =	ständig	lang	mittel	kurz	kurz/sehr k.
	NKL = 1 u. 2	0,462	0,538	0,615	0,692	0,769
	NKL = 3	0,385	0,423	0,500	0,538	0,615

Tabelle A-14.7 Tragfähigkeiten $F_{ax,Rk}^h$ auf **Kopfdurchziehen** für **Sondernägel** der **Tragf.-klasse C**
d = Nageldurchmesser, ℓ_n = Nagellänge, d_h = Kopfdurchmesser

Typ		d [mm]	d_h [mm]	$F_{ax,Rk}^h$ [kN]									
				C24	C30	GL 24		GL 28		GL 30		GL 32	
						c	h	c	h	c	h	c	h
Sparrennägel a)	BiZi	6	13	2,07	2,44	2,25	2,51	2,57	3,05	2,57	3,12	2,70	3,27
			14,5	2,58	3,04	2,80	3,12	3,20	3,80	3,20	3,89	3,36	4,07
	SN	6	12,8	2,01	2,37	2,18	2,43	2,49	2,96	2,49	3,03	2,62	3,17
	Bär	6,3	13	2,07	2,44	2,25	2,51	2,57	3,05	2,57	3,12	2,70	3,27

a) Bei Ankernägeln mit außen liegenden Blechen entfällt Kopfdurchziehen.

Die Festigkeitswerte $F_{ax,Rk}$ sind in Abhängigkeit von der KLED und der NKL wie folgt zu modifizieren: (x k_{mod} / γ_M)	KLED =	ständig	lang	mittel	kurz	k./sehr k.
	NKL = 1 u. 2	0,462	0,538	0,615	0,692	0,769
	NKL = 3	0,385	0,423	0,500	0,538	0,615

Tabelle A-15.1 Berechnung der char. Tragfähigkeit $F_{v,Rk}^c$ in [N] von **Dübeln besonderer Bauart** (mit d_c in [mm])

	Dübeltyp		
	Typ **A1/B1** [3]	Typ **C1/C2**	Typ **C10/C11**
charakteristische Tragfähigkeit $F_{v,0,Rk}^c$	$\min\begin{cases} k_1 \cdot k_2 \cdot k_3 \cdot k_4 \cdot 35 \cdot d_c^{1,5} \;\; ^{1)} \\ k_1 \cdot k_3 \cdot 31,5 \cdot d_c \cdot h_e \end{cases}$	$k_1 \cdot k_2 \cdot k_3 \cdot 18 \cdot d_c^{1,5}$	$k_1 \cdot k_2 \cdot k_3 \cdot 25 \cdot d_c^{1,5}$
Beiwert k_1 Holzdicken	$k_1 = 1$ wenn $t_{SH} \geq 3 \cdot h_e$ bzw. $t_{MH} \geq 5 \cdot h_e$ $k_1 = \min\begin{cases} t_{SH}/(3 \cdot h_e) \\ t_{MH}/(5 \cdot h_e) \end{cases}$ wenn $\begin{cases} 2,25 \cdot h_e \leq t_{SH} < 3 \cdot h_e \\ 3,75 \cdot h_e \leq t_{MH} < 5 \cdot h_e \end{cases}$		
Beiwert k_2 Abstand zum beanspr. Hirnholz	$k_2 = 1$ [2], wenn $a_{3,t} \geq 2 \cdot d_c$ $1,5 \cdot d_c \leq a_{3,t} \leq 2,0 \cdot d_c :$ $k_2 = a_{3,t}/(2 \cdot d_c)$	$k_2 = 1$, wenn $a_{3,t} \geq 1,5 \cdot d_c$ $1,1 \cdot d_c \leq a_{3,t} \leq 1,5 \cdot d_c :$ $k_2 = a_{3,t}/(1,5 \cdot d_c)$	$k_2 = 1$, wenn $a_{3,t} \geq 2 \cdot d_c$ $1,5 \cdot d_c \leq a_{3,t} \leq 2,0 \cdot d_c :$ $k_2 = a_{3,t}/(2 \cdot d_c)$
Beiwert k_3 Rohdichte	$k_3 = 1$ wenn $\rho_k = 350$ kg/m³ $k_3 = \dfrac{\rho_k}{350} \leq 1,75$	$k_3 = \dfrac{\rho_k}{350} \leq 1,5$	
Beiwert k_4 Stahlblech-Holz-Verbindung	$k_4 = 1$ bei H-H-Verb. $k_4 = 1,1$ bei Stbl.-H (Typ B1)	—	—
Winkel Kraft/ Faser: $k_{\alpha,c}$	$F_{v,\alpha,Rk}^c = k_{\alpha,c} \cdot F_{v,0,Rk}^c$ $k_{\alpha,c} = \dfrac{1}{k_{90} \cdot \sin^2 \alpha + \cos^2 \alpha}$ mit $k_{90} = 1,3 + 0,001 \cdot d_c$	$F_{v,\alpha,Rk}^c = F_{v,0,Rk}^c$	
Hintereinander liegende Dübel $n_{h,ef}$	$n_{h,ef} = 2 + \left(1 - \dfrac{n_h}{20}\right) \cdot (n_h - 2)$		

[1] Bei <u>druck</u>beanspruchten Verbindungen mit einer Verbindungseinheit darf diese Gleichung entfallen.

[2] $k_2 = 1,25$ bei Verbindungen mit nur einer Verbindungseinheit und $\alpha \leq 30°$

[3] Nur in NKL 1 und 2

Tabelle A-15.2 **Dübel besonderer Bauart:** Dübel-Fehlflächen, Mindestholzdicken und charakteristische Tragfähigkeit

Dübeltyp	Durchmesser d_c [mm]	Typischer Bolzen	Dübel-Fehlfläche ΔA [mm²]	Einpresstiefe h_e [mm]	Mindestholzdicken t_{req} SH [mm]	MH [mm]	C 24	GL 24 c	GL 24 h	GL 28 c	GL 28 h	GL 30 c	GL 30 h	GL 32 c	GL 32 h
A1 / B1 *6)	65		980	15	45 (34)	75 (57)	18,34	19,13	20,18	20,44	22,27	20,44	22,53	20,96	23,06
	80		1200	15	45 (34)	75 (57)	25,04	26,12	27,55	27,91	30,41	27,91	30,77	28,62	31,48
	95	M12	1430	15	45 (34)	75 (57)	32,41	33,80	35,65	36,11	39,35	36,11	39,82	37,04	40,74
	126¹⁾		1890	15	45 (34)	75 (57)	49,50	51,62	54,45	55,16	60,11	55,16	60,82	56,57	62,23
	128		2880	22,5	68 (51)	113 (85)	50,69	52,86	55,75	56,48	61,55	56,48	62,27	57,93	63,72
	160	M16	3600	22,5	68 (51)	113 (85)	70,84	73,87	77,92	78,93	86,01	78,93	87,03	80,95	89,05
	190	M20	4280	22,5	68 (51)	113 (85)	91,66	95,59	100,8	102,1	111,3	102,1	112,6	104,7	115,2
C1 / C2	50	M12	170	6	24 (24)	30 (24)	6,36	6,64	7,00	7,09	7,73	7,09	7,82	7,27	8,00
	62	M12	300	7,4	24 (24)	37 (28)	8,79	9,16	9,67	9,79	10,67	9,79	10,80	10,04	11,05
	75	M16	420	9,1	28 (24)	46 (35)	11,69	12,19	12,86	13,03	14,20	13,03	14,36	13,36	14,70
	95	M16	670	11,3	34 (26)	57 (43)	16,67	17,38	18,33	18,57	20,24	18,57	20,48	19,05	20,95
	117	M20	1000	14,3	43 (33)	72 (54)	22,78	23,76	25,06	25,38	27,66	25,38	27,99	26,03	28,64
	140²⁾	M24	1240	14,7	45 (34)	74 (56)	29,82	31,09	32,80	33,22	36,21	33,22	36,63	34,08	37,48
	165²⁾	M24	1490	15,6	47 (36)	78 (59)	38,15	39,79	41,97	42,51	46,33	42,51	46,87	43,60	47,96
C10 / C11	50	M12	460 (540)³⁾	12	36 (27)	60 (45)	8,84	9,22	9,72	9,85	10,73	9,85	10,86	10,10	11,11
	65	M16	590 (710)³⁾	12	36 (27)	60 (45)	13,10	13,66	14,41	14,60	15,91	14,60	16,10	14,97	16,47
	80	M20	750 (870)³⁾	12	36 (27)	60 (45)	17,89	18,66	19,68	19,93	21,72	19,93	21,98	20,44	22,49
	95	M24	900 (1070)³⁾	12	36 (27)	60 (45)	23,15	24,14	25,46	25,79	28,11	25,79	28,44	26,46	29,10
	115	M24	1040 (1240)³⁾	12	36 (27)	60 (45)	30,83	32,15	33,91	34,35	37,44	34,35	37,88	35,24	38,76

charakteristische Tragfähigkeiten eines Dübels $F^c_{v,0,Rk}$ in [kN] 5)

* **nur in NKL 1 und 2**

1) nur Typ A1 2) nur Typ C1 3) Klammerwerte für C11

4) Die in Klammern angegebenen Werte entsprechen den absoluten Mindestholzdicken.

5) Bei Verwendung von Dübeln des **Typs B1** in **Stahlblech-Holz-Verbindungen** darf $F^c_{v,0,Rk}$ um 10 % erhöht werden.

Die Tragfähigkeiten $F_{v,0,Rk}$ sind in Abhängigkeit von der KLED und der NKL wie folgt zu modifizieren: (x k_{mod} / γ_M)

KLED =	ständig	lang	mittel	kurz	k./sehr k.
NKL = 1 u. 2	0,462	0,538	0,615	0,692	0,769
NKL = 3	0,385	0,423	0,500	0,538	0,615

Tabelle A-15.3 Beiwerte $k_{\alpha,c}$ zur Berücksichtigung des **Winkels Kraft/Faser** bei Dübeln **Typ A1/B1**

Typ	d_c [mm]	$k_{\alpha,c}$ 0°	15°	30°	45°	60°	75°	90°
A1/B1	65	1,0	0,976	0,916	0,846	0,785	0,746	0,733
	80	1,0	0,975	0,913	0,840	0,778	0,738	0,725
	95	1,0	0,974	0,910	0,835	0,771	0,731	0,717
	126¹⁾	1,0	0,972	0,904	0,824	0,758	0,716	0,701
	128	1,0	0,972	0,903	0,824	0,757	0,715	0,700
	160	1,0	0,970	0,897	0,813	0,743	0,700	0,685
	190	1,0	0,968	0,891	0,803	0,731	0,686	0,671

1) nur Typ A1

Tabelle A-15.4a **Mindestabstände** in [mm] für Dübel besonderer Bauart **Typ A1/B1**

Typ	d	a_1							a_2						
	$\alpha =$	0°	15°	30°	45°	60°	75°	90°	0°	15°	30°	45°	60°	75°	90°
A1/B1	65	130	129	124	115	104	92	78	78	78	78	78	78	78	78
	80	160	158	152	142	128	113	96	96	96	96	96	96	96	96
	95	190	188	180	168	152	134	114	114	114	114	114	114	114	114
	126	252	249	239	223	202	178	152	152	152	152	152	152	152	152
	128	256	253	243	227	205	181	154	154	154	154	154	154	154	154
	160	320	316	303	283	256	226	192	192	192	192	192	192	192	192
	190	380	375	360	336	304	268	228	228	228	228	228	228	228	228

Typ	d	$a_{3,c}$							$a_{3,t}$						
	$\alpha =$	0°	15°	30°	45°	60°	75°	90°	0°	15°	30°	45°	60°	75°	90°
A1/B1	65	78	78	78	100	117	127	130	130	130	130	130	130	130	130
	80	96	96	96	123	143	156	160	160	160	160	160	160	160	160
	95	114	114	114	146	170	185	190	190	190	190	190	190	190	190
	126	152	152	152	193	225	246	252	252	252	252	252	252	252	252
	128	154	154	154	197	229	250	256	256	256	256	256	256	256	256
	160	192	192	192	246	286	312	320	320	320	320	320	320	320	320
	190	228	228	228	291	340	370	380	380	380	380	380	380	380	380

Typ	d	$a_{4,c}$							$a_{4,t}$						
	$\alpha =$	0°	15°	30°	45°	60°	75°	90°	0°	15°	30°	45°	60°	75°	90°
A1/B1	65	39	39	39	39	39	39	39	39	43	46	49	51	52	52
	80	48	48	48	48	48	48	48	48	53	56	60	62	64	64
	95	57	57	57	57	57	57	57	57	62	67	71	74	76	76
	126	76	76	76	76	76	76	76	76	83	89	94	98	100	101
	128	77	77	77	77	77	77	77	77	84	90	95	99	102	103
	160	96	96	96	96	96	96	96	96	105	112	119	124	127	128
	190	114	114	114	114	114	114	114	114	124	133	141	147	151	152

Tabelle A-15.4b   Mindestabstände in [mm] für Dübel bes. Bauart **Typ C1/C2 und C10/C11**

Typ	d	a₁							a₂						
	α =	0°	15°	30°	45°	60°	75°	90°	0°	15°	30°	45°	60°	75°	90°
C1/C2	50	75	75	73	71	68	64	60	60	60	60	60	60	60	60
	62	93	93	91	88	84	80	75	75	75	75	75	75	75	75
	75	113	112	110	106	102	96	90	90	90	90	90	90	90	90
	95	143	142	139	135	129	122	114	114	114	114	114	114	114	114
	117	176	175	171	166	158	150	141	141	141	141	141	141	141	141
	140	210	209	205	198	189	179	168	168	168	168	168	168	168	168
	165	248	246	241	234	223	211	198	198	198	198	198	198	198	198
C10/C11	50	100	99	95	89	80	71	60	60	60	60	60	60	60	60
	65	130	129	124	115	104	92	78	78	78	78	78	78	78	78
	80	160	158	152	142	128	113	96	96	96	96	96	96	96	96
	95	190	188	180	168	152	134	114	114	114	114	114	114	114	114
	115	230	227	218	204	184	162	138	138	138	138	138	138	138	138

Typ	d	a₃,c							a₃,t						
	α =	0°	15°	30°	45°	60°	75°	90°	0°	15°	30°	45°	60°	75°	90°
C1/C2	50	60	60	60	67	71	74	75	75	75	75	75	75	75	75
	62	75	75	75	83	89	92	93	93	93	93	93	93	93	93
	75	90	90	90	100	107	111	113	113	113	113	113	113	113	113
	95	114	114	114	126	135	141	143	143	143	143	143	143	143	143
	117	141	141	141	155	167	174	176	176	176	176	176	176	176	176
	140	168	168	168	186	199	208	210	210	210	210	210	210	210	210
	165	198	198	198	219	235	245	248	248	248	248	248	248	248	248
C10/C11	50	60	60	60	77	90	98	100	100	100	100	100	100	100	100
	65	78	78	78	100	117	127	130	130	130	130	130	130	130	130
	80	96	96	96	123	143	156	160	160	160	160	160	160	160	160
	95	114	114	114	146	170	185	190	190	190	190	190	190	190	190
	115	138	138	138	177	206	224	230	230	230	230	230	230	230	230

Typ	d	a₄,c							a₄,t						
	α =	0°	15°	30°	45°	60°	75°	90°	0°	15°	30°	45°	60°	75°	90°
C1/C2	50	30	30	30	30	30	30	30	30	33	35	38	39	40	40
	62	38	38	38	38	38	38	38	38	41	44	46	48	50	50
	75	45	45	45	45	45	45	45	45	49	53	56	58	60	60
	95	57	57	57	57	57	57	57	57	62	67	71	74	76	76
	117	71	71	71	71	71	71	71	71	77	82	87	91	93	94
	140	84	84	84	84	84	84	84	84	92	98	104	109	112	112
	165	99	99	99	99	99	99	99	99	108	116	123	128	131	132
C10/C11	50	30	30	30	30	30	30	30	30	33	35	38	39	40	40
	65	39	39	39	39	39	39	39	39	43	46	49	51	52	52
	80	48	48	48	48	48	48	48	48	53	56	60	62	64	64
	95	57	57	57	57	57	57	57	57	62	67	71	74	76	76
	115	69	69	69	69	69	69	69	69	75	81	86	89	92	92

Tabelle A-16.1 Typische Schraubengeometrien

		d [mm]	d_k [mm] [a]	Schraubenlängen [mm]
ASSY plus VG (Würth)		6	3,8	70 – 260 in 10er Schritten
		8	5,0	80 – 600 in 10er Schritten
		10	6,2	120 – 800 in 10er Schritten
		12	7,1	120 – 600 in 10er Schritten
		14	8,5	120 – 1500 in 10er Schritten
KonstruX (Eurotec)		6,5	4,5	120, 140, 160, 195
		8	5,2	155, 195, 220, 245, 295, 330, 375, 400
		10	6,0	300, 330, 360, 400, 450, 500, 550, 600
Rothofixing VGS/VGZ (Rotho Blaas)		7	4,6	100, 140, 180, 220, 260, 300, 340
		9	5,9	160, 200, 240, 280, 320, 360, 400
		11	6,6	200, 240, 280, 320, 360, 400
SFS (sfs intec)	WT-T	6,5	4,0	65 (28)[b], 90 (40)[b], 130 (55)[b], 160 (65)[b], 190(80)[b], 220(95)[b]
		8,2	5,4	160(65)[b], 190(80)[b], 220(95)[b], 245(107)[b], 275(122)[b], 300(135)[b], 330(135)[b]
	WR-T	9	5,7	50 – 500
		13	8,5	300 – 1000
SPAX-S (ABC)		6	4,0	60 – 200
		8	5,0	60 – 600
		10	6,1	60 – 800
		12	7,5	60 – 600
Stardrive (Schmid)		6	3,8	100, 120, 140, 160
		8	5,3	200, 220, 240, 260, 280, 300, 350, 400, 450, 500, 550, 600, 800, 1000
		10	6,3	200, 220, 240, 250, 260, 280, 300, 350, 400, 450, 500, 600, 800, 1000
Topix-CC (Heco)		6	3,65/3,95	100(45)[b], 150(70)[b], 190(90)[b], 215(100)[b]
		8	5,10/5,45	100(45)[b], 150(70)[b], 190(90)[b], 215(100)[b], 270(122)[b], 300(138)[b], 325(150)[b], 350(158)[b]

a) Kerndurchmesser (für Vorbohren)
b) Klammerwerte = Gewindelängen ℓ_g

Tabelle A-16.2 Mindestabstände

	a_1	a_2	$a_{3,c}$	$a_{4,c}$	gekreuzt $a_{2,k}$	
Mindestabstand	$5 \cdot d$ [a]	$5 \cdot d \,(2,5 \cdot d)$ [a]	$5 \cdot d$	$4 \cdot d$ [b]	$1,5 \cdot d$ [c]	

[a] Der Abstand a_2 darf bis auf $2,5 \cdot d$ verringert werden, wenn für jede Schraube eine Anschlussfläche von $25 \cdot d^2$ eingehalten ist:

Beispiel: $a_2 = 3 \cdot d \to a_1 \geq \dfrac{25 \cdot d^2}{3 \cdot d} = \dfrac{25}{3} \cdot d = 8,3 \cdot d$

[b] In einigen Zulassungen auch $3 \cdot d$ möglich
[c] Bei einem Kreuzungswinkel von 90° (d. h. Einschraubwinkel $\alpha = 45°$)

Tabelle A-16.3 **Mindestbreiten** b in [mm] für $n_n = 1$ bis 4 nebeneinander liegende Schrauben und zugehörige Mindestabstände in [mm] bei $a_2 = a_1 = 5 \cdot d$

d [mm]	Mindestbreiten b [a]				$a_1, a_{3,c}$ = 5d	$a_{4,c}$ [b] = 4d	$a_2 = a_1$ = 5d
	$n_n = 1$	2	3	4			
6	48 (36)	78 (66)	108 (96)	138 (126)	30	24	30
6,5	52 (39)	85 (72)	117 (104)	150 (137)	32,5	26	32,5
7	56 (42)	91 (77)	126 (112)	161 (147)	35	28	35
8	64 (48)	104 (88)	144 (128)	184 (168)	40	32	40
9	72 (54)	117 (99)	162 (144)	207 (189)	45	36	45
10	80 (60)	130 (110)	180 (160)	230 (210)	50	40	50
11	88 (66)	143 (121)	198 (176)	253 (231)	55	44	55
12	96 (72)	156 (132)	216 (192)	276 (252)	60	48	60
13	104 (78)	169 (143)	234 (208)	299 (273)	65	52	65

[a] Klammerwerte für $a_{4,c} = 3d$ [b] In manchen Zulassungen auch $3d$

Tabelle A-16.4 **Mindestbreiten** b in [mm] für $n_n = 1$ bis 4 nebeneinander liegende Schrauben und zugehörige Mindestabstände in [mm] bei $a_2 = 2,5 \cdot d$

d [mm]	Mindestbreiten b [a]				$a_{3,c}$	$a_{4,c}$ [b] = 4d	$a_2 =$ 2,5·d	$a_1 =$ 10·d
	$n_n = 1$	2	3	4				
6	48 (36)	63 (51)	78 (66)	93 (81)	30	24	15	60
6,5	52 (39)	69 (56)	85 (72)	101 (88)	32,5	26	16,25	65
7	56 (42)	74 (60)	91 (77)	109 (95)	35	28	17,5	70
8	64 (48)	84 (68)	104 (88)	124 (108)	40	32	20	80
9	72 (54)	95 (77)	117 (99)	140 (122)	45	36	22,5	90
10	80 (60)	105 (85)	130 (110)	155 (135)	50	40	25	100
11	88 (66)	116 (94)	143 (121)	171 (149)	55	44	27,5	110
12	96 (72)	126 (102)	156 (132)	186 (162)	60	48	30	120
13	104 (78)	137 (111)	169 (143)	202 (176)	65	52	32,5	130

[a] Klammerwerte für $a_{4,c} = 3d$ [b] In manchen Zulassungen auch $3d$

253

Tabelle A-16.5 Ausziehparameter $f_{ax,k}$, Zugtragfähigkeiten $R_{u,d}$ und Knicktragfähigkeiten $R_{ki,d}$

d [mm]	$f_{ax,90,k}$ [a)] [N/mm²]	$f_{ax,45,k}$ [a)] [N/mm²]	$R_{u,d}$ [b)] [kN]	$R_{ki,d}$ [a),c)] [kN]
6			8,1	5,5
6,5			9,5	6,5
7			11,0	7,6
8			14,4	10,0
9	9,8	8,4	18,3	12,8
10			22,6	16,0
11			27,3	19,5
12			32,5	23,4
13			38,2	27,7

Die Festigkeitswerte $f_{ax,k}$ sind in Abhängigkeit von der KLED und der NKL wie folgt zu modifizieren: (x k_{mod} / γ_M)	KLED =	ständig	lang	mittel	kurz	k./sehr k.
	NKL = 1 u. 2	0,462	0,538	0,615	0,692	0,769
	NKL = 3	0,385	0,423	0,500	0,538	0,615

a) Für ρ_k = 350 kg/m³
b) Berechnet mit γ_{M2} = 1,25
c) Berechnet mit γ_{M1} = 1,1

Tabelle A-16.6 **Mindest-Auflagerlängen** ℓ_A für n_h = 1 bis 4 hintereinander liegende Schrauben und zugehörige Mindestabstände bei $a_2 = a_1 = 5 \cdot d$

d [mm]	Mindest-Auflagerlängen ℓ_A in [mm]					$a_2 = a_1$	$a_{3,c}$
	Endauflager		Zwischenauflager				
	n_h = 1	2	3	4	5		
6	60	90	120	150	180	30	30
6,5	65	98	130	163	195	32,5	32,5
7	70	105	140	175	210	35	35
8	80	120	160	200	240	40	40
9	90	135	180	225	270	45	45
10	100	150	200	250	300	50	50
11	110	165	220	275	330	55	55
12	120	180	240	300	360	60	60
13	130	195	260	325	390	65	65

Tabelle A-16.7   Beiwerte k_A zur Berechnung der wirksamen Auflagerlänge in der Ebene der Schraubenspitzen

L_S / h	0,_0	0,_1	0,_2	0,_3	0,_4	0,_5	0,_6	0,_7	0,_8	0,_9
0,0_	0,250	0,258	0,267	0,276	0,285	0,295	0,305	0,315	0,326	0,336
	0,580	*0,601*	*0,623*	*0,646*	*0,670*	*0,694*	*0,720*	*0,746*	*0,774*	*0,802*
0,1_	0,348	0,359	0,371	0,384	0,397	0,410	0,424	0,438	0,453	0,468
	0,831	*0,862*	*0,893*	*0,926*	*0,960*	*0,995*	*1,032*	*1,070*	*1,109*	*1,149*
0,2_	0,484	0,500	0,517	0,534	0,552	0,570	0,590	0,609	0,630	0,651
	1,192	*1,235*	*1,281*	*1,327*	*1,376*	*1,427*	*1,479*	*1,533*	*1,589*	*1,648*
0,3_	0,673	0,695	0,719	0,743	0,768	0,794	0,820	0,848	0,876	0,905
	1,708	*1,771*	*1,835*	*1,903*	*1,972*	*2,045*	*2,120*	*2,197*	*2,278*	*2,361*
0,4_	0,936	0,967	1,000	1,033	1,068	1,104	1,141	1,179	1,219	1,259
	2,448	*2,538*	*2,631*	*2,727*	*2,827*	*2,931*	*3,038*	*3,150*	*3,265*	*3,385*
0,5_	1,302	1,345	1,391	1,437	1,485	1,535	1,587	1,640	1,695	1,752
	3,509	*3,637*	*3,771*	*3,909*	*4,052*	*4,201*	*4,355*	*4,514*	*4,680*	*4,851*
0,6_	1,811	1,871	1,934	1,999	2,066	2,136	2,207	2,281	2,358	2,437
	5,029	*5,214*	*5,405*	*5,603*	*5,808*	*6,021*	*6,242*	*6,471*	*6,708*	*6,954*
0,7_	2,519	2,603	2,690	2,781	2,874	2,970	3,070	3,173	3,280	3,390
	7,209	*7,473*	*7,747*	*8,031*	*8,325*	*8,630*	*8,947*	*9,275*	*9,615*	*9,967*
0,8_	3,503	3,621	3,742	3,868	3,998	4,132	4,270	4,414	4,562	4,715
	10,33	*10,71*	*11,10*	*11,51*	*11,93*	*12,37*	*12,82*	*13,29*	*13,78*	*14,28*
0,9_	4,873	5,036	5,205	5,380	5,561	5,747	5,940	6,139	6,345	6,558
	14,81	*15,35*	*15,91*	*16,49*	*17,10*	*17,73*	*18,38*	*19,05*	*19,75*	*20,47*

[1]   Endauflager: obere Werte
Zwischenauflager: untere (kursive) Werte
Beispiel: Zwischenauflager mit $L_S / h = 0,55$ → $k_A = 4,201$

Tabelle A-16.8   Maximale Schraubenlängen **max L_S** bei mittiger, nicht versenkter Schraubenanordnung

b_{HT} [mm]	h_{NT} in [mm]						
	160	180	200	220	240	260	280
100	226	255	283	283	283	283	283
120	226	255	283	311	339	339	339
140	226	255	283	311	339	368	396
160	226	255	283	311	339	368	396
180	198	255	283	311	339	368	396

Tabelle A-16.9 Aufnehmbare Auflagerkraft/Querkraft $V_{k,1}$ **pro Schraube** in [kN] bei **torsionsweichen** Hauptträgern und paralleler Schraubenanordnung

L_s [mm]	d [mm] 6	6,5	7	8	9	10	11	12	13
200	4,45	4,83	5,20	5,94	6,68	7,42	8,17	8,91	9,65
220	4,90	5,31	5,72	6,53	7,35	8,17	8,98	9,80	10,62
240	5,35	5,79	6,24	7,13	8,02	8,91	9,80	10,69	11,58
245	5,46	5,91	6,37	7,28	8,19	9,10	10,00	10,91	11,82
260	5,79	6,27	6,76	7,72	8,69	9,65	10,62	11,58	12,55
275	6,13	6,64	7,15	8,17	9,19	10,21	11,23	12,25	13,27
280	6,24	6,76	7,28	8,32	9,36	10,39	11,43	12,47	13,51
300	6,68	7,24	7,80	8,91	10,02	11,14	12,25	13,36	14,48
320	7,13	7,72	8,32	9,50	10,69	11,88	13,07	14,26	15,44
330	7,35	7,96	8,58	9,80	11,03	12,25	13,48	14,70	15,93
340	7,57	8,20	8,84	10,10	11,36	12,62	13,88	15,15	16,41
350	7,80	8,45	9,10	10,39	11,69	12,99	14,29	15,59	16,89
360	8,02	8,69	9,36	10,69	12,03	13,36	14,70	16,04	17,37
380	8,46	9,17	9,87	11,29	12,70	14,11	15,52	16,93	18,34
400	8,91	9,65	10,39	11,88	13,36	14,85	16,33	17,82	19,30

Die Werte $V_{k,1}$ sind in Abhängigkeit von der KLED und der NKL wie folgt zu modifizieren: (x k_{mod} / γ_M)	KLED =	ständig	lang	mittel	kurz	k./sehr k.
	NKL = 1 u. 2	0,462	0,538	0,615	0,692	0,769
	NKL = 3	0,385	0,423	0,500	0,538	0,615

Tabelle A-16.10 **Mindestbreiten** b_{NT} des Nebenträgers in [mm] für n_n = 2 bis 4 nebeneinander liegende Schrauben und zugehörige Mindestabstände in [mm] bei a_2 = 2,5·d

	d [mm]	Mindestbreiten b_{NT} [a) n_n = 2	3	4	$a_{4,c}$ = 4d [b)	a_2 = 2,5·d
	6	63 (51)	78 (66)	93 (81)	24	15
	6,5	69 (56)	85 (72)	101 (88)	26	16,25
	7	74 (60)	91 (77)	109 (95)	28	17,5
	8	84 (68)	104 (88)	124 (108)	32	20
b_{NT}	9	95 (77)	117 (99)	140 (122)	36	22,5
	10	105 (85)	130 (110)	155 (135)	40	25
	11	116 (94)	143 (121)	171 (149)	44	27,5
	12	126 (102)	156 (132)	186 (162)	48	30
	13	137 (111)	169 (143)	202 (176)	52	32,5

a) Klammerwerte für $a_{4,c}$ = 3d
b) In manchen Zulassungen auch 3d

Tabelle A-16.11 Aufnehmbare Auflagerkraft/**Querkraft** $V_{k,1P}$ **pro Schraubenpaar** in [kN] bei **torsionssteifen** Hauptträgern und gekreuzter Schraubenanordnung

L_s [mm]	d [mm]								
	6	6,5	7	8	9	10	11	12	13
200	7,13	7,72	8,32	9,50	10,69	11,88	13,07	14,26	15,44
220	7,84	8,49	9,15	10,45	11,76	13,07	14,37	15,68	16,99
240	8,55	9,27	9,98	11,40	12,83	14,26	15,68	17,11	18,53
245	8,73	9,46	10,19	11,64	13,10	14,55	16,01	17,46	18,92
260	9,27	10,04	10,81	12,35	13,90	15,44	16,99	18,53	20,08
275	9,80	10,62	11,43	13,07	14,70	16,33	17,97	19,60	21,23
280	9,98	10,81	11,64	13,30	14,97	16,63	18,29	19,96	21,62
300	10,69	11,58	12,47	14,26	16,04	17,82	19,60	21,38	23,16
320	11,40	12,35	13,30	15,21	17,11	19,01	20,91	22,81	24,71
330	11,76	12,74	13,72	15,68	17,64	19,60	21,56	23,52	25,48
340	12,12	13,13	14,14	16,16	18,18	20,19	22,21	24,23	26,25
350	12,47	13,51	14,55	16,63	18,71	20,79	22,87	24,95	27,03
360	12,83	13,90	14,97	17,11	19,24	21,38	23,52	25,66	27,80
380	13,54	14,67	15,80	18,06	20,31	22,57	24,83	27,09	29,34
400	14,26	15,44	16,63	19,01	21,38	23,76	26,13	28,51	30,89

Die Werte $V_{k,1}$ sind in Abhängigkeit von der KLED und der NKL wie folgt zu modifizieren: ($\times k_{mod} / \gamma_M$)	KLED =	ständig	lang	mittel	kurz	k./sehr k.
	NKL = 1 u. 2	0,462	0,538	0,615	0,692	0,769
	NKL = 3	0,385	0,423	0,500	0,538	0,615

Tabelle A-16.12 **Mindestbreiten** b_{NT} des Nebenträgers in [mm] für $n_n = 1$ bis 3 nebeneinander liegenden Schraubenpaaren und zugehörige Mindestabstände in [mm]

	d [mm]	Mindestbreiten b_{NT} [a]			$a_{4,c} = 4d$ [b]	$a_{2,k} = 1,5 \cdot d$
		$n_P = 1$	2	3		
	6	57 (45)	75 (63)	93 (81)	24	9
	6,5	62 (49)	82 (69)	101 (88)	26	9,75
	7	67 (53)	88 (74)	109 (95)	28	10,5
	8	76 (60)	100 (84)	124 (108)	32	12
b_{NT} ($a_{4,c}$ a_{2k} $a_{4,c}$)	9	86 (68)	113 (95)	140 (122)	36	13,5
	10	95 (75)	125 (105)	155 (135)	40	15
	11	105 (83)	138 (116)	171 (149)	44	16,5
	12	114 (90)	150 (126)	186 (162)	48	18
	13	124 (98)	163 (137)	202 (176)	52	19,5

[a] Klammerwerte für $a_{4,c} = 3d$
[b] In manchen Zulassungen auch $3d$

Printed in the United States
by Baker & Taylor Publisher Services